Alexander Siegmund

Angewandte Klimageographie

Klimatabellen und ihre Auswertung

westermann

Druck A[1] / Jahr 2006

Alle Drucke der Serie A sind im Unterricht parallel verwendbar.

Redaktion: Martin Wolf
Aufbereitung Klimadaten: Daniel Volz, Florian Weigold
Typografie und Herstellung: buch Hermes, Hardegsen
Umschlaggestaltung: Thomas Schröder, Heike Rieper
Druck und Bindung: westermann druck GmbH, Braunschweig

ISBN 978-3-14-**151044**-7
alt: 3-14-**151044**-X

Inhalt

Einleitung

Das Klima eines Raumes besitzt eine maßgebliche Bedeutung für den Ablauf vielfältiger natürlicher Prozesse. So steuern etwa die tages- und jahreszeitlichen Temperaturschwankungen die Intensität der physikalischen Verwitterung und damit von Erosion, Relief- und Bodenbildung. Die Niederschlagsmengen haben neben den thermischen Gegebenheiten wesentlichen Einfluss auf die Wachstumsbedingungen von Pflanzen, also auch auf die landwirtschaftlichen Anbaubedingungen. Vor diesem Hintergrund liefert die Analyse der klimatischen Gegebenheiten eines Raumes wichtige Informationen für zahlreiche geographische Fragestellungen. Wie lang ist beispielsweise die – durch bestimmte Temperaturschwellenwerte begrenzte – Vegetationsperiode an einem Ort? In welchen Monaten haben die Pflanzen durch ein ausreichendes Niederschlagsangebot optimale hygrische Wachstumsbedingungen? Und wie lassen sich die klimatischen Gegebenheiten eines Raumes durch atmosphärische Prozesse und die allgemeine Zirkulation der Atmosphäre erklären?

Klimadiagramme und Klimakarten bilden eine wesentliche Grundlage für eine solche Analyse klimatischer Bedingungen. Sie stellen die durchschnittlichen, in der Regel über dreißig Jahre gemittelten Werte der wichtigsten Klimaelemente graphisch dar. Auf dieser Basis lassen sich Informationen über die jahreszeitliche und räumliche Verteilung von Temperaturen, Niederschlägen und anderen Klimaelementen analysieren und interpretieren. Welche Regionen werden etwa durch eine verstärkte Trockenheit und unter dem zusätzlichen Einfluss des Menschen (z.B. Überweidung) von einer Ausdehnung der Wüstengebiete besonders betroffen sein? Wo haben steigende Niederschläge in jahreszeitlicher Differenzierung eine größere Gefahr von Überschwemmungen zur Folge? Nicht zuletzt die zu beobachtenden Umweltveränderungen (Global Change) im Zuge des globalen Klimawandels verleihen dieser Analyse eine besondere aktuelle Bedeutung.

Das vorliegende Buch liefert mit seinem Tabellenteil eine umfassende und aktuelle Datengrundlage, mit der im Unterricht selbstständig eine solche Analyse für ausgewählte geographische Räume durchgeführt werden kann. Der vorangestellte Einleitungsteil bietet hierzu hilfreiche Hintergrundinformationen sowie zahlreiche praktische Tipps für die Darstellung und Untersuchung von Klimadaten: Kap. 1 erklärt den Aufbau und die Interpretation von Klimadiagrammen und enthält einen Entscheidungsbaum, der die Zuordnung der Klimadiagramme zu verschiedenen Klimazonen und -typen ermöglicht. Eine Anzahl von Beispielen dient dabei als Veranschaulichung. Kap. 2 setzt sich vertiefend mit den verschiedenen Ansätzen der Klimaklassifikation sowie den diversen Versuchen einer Darstellung dieser Ansätze in Form von Klimakarten auseinander. Zum Schluss des Kapitels wird eine moderne, didaktisch begründete Klimaklassifikation vorgestellt. Kap. 3 schließlich erläutert die in den Klimatabellen aufgeführten Klimavariablen und leitet damit unmittelbar in den anschließenden Tabellenteil über.

1 Das Klimadiagramm – Steckbrief des Klimas

Der Begriff Klima bezeichnet die durchschnittlichen atmosphärischen Gegebenheiten an einem Ort über einen längeren Zeitraum. Mit Hilfe von Klimadiagrammen lassen sich diese Charakteristika in übersichtlicher Form veranschaulichen und analysieren. Die Datengrundlage dafür wird heute durch ein weltweites Netz von Klimastationen bereit gestellt.

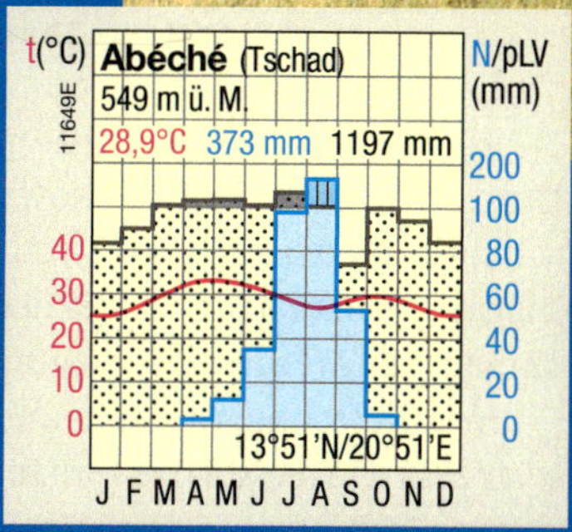

1.1 Klimadiagramme richtig lesen

1.1.1 Aufbau eines Klimadiagramms

Klimadiagramme sind wie ein „Steckbrief" des Klimas an einem Ort. Sie stellen in einer übersichtlichen und einheitlichen Form die wichtigsten klimatischen Gegebenheiten im Bereich einer Station dar. Mit Hilfe dieser Daten lassen sich die Klimabedingungen eines Raums in Bezug auf unterschiedliche Fragestellungen bewerten.

Jedes Klimadiagramm ist aus drei Achsen aufgebaut. Die waagerechte Achse gibt die einzelnen Monate des Jahres wieder. Auf der linken senkrechten Achse ist die Temperatur in Grad Celsius, auf der rechten der Niederschlag in Millimeter angegeben. Ein Millimeter Niederschlagshöhe entspricht dabei einem Liter Niederschlagswasser pro Quadratmeter. In modernen landschaftsökologischen Klimadiagrammen ist rechts außerdem noch die potenzielle Landschaftsverdunstung (pLV) verzeichnet, die ebenfalls in Millimetern angegeben wird. Damit die Klimadiagramme auch bei sehr hohen monatlichen Niederschlags- und pLV-Werten überschaubar bleiben, ist die Millimeter-Skala ab 100 mm verkürzt dargestellt. Bei den Niederschlagssäulen wird dieser Bereich durch eine dunkelblaue Farbgebung gekennzeichnet, bei den pLV-Säulen grau hervorgehoben (vgl. M1).

potenzielle Landschaftsverdunstung:
vgl. Kap. 3.1.2, S. 48

M 1: *Bestandteile und Aufbau eines landschaftsökologischen Klimadiagramms*

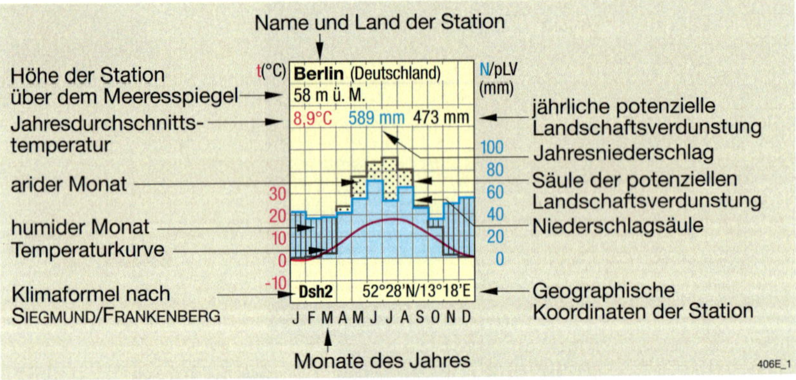

Als zusätzliche Information sind in den Diagrammachsen die jährliche Durchschnittstemperatur sowie die mittleren Jahressummen des Niederschlags und der pLV der jeweiligen Station festgehalten. Über dem Klimadiagramm stehen der Name der Station, das Land sowie die Höhe über NN, ganz unten werden die geographischen Koordinaten angegeben.

In Anlehnung an die früher weit verbreiteten Klimadiagramme nach Walter/Lieth werden die Temperatur- und Niederschlagswerte auf den beiden senkrechten Achsen im Verhältnis 1:2 einander gegenübergestellt. 10°C auf der Temperaturachse entsprechen demnach 20 mm auf der Niederschlagsachse, 20°C entsprechen 40 mm usw. Damit lässt sich grob erkennen, ob in einem Monat humide oder aride Klimaverhältnisse herrschen: Liegt die Niederschlagssäule über der Temperaturkurve, so ist der Monat humid (feucht). Andernfalls ist das Klima arid (trocken).

arid:
trocken, die Niederschlagsmenge liegt unterhalb des Wertes der potenziellen Landschaftsverdunstung

humid:
feucht, die Niederschlagsmenge erreicht oder übersteigt den Wert der potenziellen Landschaftsverdunstung

Physikalisch korrekter ist es jedoch, wenn den monatlichen Niederschlägen (N) direkt die entsprechenden Verdunstungswerte der potenziellen Landschaftsverdunstung (pLV) gegenübergestellt werden. Auf diese Weise lassen sich humide (N≥pLV) und aride Zeiträume (N<pLV) wesentlich exakter definieren. Die Zeiträume, in denen die Niederschlagssäulen über oder auf Höhe der potenziellen Landschaftsverdunstung liegen (humid), sind in den Klimadiagrammen zur besseren Veranschaulichung durch eine senkrechte Schraffur dargestellt, im umgekehrten Fall (arid) durch eine Punktschraffur.

1.1.2 Interpretation von Klimadiagrammen

Bei der Auswertung eines Klimadiagramms müssen die vorhandenen Informationen genau analysiert und unter Berücksichtigung der Lage der Station, der topographischen Gegebenheiten und der allgemeinen Zirkulation der Atmosphäre interpretiert werden.

Geographische Lage und Höhe

Die Lage einer Klimastation hat eine große Bedeutung für die Bewertung eines Klimadiagramms. Im Diagramm sind dazu die geographischen Koordinaten und die Höhe der Station über NN angegeben. Bereits die Höhenlage hat Einfluss auf die Monats- und Jahresdurchschnittstemperaturen – im Mittel nimmt die Temperatur in der Atmosphäre um etwa 0,6°C pro 100 m Höhe ab. Dies macht sich z.B. bei tropischen Höhenklimaten deutlich bemerkbar und muss bei der Interpretation des jeweiligen Klimas berücksichtigt werden.

Anhand der geographischen Koordinaten lässt sich eine Klimastation mit Hilfe von Karten in größere Landschaftsräume einordnen. So hat etwa die Entfernung zu Meeren und Gebirgen einen wesentlichen Einfluss auf das Klima eines Raumes. Große Wasserflächen dämpfen den Jahresgang der Temperaturen in meeresnahen Regionen. Zumeist sind hier die Winter milder und die Sommer etwas kühler als in meeresferneren Regionen. Darüber hinaus sind die Niederschläge in Küstennähe in der Regel insgesamt höher und jahreszeitlich ausgeglichener als im Innern der Kontinente. Küstenwüsten wie die Atacama oder die Namib zeigen jedoch, dass es auch Ausnahmen von dieser Regel gibt. So kann auch die Nähe zu Gebirgen in Abhängigkeit von den vorherrschenden Windverhältnissen einen Einfluss auf die Höhe und jahreszeitliche Verteilung der Niederschläge und Temperaturen haben, etwa durch Föhn-Effekte.

Neben der großräumigen Lage übt aber auch die regionale Topographie (z.B. Tal-, Berg-, Hanglage) und Landnutzung (z.B. Stadt, Umland, Wasserflächen, ausgedehnte Wälder) einen Einfluss auf das Klima eines Ortes aus, der bei der Analyse und Interpretation eines Klimadiagramms berücksichtigt werden muss.

Temperaturverhältnisse

Nach der Beschreibung der Lage einer Station kann die eigentliche Untersuchung der Klimawerte erfolgen. Dabei liegt es nahe, sich zunächst auf ein Klimaelement zu konzentrieren. So lässt sich ein Klimadiagramm mit Hilfe der angegebenen Jahresdurchschnittstemperatur und unter Berücksichtigung der Höhenlage bereits grob einer bestimmten thermischen Klimazone zuordnen. Hierzu eignet sich zum Beispiel die erste Ebene der Klimakarte von Siegmund/Frankenberg (vgl. M4 u. M23).

maritim:
Region mit geringen jahreszeitlichen Temperaturunterschieden (thermische Maritimität)

kontinental:
Region mit großen jahreszeitlichen Temperaturunterschieden (thermische Kontinentalität)

Temperaturamplitude:
Differenz zwischen der höchsten und der tiefsten Temperatur (z.B. der monatlichen Durchschnittstemperaturen)

Die Temperaturdifferenz zwischen dem Monat mit der höchsten und dem mit der geringsten Durchschnittstemperatur gibt einen Eindruck von der thermischen Maritimität bzw. Kontinentalität des Klimas – je höher die jahreszeitlichen Temperaturunterschiede sind, desto kontinentaler sind auch die klimatischen Gegebenheiten (vgl. M2 u. M26). Dabei muss jedoch berücksichtigt werden, dass die Temperaturamplituden innerhalb eines Jahres vom Äquator zum Pol hin grundsätzlich zunehmen und zwar aufgrund der ebenfalls wachsenden jahreszeitlichen Unterschiede in der Sonneneinstrahlung. Innerhalb der Tropen sind die Temperaturamplituden aufgrund des Tageszeitenklimas – bedingt durch den ganzjährig hohen Sonnenstand – ausgesprochen gering und liegen meist unter 5°C zwischen dem Monat mit der höchsten und dem mit der tiefsten Durchschnittstemperatur.

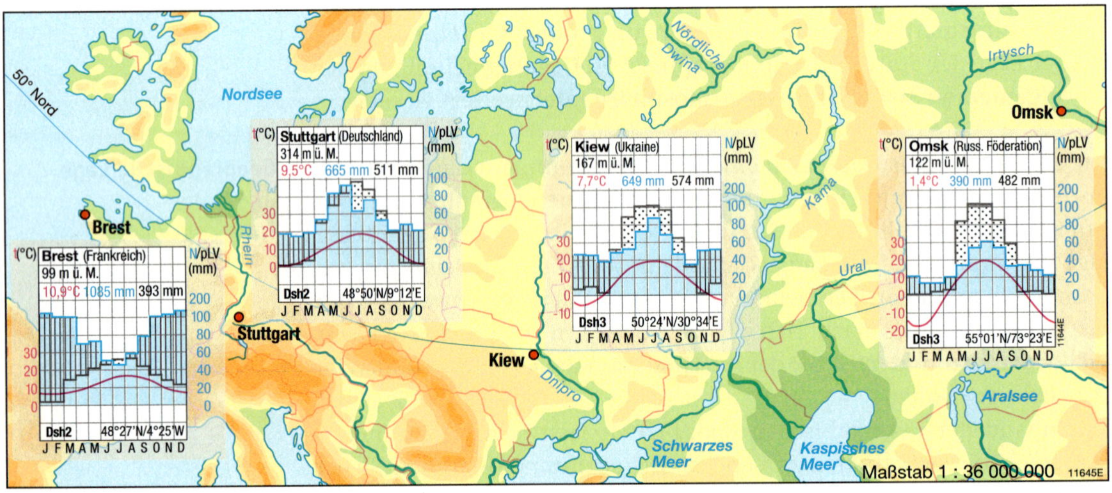

M 2: *Abfolge von Klimadiagrammen mit zunehmender thermischer und hygrischer Kontinentalität in Eurasien entlang des etwa 50. Breitengrads*

Bei ausgesprochen maritimen Klimaten treten die Maxima und Minima der Monatsmittel der Temperaturen oft zeitlich etwas verspätet auf. Ist sonst in der Regel der Januar der kälteste, der Juli der wärmste Monat, so wird es in Meeresnähe mitunter erst im Februar am kältesten und im August am wärmsten. Innerhalb der Tropen findet eine jahreszeitliche Differenzierung des Temperaturjahresgangs vor allem durch die zeitliche Lage und Länge von Regen- und Trockenzeiten statt. In der Regel werden dann unmittelbar vor und nach der sommerlichen Regenzeit die höchsten Temperaturen verzeichnet. Die geringere Sonneneinstrahlung durch die stärkere Bewölkung und der Abkühlungseffekt durch die Niederschläge („Verdunstungskälte", hoher Anteil latenter Wärme) kappt das theoretische sommerliche Temperaturmaximum, so dass sich im Sommer oft ein zweites Minimum der monatlichen Durchschnittstemperaturen einstellt.

latente Wärme:
Energie, die für das Verdunsten von Wasser benötigt wird und die in Form des Wasserdampfs in der Atmosphäre gespeichert ist; bei Kondensation wird diese Energie wieder abgegeben

Aus der Höhe der Temperaturmittel vor allem des wärmsten Monats lassen sich außerdem Aussagen über die Wachstumsverhältnisse von Pflanzen sowie die Länge der Vegetationsperiode ableiten. Bei Werten unter ca. 10°C ist das Baumwachstum in der Regel deutlich eingeschränkt, unter ca. 5°C ist auch das Wachstum niedrigerer Pflanzen und landwirtschaftlicher Anbauprodukte sehr stark reduziert oder sogar unterbrochen. Damit lässt sich aus der Zahl der Monate, die diese Schwellenwerte über- bzw. unterschreiten, die Dauer der Vegetationsphase von Bäumen und niedrigen Pflanzen ermitteln. Unter anderem können daraus Aussagen über den Verlauf der Baumgrenze in der Subpolaren bzw. Polaren Zone oder in Gebirgen und die Verbreitungsgrenze landwirtschaftlicher Nutzpflanzen abgeleitet werden, die sich dann auf der Grundlage unterschiedlicher pflanzenspezifischer thermischer Wachstumsschwellenwerte weiter differenzieren lassen.

Niederschläge

hygrisch: *auf den Wasserhaushalt bezogen*

Die in den Klimadiagrammen angegebene Jahressumme der Niederschläge erlaubt einen ersten Überblick über die hygrischen Gegebenheiten am entsprechenden Ort. Liegen die Niederschlagsmengen unterhalb ca. 250 mm, weist dies auf das Vorherrschen eines wüstenhaft trockenen Klimas hin (vgl. M 4). Aufgrund des landschaftsprägenden Charakters solcher Bedingungen werden diese Trockenklimate in der Klimakarte von Siegmund/Frankenberg als eigenständige Klimazone ausgewiesen (vgl. M 24). Allerdings weisen auch die polaren Kältewüsten aufgrund des geringen Wasserdampfgehalts der Atmosphäre, bedingt durch die extrem tiefen Temperaturen, nur sehr geringe Niederschläge auf. Dennoch werden sie nicht zu den „klassischen“ Wüstenregionen der Erde gezählt. Diese Beispiele zeigen, dass bei der Interpretation der Niederschlagsmengen stets auch die Temperaturen zu berücksichtigen sind.

Jährliche Niederschlagssummen von über rund 2.000 mm deuten in der Regel auf feuchte Tropenklimate hin. Aber auch außerhalb der Tropen können zum Teil solch hohe Niederschlagssummen auftreten, etwa bei extrem maritimen Klimaten der Mittleren Breiten, subtropischen Sommerregenklimaten oder in Luvlagen von Gebirgen. Allerdings sind dort die Jahresdurchschnittstemperaturen geringer und der jahreszeitliche Temperaturverlauf deutlich ausgeprägter als in den Tropen.

Die jahreszeitliche Niederschlagsverteilung einer Station erlaubt Rückschlüsse auf die vorherrschenden Niederschlagsregime und damit auf die Lage des Ortes innerhalb der Druck- und Windgürtel der allgemeinen planetarischen Zirkulation der Atmosphäre. So deutet das Auftreten ausgeprägter Regen- und Trockenzeiten auf den jahreszeitlich wechselnden Einfluss Niederschlag bringender Tiefdruckzonen einerseits und eher Trockenheit bedingender Hochdruckzellen andererseits hin. Von Trockenperioden wird in der Regel nur dann gesprochen, wenn – zumindest während einiger Monate – keine oder nur sehr geringe Niederschläge von unter etwa 20 mm auftreten, von denen sich wiederum die Regenzeit durch wesentlich höhere Niederschlagsmengen deutlich abhebt.

Liegt die Regenzeit in den Sommermonaten der jeweiligen Halbkugel, so deutet dies bei entsprechend hohen Jahresdurchschnittstemperaturen auf ein tropisch-wechselfeuchtes Klima hin, das vegetationsgeographisch dem der Savannen entspricht (vgl. M 4). Dort wechseln sich der jahreszeitliche Einfluss der subtropischen Hochdruckgebiete (Winter) und der Innertropischen Konvergenzzone (Sommer) ab, die zumeist ergiebige Niederschläge bringt. Ursache dafür ist die Verlagerung der Druckgürtel infolge des wandernden Zenitstands der Sonne. Die gewitterartigen Starkniederschläge werden dabei durch konvektive Prozesse der tropischen Headley- und Walkerzirkulation in Wechselwirkung mit „Sogwirkungen“ des Tropical Easterly Jet – in Afrika zusätzlich verstärkt durch den African Easterly Jet – in der Höhe verursacht.

Je nach Dauer der Regen- bzw. Trockenzeit lassen sich die tropischen Klimate weiter differenzieren. So nehmen die Dauer und Höhe des som-

Innertropische Konvergenzzone: *Bereich entlang des Äquators, in der die Passatwinde der Nord- und Südhalbkugel zusammenströmen und innerhalb der äquatorialen Tiefdruckrinne aufsteigen*

Konvektion: *Aufsteigen von Luftmassen in der Atmosphäre, das durch temperaturbedingte Dichteunterschiede verursacht wird*

merlichen Niederschlagsmaximums mit zunehmender Entfernung vom Äquator in der Regel ab (vgl. M3). Gleichzeitig „wachsen“ in den Klimadiagrammen die beiden Niederschlagsmaxima im Frühjahr und Herbst, die bedingt durch den zweifachen Zenitstand der Sonne häufig in unmittelbarer Äquatornähe auftreten, allmählich zu einer sommerlichen Regenzeit zusammen. Parallel dazu gehen die Niederschlagsmengen in Richtung der sich polwärts anschließenden Trockengebiete („Wendekreiswüsten“) allmählich zurück.

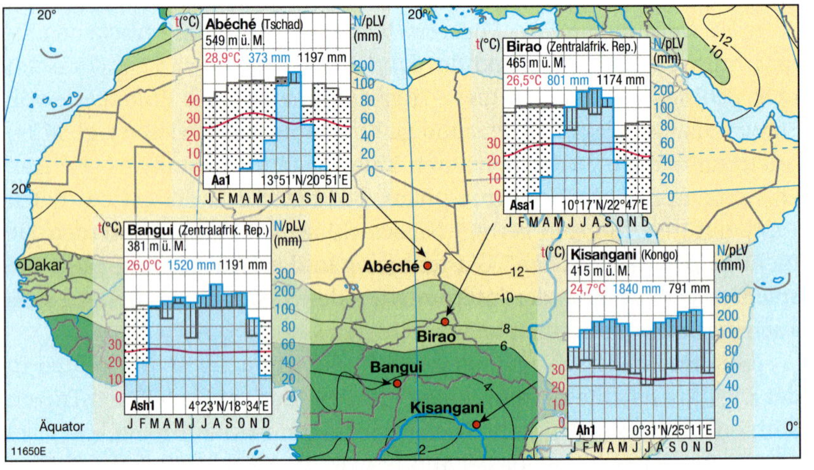

M 3: *Abfolge von Klimadiagrammen mit abnehmenden Jahresniederschlägen und zunehmender winterlicher Trockenheit in Afrika vom Äquator zum nördlichen Wendekreis*

Fällt die Regenzeit in den Winter der jeweiligen Halbkugel, ist dies ein typisches Kennzeichen für ein subtropisches Winterregenklima (Mittelmeerklimate) (vgl. M4). Diese Zone liegt im Sommer im Einflussbereich der polwärts verlagerten subtropischen Hochdruckzellen, die durch vorwiegend absteigende und daher trockene Luftmassen gekennzeichnet sind. Bedingt durch die Südverlagerung des Zenitstands der Sonne im Winter (Nordhalbkugel) verläuft auch die Bahn der Tiefdruckgebiete der Westwindzone in größerer Nähe zum Äquator und bringt dadurch den Winterregenklimaten der Nordhalbkugel entsprechende Niederschläge (auf der Südhalbkugel umgekehrt). Dabei verkürzt sich die winterliche Regenzeit, und die monatlichen Niederschlagsmengen gehen insgesamt umso stärker zurück, je näher ein Ort an den Wendekreisen liegt und je stärker und länger er daher durch die Trockenheit verursachenden Subtropenhochs beeinflusst wird. Beim Übergang der Winterregenklimate in die polwärts folgenden Mittelbreiten reduzieren sich die Dauer und die Intensität der für die Winterregenklimate charakteristischen sommerlichen Trockenzeit, weil hier der Einfluss der Tiefdruckgebiete der Westwindzirkulation ganzjährig zunimmt.

Westwindzone:
nach Westen gerichtete, starke Höhenwindströmung der Mittelbreiten auf der Nord- und Südhalbkugel

Vor allem im Bereich der Mittleren Breiten sowie der Subpolaren und Polaren Zone lässt sich beim Jahresgang der monatlichen Niederschlagsmengen der Grad der hygrischen Kontinentalität erkennen (vgl. M2). Je geringer die Jahressummen des Niederschlags und je stärker sich das jährliche Niederschlagsmaximum in die Sommermonate verlagert, desto stärker ist die hygrische Kontinentalität, die oft auch mit einer thermischen Kontinentalität einhergeht. Mit zunehmender Entfernung zu den Ozeanen nimmt der Einfluss der Niederschlag bringenden Tiefdruckgebiete ab. Daraus resultieren die in hygrisch kontinentalen Klimaten insgesamt geringeren Niederschlagsmengen, wie sie vor allem im Winterhalbjahr zu beobachten sind. Das sommerliche Niederschlagsmaximum ist auf die starke Erwärmung der Festlandsmassen zurückzuführen, durch die konvektive Prozesse und entsprechende Schauerniederschläge hervorgerufen werden. Hygrisch maritime Klimate sind hingegen durch ganzjährig hohe Niederschläge gekennzeichnet, die im Winterhalbjahr oft zusätzlich verstärkt werden – eine Folge der mit der stärkeren Westwindzirkulation im Winter verbundenen größeren Zahl und Intensität von Tiefdruckgebieten.

Potenzielle Landschaftsverdunstung und Humidität/Aridität

Die Jahressumme der potenziellen Landschaftsverdunstung (pLV) lässt einen ersten Rückschluss auf die klimatische Wasserbilanz des jeweiligen Ortes zu. Je stärker der Jahresniederschlag die jährliche pLV übersteigt, desto günstiger sind die Wasserversorgung und damit die hygrischen Klimabedingungen für das Pflanzenwachstum und den landwirtschaftlichen Anbau. Allerdings erlaubt erst eine eingehende Betrachtung der jahreszeitlichen Verteilung humider (N≥pLV) und arider Monate (N<pLV) einen genaueren Eindruck der hygrischen Verhältnisse an einem Ort (vgl. M 4). Treten mehr als zehn humide Monate pro Jahr auf, so spricht man von einem humiden Klima, bei dem die für das Pflanzenwachstum notwendige Feuchtigkeit das ganze Jahr über ausreichend zur Verfügung steht – ein oder zwei aride Monate können die Pflanzen in der Regel durch das während der feuchteren Perioden im Boden gespeicherte Wasser gut überstehen, ohne ihr Wachstum einstellen zu müssen. Man unterscheidet daher zwischen der aerischen (klimatischen) Humidität bzw. Aridität, die sich aus den Klimadiagrammen ablesen lässt, und der edaphischen des Bodens.

aerisch:
auf Luft und Atmosphäre bezogen

edaphisch:
auf den Boden bezogen

Bei weniger als drei humiden Monaten pro Jahr stellt sich das Klima als arid dar. Pflanzenwachstum und landwirtschaftliche Produktion sind sehr stark eingeschränkt bzw. gänzlich unmöglich oder nur durch künstliche Bewässerung zu gewährleisten. Entsprechend abgestuft stellt sich die Wasserversorgung bei semiariden (vier bis sechs humide Monate) und semihumiden (sieben bis neun humide Monate) Klimaten dar. Dabei kommt bei der Bewertung der klimatischen Gegebenheiten eines Ortes auch der jahreszeitlichen Verteilung der ariden und humiden Monate im Klimadiagramm eine große Bedeutung zu. Fällt die humide Jahreszeit mit der durch höhere Temperaturen gekennzeichneten sommerlichen thermischen Vegetationsperiode zusammen, so sind die Wachstumsbedingungen für die Pflanzen in der Regel gut. Treten die humiden Monate hingegen im Winter auf, so fällt das hygrische Wachstumsoptimum nicht mit dem thermischen zusammen, wie etwa in den Winterregenklimaten.

hygrisches Wachstumsoptimum:
optimale pflanzliche Wachstumsbedingungen bezogen auf den Wasserhalt

1.2 Zuordnung von Klimadiagrammen zu Klimatypen

Zur Bewertung der klimatischen Gegebenheiten eines Ortes ist es sinnvoll, Klimadiagramme bestimmten Klimazonen und Klimatypen zuzuordnen. Eine solche Einordnung ist oft nicht ohne weiteres möglich, da jedes Klima regionale, die Charakteristika des jeweiligen Klimatyps überlagernde Besonderheiten aufweisen kann.

Zur Zuordnung von Klimadiagrammen müssen daher eine Vielzahl von Parametern und Kennzeichen des jeweiligen Klimas gemeinsam betrachtet und interpretiert werden. Ein speziell entwickelter „Entscheidungsbaum“ kann dabei Hilfestellungen leisten (vgl. M 4). Mit ihm sind die

M 4: *Entscheidungsbaum für die Zuordnung von Klimadiagrammen zu verschiedenen Klimazonen und Klimatypen*

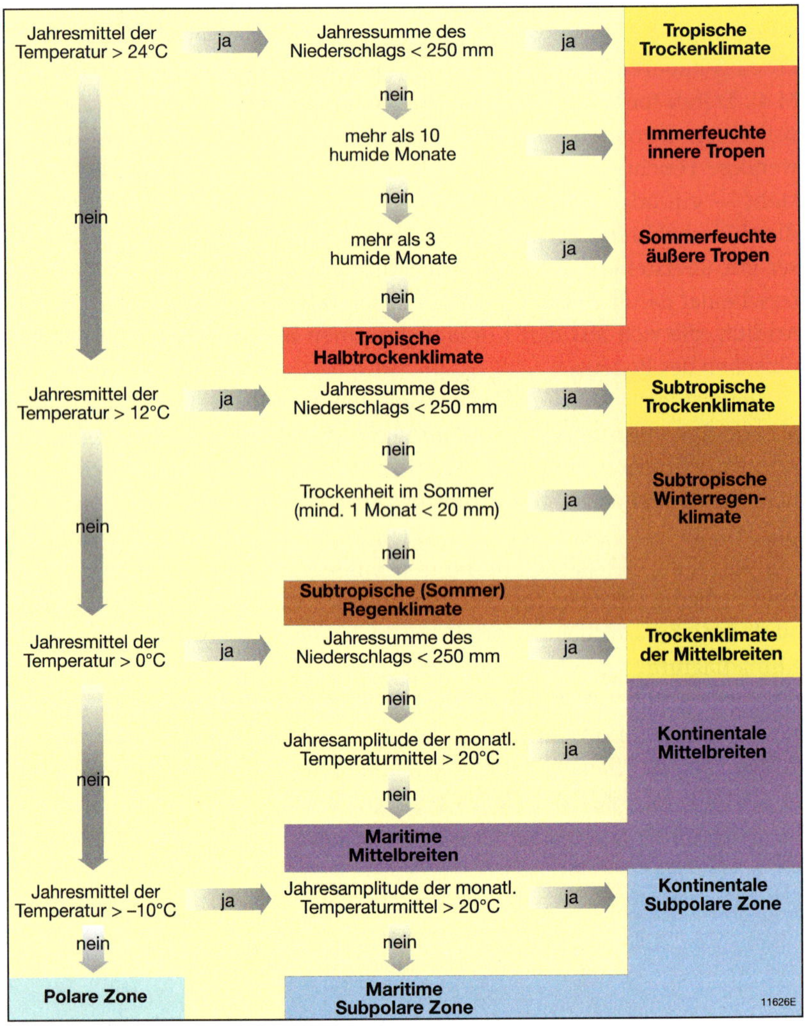

schrittweise und systematische Analyse von Klimadiagrammen und ihre Zuordnung zu bestimmten Klimazonen und Klimaregionen möglich. Zu diesem Zweck werden einzelne Kennzeichen des jeweiligen Klimas anhand von Durchschnitts- und Schwellenwerten, Charakteristika der Jahresgänge einzelner Klimaelemente und Andauerwerte durch einfache „Ja-Nein-Fragen“ nacheinander abgeprüft und dadurch klassifiziert.

Beispiele für die Interpretation von Klimadiagrammen

Mit einer Jahresdurchschnittstemperatur von 26,4°C lässt sich die Station Pontianak / Indonesien den Tropen zuordnen. Das ganzjährig fast gleich bleibend hohe Niveau der Temperatur-Monatsmittel weist auf eine Lage in unmittelbarer Äquatornähe mit einem ausgeprägten Tageszeitenklima hin. Die hohe Jahressumme des Niederschlags von 3.298 mm deutet ebenfalls auf ein innertropisches Klima hin. Die jahreszeitliche Verteilung der Niederschläge, deren Wert jeden Monat mehr als 100 mm beträgt, weist zwei Maxima auf – eines im April / Mai und ein zweites, mit mehr als 400 mm noch größeres, im Spätjahr. Die beiden Niederschlagsmaxima sind auf den zweimaligen äquatorialen Zenitstand der Sonne im Frühjahr und Herbst zurückzuführen, die in dieser Phase den anhaltenden Einfluss der Innertropischen Konvergenzzone noch zusätzlich verstärken. Die ganzjährig hohen Niederschläge übersteigen jeweils die monatliche potenzielle Landschaftsverdunstung, so dass alle Monate humid sind.

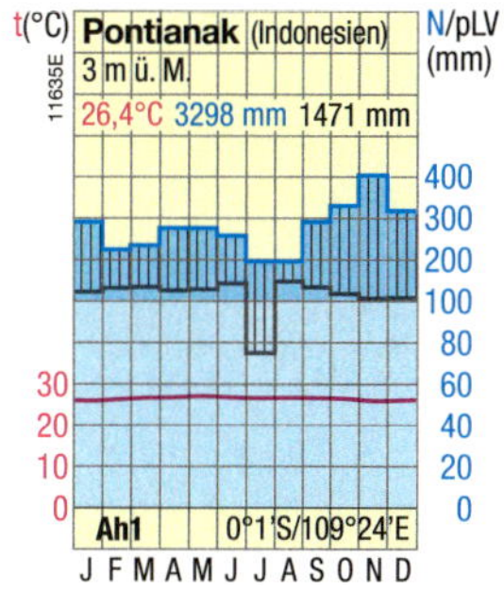

M 5: *Klimadiagramm der Station Pontianak/Indonesien*

Die Station Juba / Sudan liegt mit einer jährlichen Durchschnittstemperatur von 27,8°C in den Tropen. Die jährliche Niederschlagsmenge von 973 mm deutet auf eine Lage in der Übergangszone von den immerfeuchten inneren zu den wechselfeuchten äußeren Tropen hin. Dies belegt sowohl der erkennbare leichte Jahresgang der monatlichen Temperaturmittel als auch die markante kurze Trockenheit im Winter. Der winterliche Niederschlagsrückgang resultiert aus der sich mit dem Zenitstand der Sonne nach Süden verlagernden Innertropischen Konvergenzzone. Aufgrund dessen rücken die subtropischen Hochdruckgebiete von Norden nach, die eine zunehmende Trockenheit verursachen. Bedingt durch die winterliche Trockenzeit liegt die potenzielle Landschaftsverdunstung von November bis April über den monatlichen Niederschlagsmengen. Daher sind nur die restlichen sechs Sommermonate humid (N≥pLV).

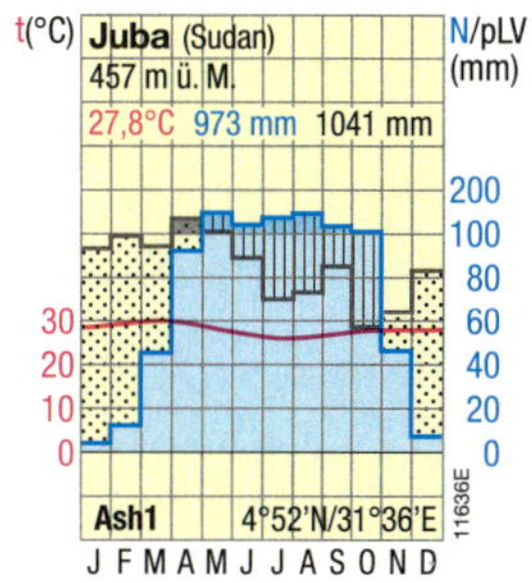

M 6: *Klimadiagramm der Station Juba/Sudan*

An der Station Allahabad / Indien deutet das Jahresmittel der Temperatur von 25,9°C auf ein tropisches Klima hin. Mit 958 mm ist der Jahresniederschlag vergleichsweise gering und lässt auf außertropische Klimaverhältnisse schließen. Dies verdeutlicht auch der ausgeprägte Jahresgang der Niederschläge mit einer kurzen, aber intensiven Regenzeit im Sommer und einer anhaltenden Trockenzeit in den Wintermonaten. Die sommerlichen Niederschläge resultieren aus einer Nordverlagerung des Zenitstands der Sonne, infolgedessen die Innertropische Konvergenzzone über dem stark erwärmten indischen Subkontinent bis zum Himalaja vorrückt. Bei der Überquerung des Äquators werden die Südost-Passate umgelenkt und dabei zum indischen Südwest-Monsun. Er bringt feuchte Luftmassen vom Indischen Ozean heran, die in Form des Sommermonsuns ergiebige Niederschläge verursachen. Nur während dieser Jahreszeit übersteigen die monatlichen Niederschlagsmengen vier Monate lang die potenzielle Landschaftsverdunstung (humide Monate). Mit der Regenzeit gehen durch die Bewölkung eine geringere Sonneneinstrahlung und ein Abkühlungseffekt durch die Niederschläge („Verdunstungskälte“) einher, die zu einer „Kappung“ des (theoretischen) sommerlichen Temperaturmaximums der Monatsmittel führt.

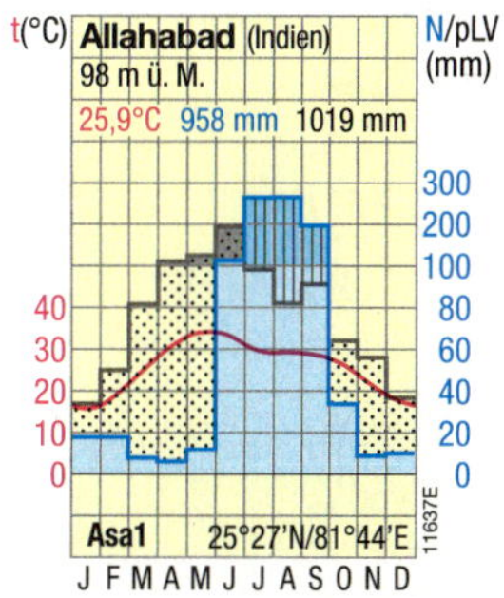

M 7: *Klimadiagramm der Station Allahabad/Indien*

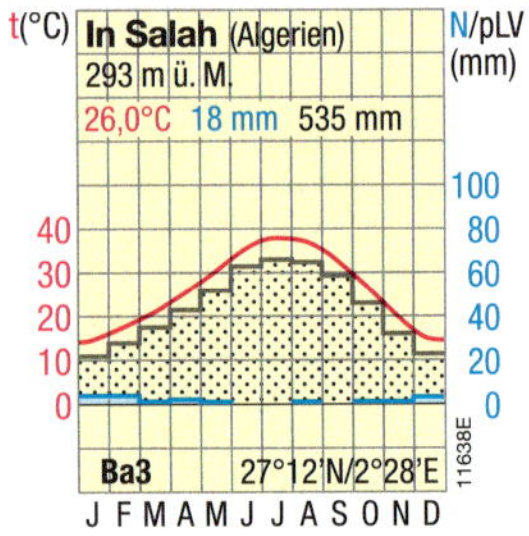

M 8: *Klimadiagramm der Station In Salah/Algerien*

Die jährliche Durchschnittstemperatur von 26,0°C weist auf eine Lage der Station In Salah / Algerien in den Tropen hin. Wie die geringe Jahresniederschlagsmenge von 18 mm deutlich macht, fällt sie in den Bereich der ständig trockenen äußeren Tropen im Übergang zu den Subtropen. Der Wechsel des tropischen Tageszeiten- zum außertropischen Jahreszeitenklima geht auch aus der deutlichen jahreszeitlichen Temperaturamplitude der Monatsmittel von über 20°C hervor. Der Jahresgang der monatlichen Temperaturmittel folgt infolge der dauerhaft geringen Bewölkung gleichsam dem Verlauf des Sonnenstands mit Maxima der Monatsmittel von über 35°C im Sommer und etwa 15°C im Winter. Die Trockenheit resultiert aus dem ganzjährigen Einfluss subtropischer Hochdruckgürtel entlang der Wendekreise mit ihren absteigenden und dabei austrocknenden Luftmassen. Durch die geringen Niederschläge und die gleichzeitig hohe potenzielle Landschaftsverdunstung ist kein Monat humid.

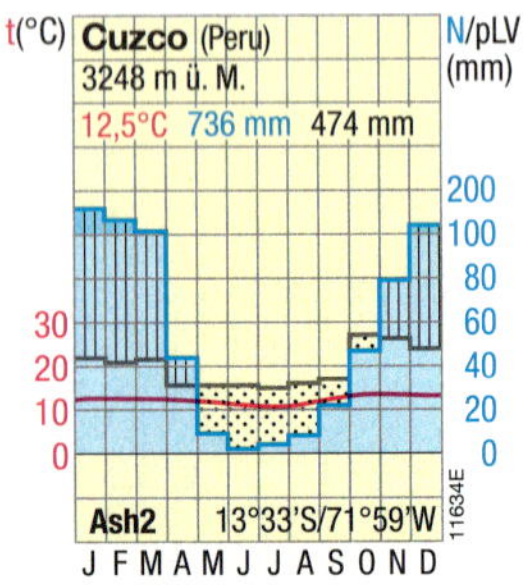

M 9: *Klimadiagramm der Station In Cuzco/Peru*

Mit der Temperatur 12,5°C weist die Station Cuzco / Peru ein Jahresmittel auf, wie es eigentlich für den Übergang der Subtropen zu den Mittleren Breiten typisch ist. Dennoch zählt die Station zu den Tropen. Denn für die Reduzierung des Temperaturniveaus ist die Höhenlage von 3.248 m ü. NN verantwortlich: Geht man von einer Temperaturabnahme von etwa 0,6°C pro 100 m aus, läge das Jahresmittel – umgerechnet auf Meereshöhe – auf dem Temperaturniveau der Tropen. Auf die Zugehörigkeit zu den tropischen Klimaten deutet auch der ausgeglichene Jahresgang der monatlichen Durchschnittstemperaturen hin. Die Jahressumme des Niederschlags von 736 mm lässt auf eine Lage im Bereich der äußeren, wechselfeuchten Tropen schließen. Dies geht auch aus der ausgeprägten Trockenzeit im Winter (Südhalbkugel) und der Regenzeit im Sommer hervor, die durch die Südverlagerung der Innertropischen Konvergenzzone zu dieser Jahreszeit über Südamerika verursacht wird. In der feuchten Jahreszeit liegen die monatlichen Niederschlagssummen über der potenziellen Landschaftsverdunstung. Daraus resultieren sechs humide Monate.

Klimadiagramme der Subtropen

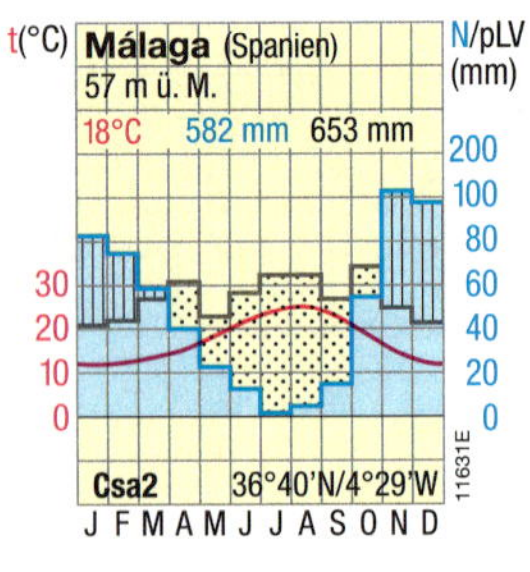

M 10: *Klimadiagramm der Station Málaga/Spanien*

An der Station Málaga / Spanien wird eine Jahresdurchschnittstemperatur von 18,0°C gemessen, was auf ein subtropisches Klima am Rande der Tropen hinweist. Darüber hinaus ist ein Jahresgang der monatlichen Temperaturmittel zu erkennen, wie er für ein außertropisches Jahreszeitenklima typisch ist – die Jahresamplitude von weniger als 15°C lässt dabei auf recht maritime Verhältnisse schließen. 582 mm Niederschlag pro Jahr deuten insgesamt auf relativ trockene Klimaverhältnisse im Einflussbereich der tropisch-subtropischen Trockenklimate hin. Dies ergibt sich auch aus dem monatlichen Verhältnis von Niederschlag und potenzieller Landschaftsverdunstung, das zu nur fünf humiden Monaten im Winter führt. Die jahreszeitliche Niederschlagsverteilung zeigt ein sommerliches Niederschlagsminimum, während das Winterhalbjahr durch deutlich höhere Niederschläge gekennzeichnet ist. Dies lässt auf ein subtropisches Winterregenklima (Westseitenklima) schließen – der Einfluss subtropischer Hochdruckzellen und Tiefdruckgebiete der Westwindzone wechselt sich hier jahreszeitlich ab.

Die Station Yichang / China liegt mit einem Jahresmittel der Temperatur von 16,8°C im Bereich der Subtropen. Aus den jahreszeitlichen Schwankungen der monatlichen Durchschnittstemperaturen von deutlich mehr als 20°C geht eine ausgeprägte thermische Kontinentalität hervor. Mit 1 155 mm ist die jährliche Niederschlagssumme vergleichsweise hoch. Die Niederschläge konzentrieren sich dabei auf das Sommerhalbjahr – ein typisches Kennzeichen für ein subtropisch-sommerfeuchtes Ostseitenklima. Die sommerlichen Niederschläge resultieren aus auflandigen Winden durch die starke Erwärmung der asiatischen Landmassen. Im Winter hält hingegen ein sibirisches Kältehoch die feuchten Luftmassen vom Pazifik zumindest teilweise fern. Die Niederschläge liegen während des ganzen Jahres über den Monatssummen der potenziellen Landschaftsverdunstung, was insgesamt zwölf humide Monate zur Folge hat. Die Wachstumsbedingungen für die Pflanzen sind daher durch den weitgehend parallelen Verlauf der Temperatur- und Niederschlagswerte sowohl thermisch als auch hygrisch sehr gut.

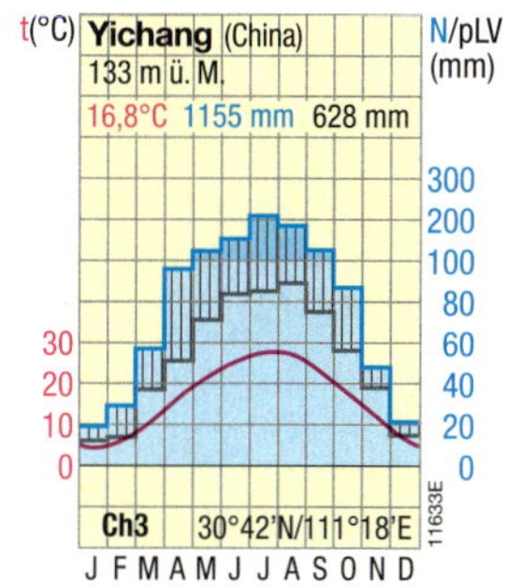

M 11: *Klimadiagramm der Station Yichang/China*

Klimadiagramme der Mittelbreiten

Mit einer Jahresdurchschnittstemperatur von 9,5°C fällt die Station London / Großbritannien in die Klimazone der Mittelbreiten. Die Jahresamplitude der monatlichen Temperaturmittel liegt unter 15°C und deutet auf eine ausgeprägte thermische Maritimität hin. Aus diesem Grund bleiben die Durchschnittstemperaturen im Winter auch deutlich über dem Gefrierpunkt. Bei einer Jahressumme von 754 mm weist der Jahresgang der Niederschläge kaum größere Schwankungen auf – ein typisches Kennzeichen für ein hygrisch maritimes Klima. Der Jahresgang der Monatssummen der potenziellen Landschaftsverdunstung zeigt ein deutliches Sommermaximum. In dieser Jahreszeit übersteigen die pLV-Werte die monatlichen Niederschläge. Die Folge sind drei (aerisch) aride Monate. Das dadurch verursachte sommerliche Wasserdefizit der Pflanzen kann jedoch zum Teil durch die im Boden gespeicherte Feuchtigkeit aus dem Winterhalbjahr ausgeglichen werden (edaphisch humid), da der Zeitraum von September bis Mai neun humide Monate verzeichnet.

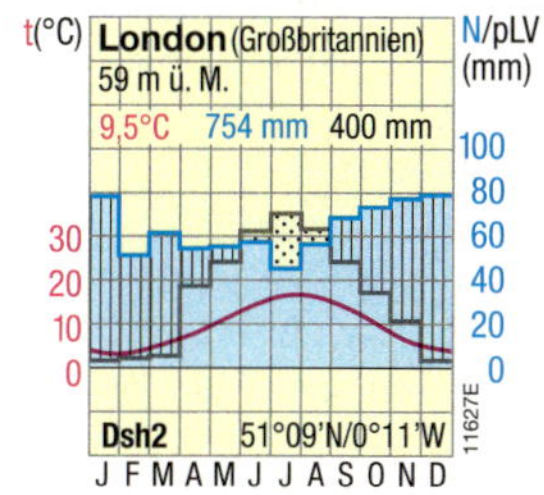

M 12: *Klimadiagramm der Station London/Großbritannien*

Die Station Bergen / Norwegen liegt mit einem Jahresmittel der Temperatur von 7,7°C in der Klimazone der Mittelbreiten. Bei einer Jahresamplitude der Temperatur-Monatsmittel von weniger als 15°C ist das Klima thermisch ausgesprochen maritim. Auf die Maritimität deuten auch die mit 2 250 mm für die Mittelbreiten ausgesprochen hohen und jahreszeitlich recht ausgeglichenen Niederschläge hin (hygrische Maritimität) – durch die Küstenlage am Fuße des skandinavischen Gebirges machen sich durch die vorherrschenden Westwinde Luv-Effekte in Form von Steigungsregen bemerkbar. Durch das ganzjährig hohe Niederschlagsniveau erreicht der Wert für die potenzielle Landschaftsverdunstung in keinem Monat die Niederschlagsumme, was zwölf humide Monate zur Folge hat. Es fällt – bezogen auf die Jahressummen – fast fünf mal so viel Niederschlag, wie die Landschaft unter optimalen hygrischen Wachstumsbedingungen der Pflanzen verdunsten kann, so dass ein großer Teil des Wassers abfließt.

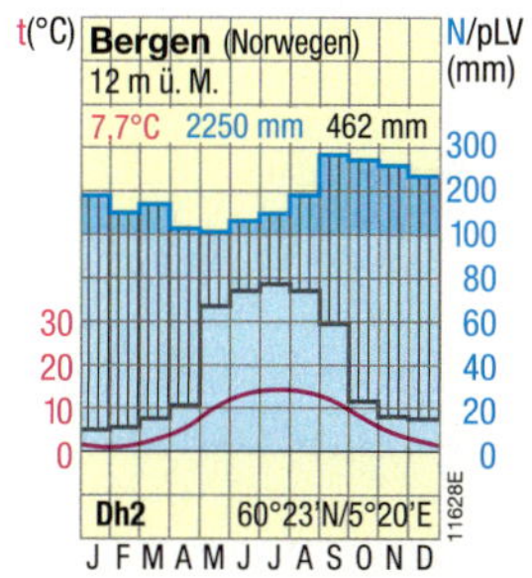

M 13: *Klimadiagramm der Station Bergen/Norwegen*

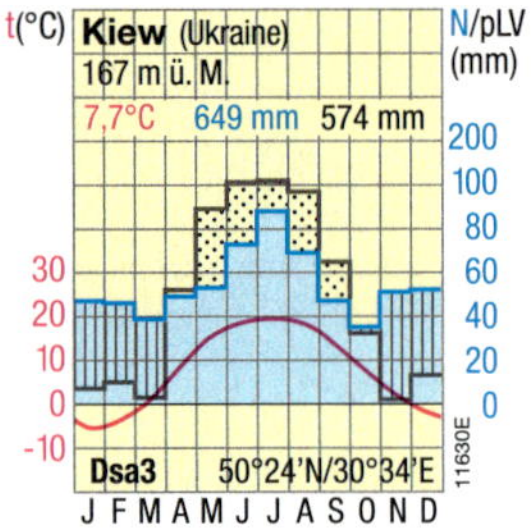

M 14: *Klimadiagramm der Station Kiew/Ukraine*

Ein Jahresmittel der Temperatur von 7,7°C deutet auf ein Klima der Mittelbreiten hin. Die Jahresamplitude der monatlichen Durchschnittstemperaturen mit deutlich über 20°C ist Kennzeichen einer thermischen Kontinentalität mit sehr kalten Wintern und vergleichsweise warmen Sommern. Im Gegensatz dazu ist die hygrische Kontinentalität durch den vergleichsweise ausgeglichenen Jahresgang der monatlichen Niederschlagssummen mit einem leichten sommerlichen Maximum deutlich schwächer ausgeprägt. Bei einer Jahressumme der Niederschläge von 649 mm und einer potenziellen Landschaftsverdunstung von 574 mm zeigt sich die klimatische Wasserbilanz insgesamt recht ausgeglichen. Infolge der starken sommerlichen Erwärmung übersteigt die potenzielle Landschaftsverdunstung jedoch von April bis September die Niederschläge, was sechs aride Monate zur Folge hat. Die restlichen sechs Monate im Winterhalbjahr sind humid (N≥pLV).

Klimadiagramme der Subpolaren und Polaren Zone

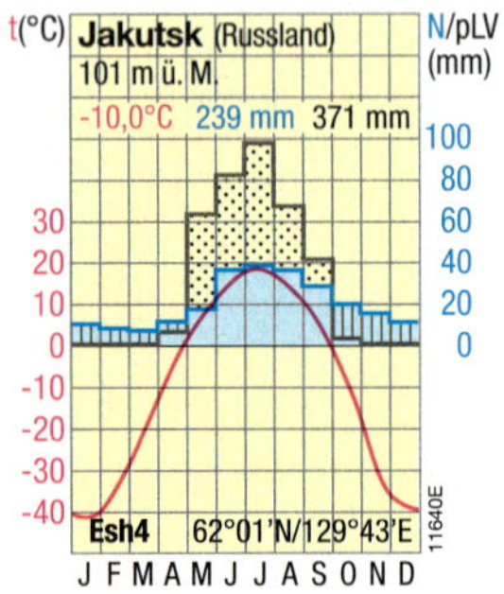

M 15: *Klimadiagramm der Station Jakutsk/Russland*

Die Station Jakutsk/Russland weist mit einem Jahresmittel der Temperatur von -10,0°C ein Subpolares Klima auf. Die klimatischen Gegebenheiten sind durch extreme jahreszeitliche Unterschiede geprägt – sehr kalte Winter mit Monatsmitteln der Temperatur von unter -40°C im Januar und kurzen warmen Sommern mit fast 20°C im Juli. Die daraus resultierende Jahresamplitude von über 60°C weist das Klima als thermisch hochkontinental aus. Neben dem geringeren Strahlungseinfall, bedingt durch die Lage der Station in den höheren Breiten, trägt zu dem niedrigen Temperaturniveau im Winter vor allem die starke winterliche Auskühlung der eurasischen Landmasse bei. Aufgrund der niedrigen Temperaturen enthält die Luft nur sehr wenig Feuchtigkeit. Daher ist die Jahressumme des Niederschlags mit 239 mm ausgesprochen gering und vergleichbar mit der Trockenheit in „klassischen" Wüstengebieten. Das durch konvektive Prozesse über den stark erwärmten Landmassen verursachte sommerliche Niederschlagsmaximum macht die hygrische Kontinentalität des Klimas deutlich. Trotz der Trockenheit weist die Station durch die geringe potenzielle Landschaftsverdunstung, die mit den tiefen Temperaturen im Winter einhergeht, sieben humide Monate aus (N≥pLV).

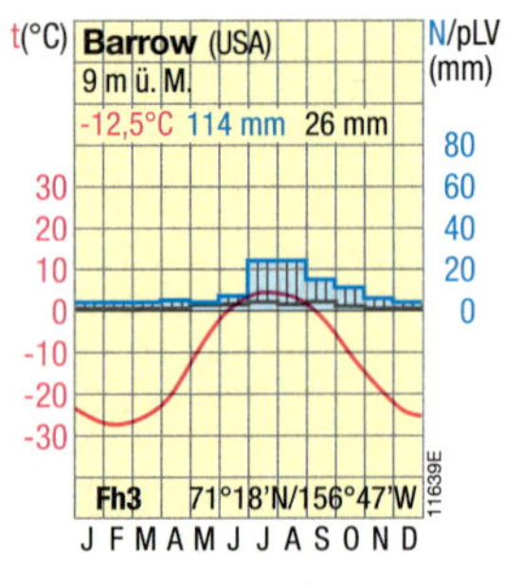

M 16: *Klimadiagramm der Station Barrow/Kanada*

Mit einer Jahresdurchschnittstemperatur von -12,5°C ist die Station Barrow/Kanada den Polaren Klimaten zuzurechnen. Die sommerliche Erwärmung lässt die Monatsmittel der Temperatur nur von Juni bis August über den Gefrierpunkt steigen, das Maximum mit einem Wert von unter 5°C wird im Juli erreicht. Baumwachstum ist daher klimatisch nicht mehr möglich. Durch den Temperaturrückgang im Winter ist das Klima bei einer Jahresamplitude der Monatsdurchschnittstemperaturen von über 30°C thermisch ausgesprochen kontinental. Die Niederschläge erreichen nur einen Wert von 114 mm pro Jahr und konzentrieren sich aufgrund konvektiver Prozesse über den erwärmten Landmassen vor allem auf die Sommermonate (hygrische Kontinentalität). Im Winter liegt die Station zumeist im Einfluss eines polaren Kältehochs. Dessen Luftmassen enthalten aufgrund des geringen Temperaturniveaus kaum Feuchtigkeit und haben daher nur sehr geringe Niederschläge (Schnee) zur Folge. Bedingt durch die tiefen Temperaturen ist die potenzielle Landschaftsverdunstung in allen Monaten geringer als die Niederschlagssummen, so dass zwölf humide Monate zu verzeichnen sind.

2 Klimakarten – das Klima im Raum

Das Klima kennt keine Grenzen. Gerade der globale Klimawandel macht dies besonders deutlich. Dennoch lassen sich die klimatischen Gegebenheiten mit Hilfe von Klimakarten räumlich darstellen. Verschiedene Klimazonen und Klimatypen können dadurch voneinander abgegrenzt und verglichen werden. Die Klimakarten ermöglichen dabei ein Verständnis der Entstehungsbedingungen sowie der Auswirkungen verschiedener Klimate auf die Natur- und Kulturräume der Erde.

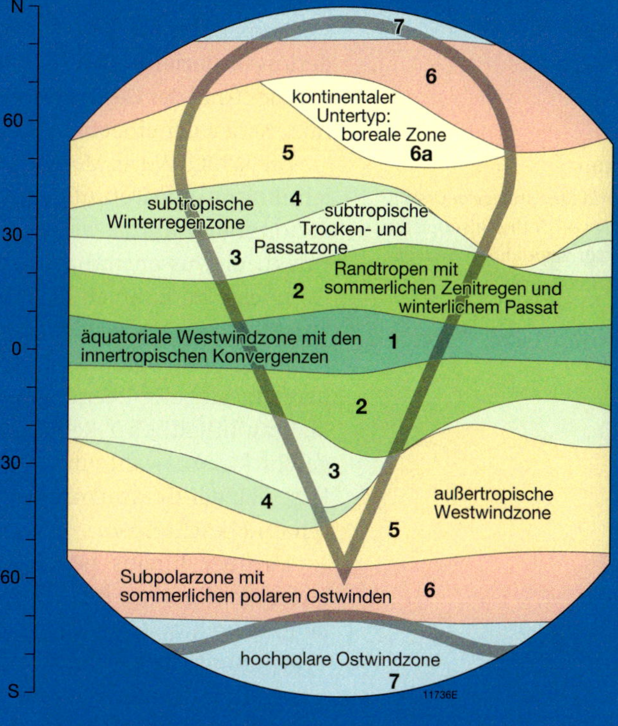

2.1 Die Unterteilung verschiedener Klimate

2.1.1 Grundprobleme der Klimaeinteilung

Klimakarten haben in der Geographie eine große Bedeutung. Sie sind nicht nur Gegenstand rein klimatologischer Betrachtungen, sondern bilden darüber hinaus in klimageographischer Hinsicht eine wichtige Grundlage für natur- und kulturräumliche Fragestellungen, wie etwa die Frage nach den menschlichen Lebensbedingungen in verschiedenen Regionen der Erde.

Klimaklassifikationen stellen dabei eine wesentliche Basis geographischer Raumanalysen dar. Eine Klimaklassifikation ist eine „das Klima als Ganzheit erfassende Gliederung der atmosphärischen Verhältnisse, welche auf einer abstrahierenden Zusammenfassung und Typisierung der Klimaerscheinungen beruht“ (Leser et al. 2005, S. 431). Oder kürzer: Klimaklassifikationen sind „ein globaler Ausdruck des mittleren Klimas auf der Erde“ (Frankenberg 1991, S. 112). Diese beiden unterschiedlichen Definitionen beschreiben den Inhalt des Begriffs der „Klimaklassifikation“ kurz und prägnant. Sie verdeutlichen aber gleichzeitig die Probleme, die mit einer solchen Einteilung des irdischen Klimas verbunden sind. Auf welche Gliederungskriterien sollen sich die Klimaklassifikationen stützen? Wie weit darf der Grad der Generalisierung und Typisierung reichen, ohne die Charakteristika der einzelnen Klimate zu stark zu vereinfachen?

WMO:
World Meteorological Organisation – UN-Organisation für Meteorologie und Hydrologie mit Sitz in Genf

Die WMO (World Meteorological Organisation) versteht „Klima“ in Anlehnung an eine Definition von Poncelet (1955) als Gesamtheit aller Klimafaktoren und Klimaelemente, die die klimatischen Gegebenheiten eines Ortes beeinflussen und charakterisieren. Allerdings können nicht alle diese Parameter im Rahmen einer Klimaklassifikation berücksichtigt werden. Darüber hinaus schränkt die zur Verfügung stehende Datenbasis die Auswahl der erfassbaren Klimagrößen oft erheblich ein. Dies gilt insbesondere auf globaler Ebene. Der Klimabegriff muss zwangsläufig ein hohes Maß an inhaltlicher Reduktion erfahren. Nur durch eine sinnvolle und geschickte Auswahl einiger weniger charakteristischer Klimaparameter lässt sich der Gesamtkomplex „Klima“ überhaupt wissenschaftlich erfassen und beschreiben.

Darüber hinaus ist der Versuch einer Klassifikation der Klimate zwangsläufig auch mit einer Reduktion in regionaler Hinsicht verbunden. So kommt es im Zuge der unvermeidlichen Generalisierungen und Typisierungen zu einer Vereinheitlichung und Vergröberung bei der Beschreibung der Klimaverhältnisse innerhalb einer Klimaregion, die gar nicht dem in Wirklichkeit „grenzenlosen Wandel“ des irdischen Klimas entspricht. Insbesondere die Grenzen, die aus methodischen Gründen zwischen einzelnen Klimazonen und -regionen gezogen werden müssen, suggerieren einen sprunghaften Wechsel der atmosphärischen Klimazustände, der in der Realität gar nicht vorhanden ist. Nur auf diese Weise lassen sich aber Räume mit jeweils relativ einheitlichem Klimacharakter differenzieren und vergleichen.

Somit beinhaltet bereits auf der fachlich-wissenschaftlichen Ebene jeder Klassifikationsansatz eine Vielzahl von vereinfachenden Annahmen und Reduktionen. Dadurch können jeweils nur bestimmte Teilaspekte der Parameter Berücksichtigung finden, die das Klima eines Raumes charakterisieren. Die Vorstellung einer exakten und alle Details umfassenden Beschreibung und Analyse des irdischen Klimas ist folglich eine Utopie. Für Ausbildungszwecke müssen die entsprechenden Klimaeinteilungen darüber hinaus eine auf die jeweiligen Adressaten bzw. die jeweilige Schulart bezogene Reduktion erfahren. Zum Teil gehen die dazu notwendigen Vereinfachungen so weit, dass nur noch einzelne Klimaparameter zur Charakterisierung bestimmter Klimate herangezogen werden können.

Bei der kartographischen Darstellung klimageographischer Sachverhalte ist eine weitere, darstellungsbedingte Reduktion unumgänglich. Hier bestimmen vor allem der gewählte Kartenmaßstab und der Verwendungszweck, aber auch Faktoren wie etwa die Drucktechnik und die verwendete Papierqualität den Grad der notwendigen Generalisierungen.

2.1.2 Effektive und genetische Klimaeinteilung

Wie jedes Modell so liefern auch Klimaklassifikationen nur ein mehr oder weniger unvollkommenes Abbild der Wirklichkeit. Darin liegt aber gerade ihre Stärke – durch eine geschickte Auswahl relevanter Klimaparameter und andere Generalisierungen kann man mit ihrer Hilfe einen Eindruck der klimageographischen Verhältnisse eines Raumes gewinnen.

So nimmt zwar der Informationsgehalt einer Karte mit der Zahl der darin erfassten Klimaindikatoren zu – und zwar nicht nur in Hinblick auf deren absolute Anzahl, sondern auch auf die zusätzlichen Interpretationsmöglichkeiten, die sich aus den wechselseitigen Abhängigkeiten zwischen den einzelnen Parametern ergeben. Auf der anderen Seite wird jedoch die Lesbarkeit der Karte infolge der zunehmenden Komplexität der Darstellungen erschwert. Dies erfordert Kompromisse zwischen Inhalt und Form von Klimakarten auf der einen sowie den Bedürfnissen der Anwender und den jeweiligen Fragestellungen auf der anderen Seite. Dabei lassen sich grundsätzlich eher an Ursachen orientierte (genetische) und eher wirkungsorientierte (effektive) Klassifikationsansätze unterscheiden.

genetisch:
an den Ursachen des Klimas orientierte Klassifikation

effektiv:
an den Wirkungen des Klimas orientierte Klassifikation

Genetische Klimaeinteilungen

Genetische Klassifikationsansätze definieren die verschiedenen Klimate der Erde auf der Basis der sie hervorrufenden Ursachen und Wirkungszusammenhänge: Der eigentliche Grund für die zonale und regionale Differenzierung des Klimas der Erde sind letztlich die unterschiedlichen Summen ein- und ausgestrahlter Energiemengen, also die Strahlungsbilanz. Streng genommen sind nur jene Klassifikationsansätze genetisch, deren Gliederungskriterien ausschließlich auf diesen differenzierenden Strahlungsin- und -outputs beruhen. Für gewöhnlich wird der Begriff der genetischen Klimaklassifikation etwas weiter gefasst. Neben Klassifikationsansätzen, die ausschließlich auf den unterschiedlichen Ein- und Ausstrahlungsbedingungen der Energie beruhen, werden auch Entwürfe eingeschlossen, die auf den Prozessen der daraus resultierenden allgemeinen Zirkulation der Atmosphäre basieren. Dabei finden vor allem die jahreszeitlichen Veränderungen der Luftdruck- und Windsysteme sowie die variierende Lage und Häufigkeit bestimmter Luftmassen und Fronten Berücksichtigung. Typische Bespiele für genetische Klimaklassifikationen sind die Klimakarten von Flohn (1950) und Neef (1954).

Die grundsätzlichen Vorteile genetischer Klimaklassifikationen liegen insbesondere in dem Versuch, die Entstehung und Verbreitung der einzelnen Klimate kausal zu begründen. Dadurch wird das Verständnis für die komplexen atmosphärischen und klimatischen Vorgänge auf einer globalen Ebene geschärft. Aufgrund der nur schlecht quantifizierbaren und damit abgrenzbaren Gliederungskriterien zeigt die Mehrzahl der genetischen Klimaklassifikationen zwar ein nur relativ schwach differenziertes, grob gerastertes Kartenbild. Dieser Umstand trägt aus didaktischer Sicht jedoch zu einer vorteilhaften Übersichtlichkeit der klimageographischen Raumgliederung und zumeist Einfachheit der Nomenklatur bei.

Nomenklatur:
System von Fachbegriffen, z.B. für verschiedene Klimazonen und Klimatypen

Die Tatsache, dass die Gliederungskriterien genetischer Klimagliederungen in der Regel nur sehr schwer quantifizierbar sind, bringt allerdings auch Nachteile mit sich. Die Vergleichsmöglichkeiten verschiedener Klimate sind sehr eingeschränkt. Zudem lassen sich aufgrund dessen die einzelnen Klimazonen und -typen nicht eindeutig durch bestimmte klimatische Grenz-, Schwellen- oder Mittelwerte voneinander abgrenzen. Dies erschwert die Zuordnung einzelner Klimastationen zu entsprechenden Klimatypen und geht damit ebenfalls zu Lasten der Vergleichbarkeit.

Klimakarten mit genetischem Ansatz sind durch sehr weiträumige und zum Teil kaum weiter differenzierte Klimaareale gekennzeichnet – ein Umstand, der sich aus ihrem grundsätzlichen Aufbauprinzip ergibt. Genetische Klassifikationen eignen sich daher nicht zu kleinräumigeren Klimaanalysen. Vielmehr sind diese Entwürfe durch ihren hochgradigen Modellcharakter gekennzeichnet, ohne in der Regel eine konkrete Nachprüfbarkeit im Einzelfall anhand bestimmter Stationsangaben und Raumbeispiele zu gewährleisten. Genetische Klimaklassifikationen eignen sich deshalb in besonderem Maße für Fragestellungen, die sich schwerpunktmäßig mit der allgemeinen Klimatologie und Klimageographie beschäftigen und großräumige, meist globale Kausalzusammenhänge zwischen den unterschiedlichen Strahlungsbedingungen und den Gliedern der planetarischen Zirkulation beleuchten wollen. Sie eignen sich aber nicht zu regional oder lokal differenzierten Klimaanalysen.

Effektive Klimaeinteilungen

Effektiven Klassifikationsansätzen liegt eine an Wirkungen orientierte Klimagliederung zugrunde. Sie versuchen, die Auswirkungen des irdischen Klimas auf Landschaftsökosysteme, wie etwa auf die Vegetation oder landwirtschaftliche Anbaubedingungen zu analysieren und zu klassifizieren. Dabei bedienen sich die effektiven Klassifikationen zur Typisierung der unterschiedlichen Klimate beobachtbarer, zumeist messbarer charakteristischer Klimaelemente. So können die einzelnen Klimatypen durch eine Kombination verschiedener, genau definierter klimatischer Mittel-, Andauer-, Grenz- und Schwellenwerte voneinander differenziert und inhaltlich charakterisiert werden.

Oft orientieren sich die Grenzverläufe zwischen den einzelnen Klimazonen und -typen an der klimabedingten Verbreitung der typischen natürlichen Pflanzenformationen. Dies ist insofern problematisch, als eine solche im engeren Sinne natürliche Vegetation nur noch vergleichsweise selten anzutreffen ist. Ansätzen, die sich direkt oder indirekt auf die Verbreitungsgebiete charakteristischer Vegetationsformationen stützen, wie etwa denjenigen von Köppen/Geiger (1928) oder Troll/Paffen (1963), fehlt deshalb heutzutage mitunter der entsprechende Bezug zu den tatsächlichen naturräumlichen Gegebenheiten.

Eines der Hauptprobleme aller effektiven Klassifikationsentwürfe liegt in der Verfügbarkeit einer ausreichenden Datengrundlage. Zwar lassen sich die einzelnen Parameter, die bei den jeweiligen Klassifikationen Verwendung finden, recht gut quantifizieren. Sie liegen jedoch in Form der Messdaten von Klimastationen nur punktuell und in einer unterschiedlichen räumlichen Dichte vor. Dadurch werden Interpolationen notwendig. Darüber hinaus stehen überhaupt nur von einer relativ beschränkten Anzahl von Klimaelementen Daten weltweit in einer ausreichenden Dichte zur Verfügung.

Interpolation:
Berechnung von Werten, zur Ergänzung fehlender Werte in einer Datenreihe

Dennoch kommt effektiven Klimaklassifikationen eine zentrale Bedeutung bei der Analyse und Bewertung der Klimaverhältnisse eines Raumes zu. Sie ermöglichen einen raschen Überblick über die klimatisch bedingten naturräumlichen Gegebenheiten und geben dadurch unter anderem auch Aufschluss über die menschlichen Nutzungsmöglichkeiten. Indem die Klassifikationskriterien auf Klimadaten unterschiedlicher Zeiträume angewandt und verglichen werden, lassen sich mit effektiven Klassifikationsansätzen darüber hinaus Aspekte des globalen Klimawandels dokumentieren und bewerten. Zu den bekanntesten effektiven Klimaklassifikationen zählen diejenigen von Köppen/Geiger (1928), Troll/Paffen (1963) und Lauer/Frankenberg (1988). Einen neuen und modernen Ansatz, der didaktischen Aspekten in besonderem Maße Rechnung trägt, stellt die Klimakarte von Siegmund/Frankenberg (1999) dar.

2.2 Klimaklassifikationen im Überblick

2.2.1 Traditionelle Klassifikationsansätze

Die klimageographische Forschung hat unterschiedlichste Modelle zur Klassifikation der irdischen Klimate hervorgebracht. Bereits aus dem klassischen Altertum sind erste Klassifikationsversuche bekannt, etwa von PARMENIDES VON ELEA. Seit dem Ende des 19. Jahrhunderts nahm die Zahl solcher Klassifikationen vor dem Hintergrund modernerer klimageographischer Untersuchungen zu.

Im deutschsprachigen Raum zählen die Arbeiten von FLOHN (1950) und NEEF (1954) bis heute zu den bekanntesten genetischen Ansätzen. Sie dienen insbesondere dem Verständnis der Entstehung der verschiedenen Klimate auf der Erde. Weil Klimaklassifikationen darüber hinaus aber vor allem als wichtige Grundlage für zahlreiche natur- und kulturräumliche Fragestellungen dienen, kommt gerade in der Geographie effektiven Klassifikationsversuchen eine besondere Bedeutung zu. Die Ansätze von KÖPPEN/GEIGER (1928), TROLL/PAFFEN (1963) und in neuerer Zeit von LAUER/FRANKENBERG (1988) zählen zu den bekanntesten dieser Art. Viele dieser Entwürfe sind jedoch aus wissenschaftlicher Sicht zum Teil überholt, weil oft nicht objektiv nachvollziehbar, und basieren auf veraltetem Datenmaterial. Darüber hinaus fanden fachdidaktische Aspekte, wenn überhaupt, zumeist nur sekundär Berücksichtigung. So wurde von verschiedener Seite immer wieder Kritik an diesen Klassifikationsansätzen laut (vgl. u.a. SCHULTZE 1988).

Die Klimakarte von NEEF (1954)

Die Klimakarte von NEEF geht auf das Jahr 1954 zurück. Sie wurde für die speziellen Belange des Geographie-Unterrichts, insbesondere zur Bearbeitung von Themen aus der allgemeinen Physischen Geographie entwickelt. Der Entwurf fußt auf den damals neuen Erkenntnissen über die allgemeine Zirkulation der Atmosphäre, die unter anderem auf den Arbeiten von ALISSOW (1950) und FLOHN (1950) basieren. Die Klimaklassifikation von NEEF baut auf diesen Erkenntnissen auf, stellt dabei aber weniger die Darstellung der neuen wissenschaftlichen Ergebnisse in den Mittelpunkt, sondern diente der Entwicklung einer auf die besonderen schulisch-didaktischen Belange und die Unterrichtsziele abgestellten Klimakarte. Die Arbeit mit dieser Karte sollte insbesondere das Verständnis für die Ursachen der klimatischen Gegebenheiten auf der Erde schärfen. Bei der Klimakarte von NEEF handelt es sich demnach um einen genetischen Ansatz, der die grundlegenden physikalischen Gesetzmäßigkeiten in den Vordergrund stellt, die die Entstehung der verschiedenen Klimate steuern (vgl. M 17).

Physische Geographie:
Teilgebiet der Geographie, das sich mit (vorwiegend) natürlichen Prozessen auf der Erde befasst und sich vor allem mit Gesteinen, Böden, Oberflächenformen, Wasserhaushalt, Klima und Vegetation sowie ihren Wechselwirkungen beschäftigt

NEEF unterscheidet bei seiner Klimakarte sieben Hauptklimazonen und zusätzlich Hochgebirgsklimate (vgl. M 17). Die einzelnen Klimazonen werden dabei im Gegensatz zu den meisten effektiven Klimaklassifikationen nicht durch bestimmte Grenz-, Andauer- und Schwellenwerte verschiedener Klimaelemente definiert. Die Einteilung basiert vielmehr auf den großräumigen Druck- und Windgürteln, die von der allgemeinen

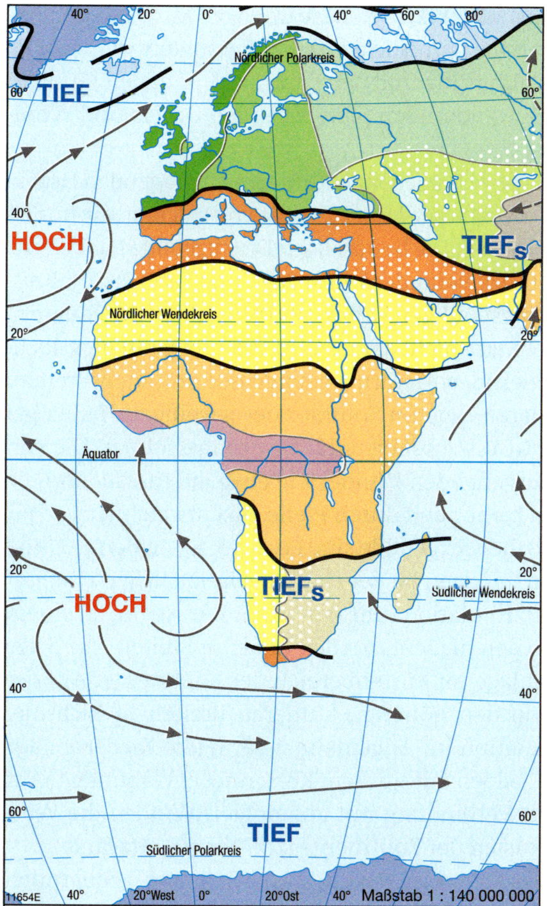

I Polare Klimazone
- Polarklima

II Subpolare Klimazone
- subpolares Klima

III Gemäßigte Klimazone
- 1 maritimes Westseitenklima
- 2 Übergangsklima
- 3 kühles Kontinentalklima
- 4 sommerheißes Kontinentalklima mit Frühjahrsregen
- 5 Ostseitenklima

IV Subtropische Klimazone
- 1 Winterregenklima der Westseiten
- 2 subtropisches Ostseitenklima

V Passatklimazone
- 1 trockenes Passatklima
- 2 feuchtes Passatklima stark beregnete Außenseiten, trockenere Binnenländer

VI Zone des tropischen Wechselklimas
- tropisches Wechselklima

VII Äquatoriale Zone
- Äquatorialzone

VIII Hochgebirgsklimate
- Hochgebirgsklimate

- Trockengebiete

Druckverhältnisse und Luftströmungen
- HOCH / TIEF: Druckgebiete (ganzjährig)
- $HOCH_W$ / $TIEF_W$: Druckgebiete (Nord-und Südwinter)
- $TIEF_S$: Druckgebiete (Nord-und Südsommer)
- →: Luftströmungen (ganzjährig, sowie Nord-und Südsommer)
- - - →: winterliche Luftströmungen (Nordhalbkugel)

M 17: *Ausschnitt der Klimakarte nach Neef (1954)*

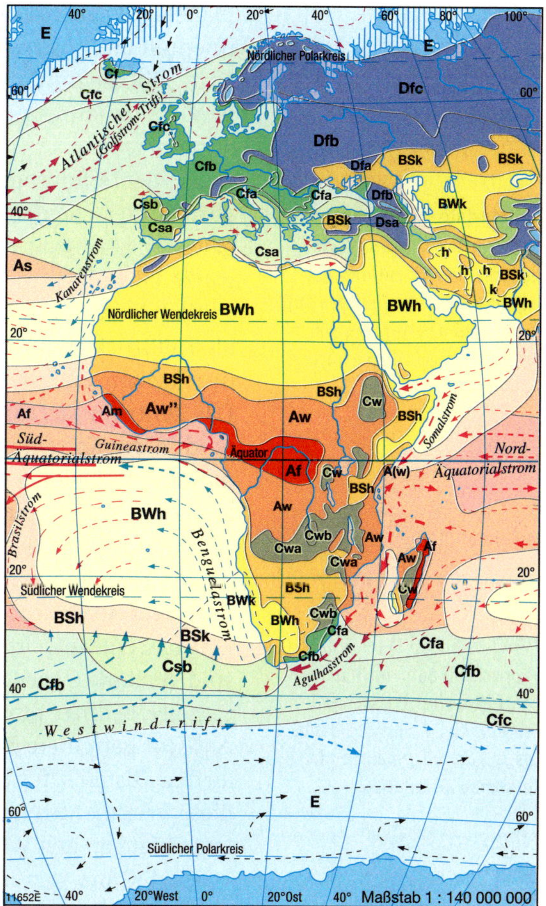

Erster Buchstabe
- **E** Eisklimate – wärmster Monat unter 10°C
- **D** Schneeklimate – wärmster Monat über 10 °C, kältester Monat unter –3 °C
- **C** warmgemäßigte Klimate – kältester Monat 18 °C bis –3 °C
- **B** Trockenklimate
- **A** Tropische Klimate – alle Monate über 18 °C Mitteltemperatur
- **A, C, D** genügend Wärme und Niederschlag für hochstämmigen Baumwuchs

Zweiter Buchstabe
- **S** Steppenklima
- **W** Wüstenklima
- **f** alle Monate ausreichender Niederschlag
- **m** Urwaldklima trotz Trockenzeit (z. B. Monsunregen)
- **s** Trockenzeit im Sommer der betreffenden Halbkugel
- **w** Trockenzeit im Winter der betreffenden Halbkugel
- **(w)** desgleichen auf die andere Halbkugel übergreifend
- **w"** große Trockenzeit im Winter, kleine im Sommer

Dritter Buchstabe
- **a** wärmster Monat über 22 °C
- **b** wärmster Monat unter 22 °C, mindestens 4 Monate über 10 °C
- **c** weniger als 4 Monate über 10 °C
- **d** desgleichen, kältester Monat unter –38 °C
- **h** trockenheiß, Jahrestemperatur über 18 °C
- **k** trockenkalt, Jahrestemperatur unter 18 °C

Meeresströmungen im Nordwinter

Temperatur des Stromes
- warme
- kühle
- kalte Strömungen

Geschwindigkeit des Stromes in 24 Stunden
- über 24
- 12 – 24
- 6 – 12 Seemeilen (1 Seemeile = 1852 m)

Beständigkeit des Stromes
- 50 – 75
- 25 – 50
- unter 25 %

- Küsteneis im Winter

M 18: *Ausschnitt der Klimakarte nach Köppen / Geiger (1928)*

planetarischen Zirkulation in der Atmosphäre und vom Einfluss von Kontinenten und Ozeanen auf die Luftdruckverteilung gesteuert werden. Die Karte gibt die mittlere Verbreitung und den damit verbundenen Einflussbereich der jahreszeitlich wandernden planetarischen Druck- und Windgürtel wieder.

äquatoriale Tiefdruckrinne:
mit dem Sonnenstand wandernder Bereich entlang des Äquators, der durch tiefen Luftdruck und den Aufstieg von Luftmassen gekennzeichnet ist, *vgl. Kap. 1.1.1, S. 9*

Bei der Definition der die verschiedenen Klimazonen prägenden Druckgürtel unterscheidet Neef beständige Druckgebilde von solchen, die nur zu gewissen Jahreszeiten auftreten. Die beständigen Druckgebilde bleiben das ganze Jahr über erhalten. Sie verändern ihre Lage und Intensität jahreszeitlich kaum. Zu diesen beständigen Druckgebilden zählen die äquatoriale Tiefdruckrinne (in der Karte nicht dargestellt), die subtropischen Hochdruckzellen und die steuernden Tiefdruckgebiete der mittleren Breiten. Das Zentrum ihrer mittleren Lage im Sommer der jeweiligen Halbkugel wird in der Karte durch Großbuchstaben (H, T) gekennzeichnet. Die von diesen Druckgebilden ausgehenden Winde, wie etwa die Passate und die außertropische Westwindzone, sind durch Pfeile gekennzeichnet.

Passat:
Windsystem im Bereich der Tropen und Subtropen der Nord- (Nordost-Passat) und Südhalbkugel (Südost-Passat) als Teil der allgemeinen planetarischen Zirkulation

Die subtropischen Hochdruckgebilde sind etwa zwischen dem 25. und 40. Breitengrad über den Ozeanen beider Halbkugeln lokalisiert. Die mit ihnen verbundene Passatzirkulation führt auf ihren Westseiten zu einem Luftmassentransport von den niederen zu den höheren Breiten. Die Folge sind verstärkte Niederschläge im Küstenbereich der Kontinente. Auf der Ostseite bedingt eine von den höheren, kühleren Breiten in Richtung Äquator gerichtete Zirkulation im Allgemeinen geringere Niederschläge an den Küsten. Oft ist sie jedoch mit starkem Küstennebel verbunden. Auf diese Weise entstehen in Verbindung mit ablandigen Winden die Wüstengebiete an den Westküsten der Kontinente (z.B. Namib, Atacama).

meridional:
parallel zum Längenkreis (Meridian)

Das Klima der mittleren Breiten wird wesentlich von steuernden Tiefdruckgebieten wie dem Islandtief oder dem Aleutentief bestimmt. In ihrem Einflussbereich findet ein meridionaler Austausch tropisch-warmer und kalter polarer Luftmassen statt. In Verbindung mit entsprechenden Meeresströmungen werden dabei die Ostseiten der Kontinente thermisch benachteiligt, da Polarluft mitunter weit in Richtung Äquator vordringt. Auf der Ostseite der steuernden Tiefdruckgebiete findet hingegen eine Ausgleichsströmung maritimer Luftmassen in Richtung der Pole statt und verschiebt dadurch die entsprechenden thermischen Klimazonen in höhere Breiten. In Europa wird dies besonders deutlich.

Die nur jahreszeitlich auftretenden Druckgebilde resultieren im Bereich der höheren Breiten aus dem unterschiedlichen thermischen Verhalten der Landmassen und Meere. Die mit der intensiven Einstrahlung im Sommer verbundene starke Erwärmung der Landmassen führt dort zur Bildung thermischer Tiefdruckgebiete. Dadurch strömen Luftmassen von den angrenzenden Meeren ins Innere der Kontinente ein, wie etwa im Bereich des süd- und ostasiatischen Sommermonsuns. Im Winter entstehen über den Kontinenten durch die starke Ausstrahlung hingegen thermische Hochdruckgebiete. In der Klimakarte von Neef ist die Lage der wichtigsten dieser jahreszeitlichen Druckgebilde durch entsprechende Großbuchstaben (H, T) verzeichnet. Die beigefügten kleinen Buchstaben weisen auf die Jahreszeit ihres Auftretens hin (w, s).

antizyklonal:
der Erddrehung entgegengesetzte Drehrichtung des Windfeldes in Hochdruckgebieten (rechtsherum auf der Nordhalbkugel, linksherum auf Südhalbkugel)

Auf dieser Basis weist Neef vier Klimazonen aus, die ganzjährig unter dem Einfluss eines vorherrschenden Windsystems liegen. So wehen im Bereich der polaren Klimazone vorwiegend antizyklonale Ostwinde. Das

Klima der gemäßigten Zone ist das ganze Jahr über durch außertropische Westwinde gekennzeichnet. Die Passatklimazone wird durch die beständigen Passate geprägt, die im Einflussbereich der Zone des äquatorialen Klimas in Gestalt der Innertropischen Konvergenzzone zusammenfließen. Der dabei bedingte Aufstieg der Luftmassen hat eine Abkühlung, Wolkenbildung und damit ganzjährige Niederschläge zur Folge. Die Zonen des subpolaren, subtropischen und tropischen Wechselklimas unterliegen demgegenüber in einem jahreszeitlichen Wechsel dem Einfluss der beiden jeweils benachbarten beständigen Klimazonen. Auf diese Weise zeigt das Klima in diesen Zonen einen typischen Jahresgang.

vgl. Kap 1.1.1, S. 9

Einige der Klimazonen werden noch weiter durch die Unterteilung in Klimatypen differenziert. So wird die Passatklimazone in einen trockenen und einen feuchten Klimatyp unterteilt, die subtropische Klimazone in ein Winterregenklima der Westseiten und ein subtropisches Ostseitenklima. Die gemäßigte Klimazone wird in Abhängigkeit von dem ins Innere der Kontinente abnehmenden thermischen und hygrischen Einfluss (Kontinentalitätsgrad) der Ozeane in fünf Klimatypen unterteilt. Auf diese Weise lässt sich ein Seeklima der Westseiten unterscheiden, ein Übergangsklima, ein kühles Kontinentalklima, ein sommerheißes Kontinentalklima mit Frühjahrsregen und ein Ostseitenklima. Eine genaue Definition und Abgrenzung der verschiedenen Klimatypen anhand bestimmter Schwellen- und Andauerwerte einzelner Klimaelemente findet jedoch nicht statt.

Ostseitenklima:
bei Neeff Klima der gemäßigten Zonen an den Ostseiten der Kontinente, gekennzeichnet durch große jahreszeitliche Temperaturunterschiede und ganzjährige Niederschläge, z.T. mit Maximum im Sommer

Seeklima der Westseiten:
bei Neef maritimes Klima der gemäßigten Zonen an den Westseiten der Kontinente, gekennzeichnet durch geringe jahreszeitliche Temperaturunterschiede und ganzjährige Niederschläge, z.T. mit Maximum im Winter

Die Klimaklassifikation von Neef (1954) zeigt im Kartenbild insgesamt eine sehr ruhige Linienführung – die Grenzen zwischen den einzelnen Klimazonen und -typen verlaufen relativ ausgeglichen und unterliegen nur großräumigen Schwankungen. Diesen Vorteil haben fast alle genetischen Klassifikationsansätzen gemein, die – wie bei Neef – im Wesentlichen auf der Verbreitung der verschiedenen Druck- und Windgürtel auf der Erde basieren. Dadurch ist die Karte leichter einprägsam als zahlreiche Varianten, die auf effektiven Ansätzen basieren. Darüber hinaus regt die Klassifikation zu einer Auseinandersetzung mit den grundlegenden physikalischen und atmosphärischen Gesetzmäßigkeiten an, die für die Ausbildung der verschiedenen Klimate verantwortlich sind.

Der Vorzug der guten Übersichtlichkeit der Klimakarte von Neef geht jedoch zu Lasten einer differenzierteren und quantifizierbaren Klassifikation der Klimate – ein grundsätzlicher Nachteil der meisten genetischen Klimaeinteilungen. Dadurch lassen sich einzelne Klimate nicht mittels bestimmter Grenz-, Schwellen-, Andauer- oder Mittelwerte entsprechenden Klimazonen und -typen zuordnen. Die Klimakarte von Neef dient daher vor allem als Übersicht über die großräumige Verteilung der verschiedenen Klimazonen und der Auseinandersetzung mit deren Entstehungsbedingungen, nicht jedoch einer detaillierten räumlichen Klassifikation und Charakterisierung bestimmter Klimate.

Die Klimakarte von Köppen/Geiger (1928)

Bereits Ende des 19. Jahrhunderts entwickelte Köppen erste Ansätze zur Klassifizierung des irdischen Klimas. Da das weltweite Klimastationennetz jedoch um die Jahrhundertwende noch große Lücken aufwies, nutzte er die natürliche Vegetation als Klimaindikator. Köppen ging von bestimmten Vegetationszonen aus und versuchte, die entsprechenden Klimate durch verschiedene Klimaparameter zu charakterisieren und zu quantifizieren.

Auf diese Weise konnte er die unzureichende Datengrundlage zumindest teilweise kompensieren, war sich dabei aber der bestehenden Wechselwirkungen zwischen Klima und Vegetation durchaus bewusst. Der Klassifikationsentwurf Köppens aus dem Jahr 1918 bildet die Basis seiner bis heute bekannten Klimaklassifikation, die er 1923 erstmals ausführlich darstellte. Im Jahr 1928 entstand in Zusammenarbeit mit Geiger eine Klimawandkarte auf der Basis des Systems von Köppen mit ihrem bis heute weitgehend beibehaltenem Erscheinungsbild (vgl. M 18).

Gesetz vom Minimum:

von Justus Liebig aufgestellte Regel, nach der das Pflanzenwachstum durch den Faktor begrenzt wird, der in einer Region am geringsten vorhanden ist, z.B. bestimmte Temperaturschwellenwerte oder Niederschlagsmengen

Köppen/Geiger unterscheiden in ihrer Klimakarte fünf Hauptklimazonen und kennzeichnen diese mit den Großbuchstaben A bis E. Vier dieser Hauptklimate sind thermisch definiert (A, C, D, E), eines hygrisch (B). Die Grundlage für diese Vorgehensweise bildet das Liebigsche Gesetz vom Minimum. Während das Pflanzenwachstum in den höheren Breiten vor allem durch die Temperaturen eingeschränkt wird, stellen in den niederen Breiten die Niederschläge den entscheidenden wachstumsbegrenzenden Klimafaktor dar. Die einzelnen Klimazonen werden hierbei durch genau definierte Schwellenwerte der Temperatur und des Niederschlags eindeutig voneinander abgegrenzt (vgl. M18).

Zur Abgrenzung der hygrisch definierten Trockenklimate (B) gegenüber den anderen Klimaten ziehen Köppen/Geiger verschiedene Formeln heran, die die Jahresdurchschnittstemperatur t (in °C) den Jahressummen des Niederschlags r (in Zentimeter) gegenüberstellt. Ein Klima wird dann als trocken definiert, wenn:

bei sommerlichem Niederschlagsmaximum:	$r < 2t + 28$
bei ganzjähriger Niederschlagsverteilung:	$r < 2t + 14$
bei winterlichem Niederschlagsmaximum:	$r < 2t$

Von einem sommerlichen bzw. winterlichen Niederschlagsmaximum wird dann gesprochen, wenn in der entsprechenden Jahreszeit im Durchschnitt mehr als 70% der jährlichen Niederschlagsmenge fällt. Innerhalb des Bereiches der Trockenklimate unterscheiden Köppen/Geiger zusätzlich zwischen einem etwas feuchteren Steppenklima (BS) und einem Wüstenklima (BW). Zur Abgrenzung dieser beiden Klimate werden die rechten Seiten der obigen Gleichungen halbiert. Ein Wüstenklima liegt vor, wenn:

bei sommerlichem Niederschlagsmaximum:	$r < t + 14$
bei ganzjähriger Niederschlagsverteilung:	$r < t + 7$
bei winterlichem Niederschlagsmaximum:	$r < t$

sommertrocken:

Klima mit Trockenzeit im Sommer der betreffenden Halbkugel

wintertrocken:

Klima mit Trockenzeit im Winter der betreffenden Halbkugel

Die thermischen Hauptklimatypen A, C und D werden nach der jahreszeitlichen Verteilung der Niederschläge weiter untergliedert. Dabei unterscheiden Köppen/Geiger wintertrockene (w) und sommertrockene (s) Klimatypen sowie Klimate, in denen eine ausgesprochene Trockenzeit fehlt (f). Als wintertrocken wird ein Klima dann bezeichnet, wenn der niederschlagsreichste Monat des Sommers eine mindestens zehn Mal höhere Regenmenge verzeichnet als der trockenste Wintermonat. Erreicht die Niederschlagsmenge des feuchtesten Monats im Winter mindestens den dreifachen Wert des trockensten Sommermonats, so gilt das entsprechende Klima als sommertrocken. Sind die jahreszeitlichen Schwankungen der monatlichen Niederschlagssummen geringer als für die Definition von w- und s- Klimaten gefordert, wird ein f- Klima mit mehr oder weniger ganzjährigen Niederschlägen ausgewiesen.

Im Bereich der tropischen Klimate (A) kommt darüber hinaus eine Mittelform (m) zwischen f- und w- Klimaten vor. Die dort auftretende winterliche Trockenzeit ist so kurz und wenig effektiv, dass die durch den Niederschlagsreichtum der übrigen Monate bedingte Bodenfeuchtigkeit das ganze Jahr über ein weitgehend uneingeschränktes Pflanzenwachstum gewährleistet. Darüber hinaus treten in der Klimakarte von Köppen/Geiger noch einige Sonderformen auf. So deuten s´ und w´ auf sommertrockene bzw. wintertrockene Niederschlagstypen hin, bei denen das Regenmaximum im Herbst auftritt. Ein zweigipfliger Niederschlagsgang mit großer Trockenzeit im Winter und kleiner im Sommer wird durch w´´ gekennzeichnet, im umgekehrten Fall wird der entsprechende Klimatyp als s´´ definiert.

Innerhalb der Trockenklimate (B) fehlt eine solche Untergliederung in Bezug auf den Jahresgang der Niederschläge. Hier werden entlang der 18°C-Isotherme der Jahresdurchschnittstemperatur heiße (h) Trockenklimate von kalten (k) getrennt.

Im Gegensatz zu den tropischen Klimaten (A) erfolgt bei den warmgemäßigten (C) und Schneeklimaten (D) eine weitere, dritte Untergliederung anhand bestimmter Schwellen- und Andauerwerte der monatlichen Durchschnittstemperaturen (vgl. M 18).

Die Klimakarte von Köppen/Geiger zeigt aufgrund dieser Einteilungen innerhalb der fünf Hauptklimazonen eine unterschiedliche Gliederungstiefe. Die tropischen A-Klimate werden auf Basis des Jahresgangs der Niederschläge nur einmal weiter differenziert. Die Trockenklimate (B), die warmgemäßigten C-Klimate und die Schneeklimate (D) erhalten zwei weitere Klassifikationsebenen. Die Eisklimate (E) werden in dem Kartenentwurf überhaupt nicht weiter untergliedert. Der grundlegende Klassifikationsansatz von Köppen aus dem Jahr 1923 sah noch eine Reihe weiterer Klassifikationskriterien vor. So wurde bei einer Durchschnittstemperatur des wärmsten Monats von unter 0°C eine weitere Hauptklimazone unterschieden, die in einigen Kartenentwürfen als Untertyp der E-Klimate zum Teil auch heute noch ausgewiesen wird. Darüber hinaus zog Köppen in seiner ursprünglichen Klimaklassifikation auch die relative Luftfeuchtigkeit als Einteilungskriterium heran und ging noch detaillierter auf bestimmte thermische und hygrische Besonderheiten verschiedener Klimate ein. All diese Kriterien fanden jedoch keinen Eingang in die Klimakarte von Köppen/Geiger (1928), wie sie heute noch verwendet wird.

relative Luftfeuchtigkeit:
Verhältnis von tatsächlich enthaltener zu maximal möglicher Menge an Wasserdampf in der Luft

Durch den teilweisen Verzicht auf eine farbliche Kennzeichnung aller Klimatypen – diese werden zum Teil nur durch dünne Linien in dem bestehenden Farbmuster voneinander abgegrenzt – werden in der Klimakarte insgesamt nur zehn verschiedene Farbtöne verwendet. Dies sorgt für ein sehr übersichtliches und leicht einprägsames Kartenbild. Die klare Abgrenzung der einzelnen Klimatypen durch bestimmte Schwellen- und Andauerwerte von Temperatur und Niederschlag erweist sich als ein

relative Luftfeuchtigkeit:
Verhältnis von tatsächlich enthaltener zu maximal möglicher Masse des Wasserdampfes in der Luft

weiterer Vorteil der Klimakarte von Köppen/Geiger (1928). Eine Zuordnung einzelner Klimastationen zu bestimmten Klimatypen ist dadurch zweifelsfrei möglich. Fachlich und didaktisch problematisch erweist sich allerdings die Gleichsetzung der tropischen Höhenklimate mit den entsprechenden Tieflandklimaten höherer Breiten. Denn trotz entsprechender Schwellenwerte der monatlichen Durchschnittstemperaturen zeigen die tropischen Tageszeitenklimate erhebliche klimatische Unterschiede zu den Jahreszeitenklimaten der höheren Breiten mit ihrer zum Teil sehr großen thermischen Kontinentalität. Darüber hinaus weist der Klassifikationsansatz von Köppen/Geiger (1928) aufgrund seines hohen Alters einige fachliche Unzulänglichkeiten auf. Daneben zeigt die Verbreitung der natürlichen Vegetationszonen, auf die sich der Kartenentwurf von 1928 maßgeblich stützt, heute ein völlig anderes räumliches Verteilungsmuster als vor über 75 Jahren. Trotz dieser Nachteile bleibt die Klimakarte von Köppen/Geiger jedoch ein gutes Hilfsmittel zur groben Orientierung über die klimatischen Verhältnisse eines Raumes.

Die Klimakarte von Troll/Paffen (1963)

Bereits im Jahr 1955 stellte Troll das Konzept seiner bis heute bekannten Klimaklassifikation vor. Erst die Publikation von Troll in der Zeitschrift „Erdkunde“ 1964 unter dem mittlerweile legendären Titel „Die Karte der Jahreszeiten-Klimate der Erde“, die er zum Dank für die Unterstützung bei ihrem Entwurf durch seinen Kollegen Paffen fortan unter dem Namen Troll / Paffen veröffentlichte, verlieh ihr jedoch ihren bis heute hohen Bekanntheitsgrad (vgl. M 19).

Der Schwerpunkt des Trollschen Klassifikationsansatzes liegt auf einer differenzierten Darstellung des jahreszeitlichen Wechsels der klimatischen Verhältnisse auf der Erde. Troll erkannte, dass der jahreszeitliche Gang des Klimageschehens nicht nur in einer starken Wechselwirkung mit der natürlichen Vegetation steht, sondern auch Einfluss auf die Hydrologie, Pedologie und Biologie, sogar auf die Wirtschaft und Kultur eines Raumes ausübt. Die verschiedenen Jahreszeitenklimate ergeben sich nach Troll aus dem Zusammenwirken der jahreszeitlichen Abläufe dreier ökologisch relevanter Klimaparameter: der Beleuchtungs-Jahreszeiten, der thermischen Jahreszeiten und der hygrischen Jahreszeiten. Das räumliche Zusammenspiel dieser drei Faktoren prägt nicht nur das Klima eines Raumes, sondern über die oben beschriebenen Wechselwirkungen auch eine Vielzahl naturräumlicher Prozesse und damit die gesamte Natur- und Kulturlandschaft.

Pedologie:
Bodenkunde, Lehre von den Eigenschaften und der Entstehung verschiedener Böden

Bei der eigentlichen Klimaklassifikation geht Troll jedoch zunächst nicht von diesen Klimaelementen aus. Vielmehr hebt er bei der Analyse der klimatischen Gegebenheiten die besondere Bedeutung der Vegetation hervor. Auf der Grundlage einer hervorragenden Kenntnis vieler Erdräume und ihrer Vegetation entsteht so zunächst ein gedankliches Gerüst der Verbreitung der unterschiedlichen Vegetationsformationen auf der Erde. Dieses bildet auch die Basis für die Klimakarte. Jedem dieser Vegetationstypen ordnen Troll/Paffen entsprechende Klimate zu und versuchen diese mit Hilfe verschiedener Klimaparameter zu charakterisieren.

Zunächst erfolgt eine Unterteilung des irdischen Klimas in fünf Klimazonen, die polare und subpolare Zone, die kaltgemäßigte Zone, die kühlgemäßigte Zone, die warmgemäßigte Subtropenzone und die Tro-

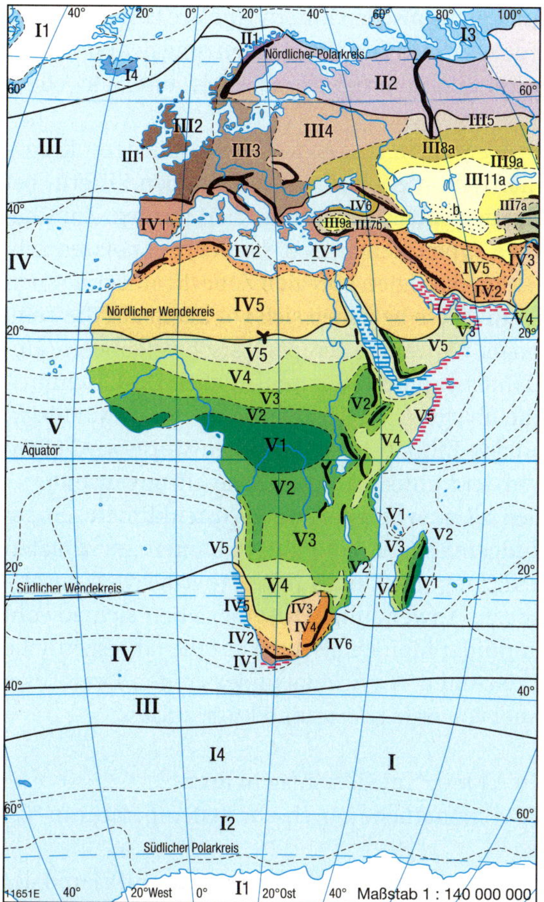

I Polare und subpolare Zonen
- I 1 Eiswüste (hochpolare Eisklimate)
- I 2 polare Klimate
- I 3 subarktische Tundrenklimate
- I 4 subpolare, hochozeanische Klimate

II Kaltgemäßigte boreale Zone
- II 1 ozeanische Borealklimate
- II 2 kontinentale Borealklimate
- II 3 hochkontinentale Borealklimate

III Kühlgemäßigte Zone

Waldklimate
- III 1 hochozeanische Küstenklimate
- III 2 ozeanische Klimate
- III 3 subozeanische Klimate
- III 4 subkontinentale Klimate
- III 5 kontinentale Klimate
- III 6 hochkontinentale Klimate
- III 7 sommerwarme Klimate
  - a) sommerfeucht
  - b) winterfeucht
  - c) ständig feucht

Steppen-, Wüstenklimate
- III 8 Feuchtsteppenklimate
  - a) winterkalt
  - b) wintermild
- III 9 Trockensteppenklimate
  - a) winterkalt
  - b) wintermild
- III10 sommerfeuchte Steppenklimate
- III 11 Halbwüsten-und Wüstenklimate
  - a) winterkalt
  - b) wintermild

IV Warmgemäßigte Subtropenzone
- IV 1 winterfeuchte, sommertrockene Mediterranklimate
- IV 2 winterfeuchte, sommerdürre Steppenklimate
- IV 3 kurze sommerfeuchte Steppenklimate
- IV 4 lange sommerfeuchte Steppenklimate
- IV 5 Halbwüsten- und Wüstenklimate
- IV 6 ständig feuchte Grasland- und Waldklimate

V Tropenzone
- V 1 tropische Regenklimate
- V 2 tropische Feuchtklimate
- V 3 wechselfeuchte Tropenklimate
- V 4 tropische Trockenklimate
- V 5 tropische Halbwüsten- und Wüstenklimate

IV/V Jahreszeitlich luftfeuchte Küstenklimate

vorwiegend
- a) Sommernebel
- b) Winternebel

klimatische Höhenstufen der Gebirge

Begrenzung der Klimazone

Begrenzung der Klimaregion

M 19: *Ausschnitt der Klimakarte nach Troll / Paffen (1963)*

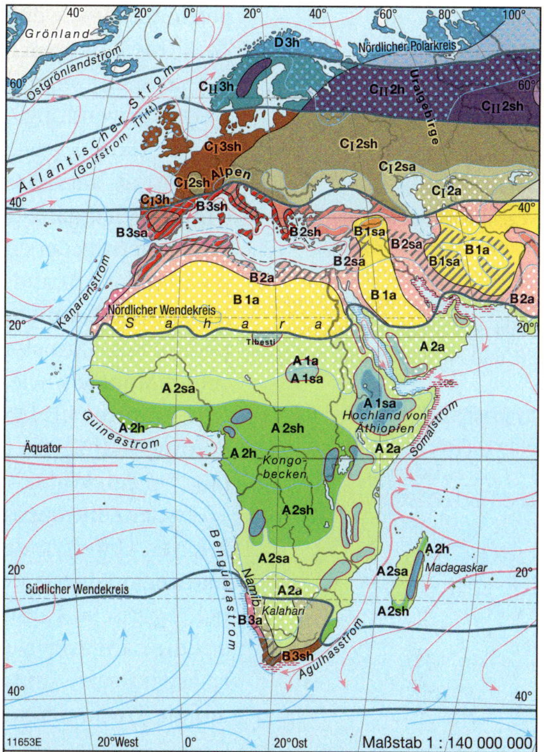

Klimazone (globale Sonneneinstrahlung)	Klimaregion ↓ Wärmehaushalt	→ Wasserhaushalt (Zahl der humiden Monate) a (arid) 0-2	sa (semiarid) 3-5	sh (semihumid) 6-9	h (humid) 10-12	Klimagrenzen
	Vergletscherte Gebiete					Schneegrenze
D Polarregion	3 maritim					K = 100%
	2 kontinental					K = 100%
	1 hochkontinental					TSL 24 Std.
C Mittelbreiten – I kühlgemäßigt	3 maritim					K = 100%
	2 kontinental					K = 200%
	1 hochkontinental					TSL 12 Std.
C Mittelbreiten – II warmgemäßigt	3 maritim					K = 100%
	2 kontinental					K = 200%
	1 hochkontinental					TSL 7 Std.
B Subtropen	3 maritim					K = 100%
	2 kontinental					K = 200%
	1 hochkontinental					TSL 3 Std.
A Tropen	2 Kalttropen					absolute Frostgrenze
	1 Warmtropen					

- jährliche Tageslängenschwankung (TSL) in Stunden (Solare Klimagrenze)
- thermisch angepasste Klimagrenze unter Berücksichtigung von Einflüssen der Gebirge und Meeresströmungen
- K Kontinentalitätsgrad (in Prozent) als Maß für die jährliche Temperaturschwankung
- 3-5 humide Monate: Niederschlag ≧ Verdunstung durch die reale Landschaft

M 20: *Ausschnitt der Klimakarte nach Lauer / Frankenberg (1988)*

boreale Zone:
Vegetationszone der höheren Breiten, die vor allem durch Nadelwälder (Taiga) geprägt ist, tritt fast nur auf der Nordhalbkugel zwischen dem etwa 50. und 70. Breitengrad auf

hygrische Jahreszeiten:
Jahreszeiten, die durch den Wechsel zwischen Regenzeit und Trockenzeit bestimmt sind

penzone. Diese werden mit den römischen Ziffern I (polare und subpolare Zone) bis V (Tropenzone) gekennzeichnet. Zur Abgrenzung der einzelnen Klimazonen finden ausschließlich thermische Andauer- und Schwellenwerte Verwendung.

Die Hauptklimazonen werden in insgesamt 32 verschiedene Klimatypen und -varietäten unterteilt, die jeweils mit arabischen Ziffern, bei Untertypen ergänzt durch Buchstaben, durchnumeriert werden. Zur Charakterisierung der einzelnen Typen ziehen TROLL/PAFFEN in der polaren/subpolaren Zone (I) und der kaltgemäßigten borealen Zone (II) ausschließlich thermische Parameter heran. Diese beziehen sich vor allem auf die Temperatur des wärmsten Monats, bestimmte Temperaturschwellenwerte einzelner Monate sowie die Jahresamplitude der monatlichen Durchschnittstemperaturen als Maßgabe für den Grad der thermischen Ozeanität bzw. Kontinentalität des jeweiligen Klimas. Diese Vorgehensweise wird ebenfalls bei den Waldklimaten der kühlgemäßigten Zone (III) angewandt.

In der Zone der kühlgemäßigten Steppen- und Wüstenklimate, einem zweiten Untertyp der kühlgemäßigten Zone (III), kommen zur zonalen und regionalen Untergliederung des Klimas neben thermischen zusätzlich hygrische Parameter zur Anwendung. Diese beziehen sich sowohl auf die Zahl arider und humider Monate als auch auf die jahreszeitliche Lage der Regen- und Trockenzeiten. Als Ariditätsindex greifen TROLL/PAFFEN auf die Trockengrenzformel von DE MARTONNE und LAUER zurück:

$$12\,n = 20\,(t + 10)$$

n = Monatsniederschlag in mm
t = monatliche Durchschnittstemperatur in °C

Zur weiteren Differenzierung der warmgemäßigten Zone (IV) und der Tropenzone (V) greifen TROLL/PAFFEN nur noch auf hygrische Parameter zurück. Besondere Bedeutung kommt dabei der Zahl humider Monate zu, die teilweise auf einen halben Monat genau angegeben wird. Eine wesentliche Rolle bei der Charakterisierung der Klimate spielen außerdem die hygrischen Jahreszeiten. Der enge Bezug zwischen Klima und Vegetation geht aus der Legende zur Klimakarte von TROLL/PAFFEN (1963) deutlich hervor. Viele der Klimatypen werden durch bestimmte Vegetationsformationen charakterisiert, weniger mit Hilfe klassischer klimatischer Parameter. Aus dem Originalaufsatz von TROLL in der Zeitschrift „Erdkunde" geht diese starke Fokussierung auf die natürliche Vegetation als eigentliches Abgrenzungskriterium noch weitaus deutlicher hervor.

Die Klimakarte von TROLL/PAFFEN (1963) baut sich aus 28 verschiedenen Farbtönen auf. Durch ein bei einigen Feldern zusätzlich aufgelegtes Punkteraster werden so insgesamt 32 verschiedene Klimatypen repräsentiert (vgl. M 19). Insgesamt steht bei der Klimakarte von TROLL/PAFFEN (1963) nicht eine mathematisch-statistisch exakte Definition der einzelnen Klimate durch bestimmte Grenz-, Schwellen- und Andauerwerte verschiedener Klimaparameter im Vordergrund. Der Schwerpunkt liegt vielmehr auf einer eher deskriptiven Charakterisierung der klimatischen Verhältnisse, die in engem Zusammenhang mit entsprechenden Vegetationszonen und -formationen stehen. Dies bringt einige didaktische Nachteile mit sich. So wirkt sich negativ aus, dass einige der Klimatypen nicht oder nur unzureichend klimatisch quantifiziert sind; zum Teil kommt es bei der Definition einzelner Klimate sogar zu Überschneidungen der Grenz- und Schwellenwerte. Darüber hinaus erweist sich der starke Bezug zur natürlichen Vegetation, die heute mitunter ein völlig anderes Verteilungsmuster zeigt als zur Zeit der Erstellung der Klimakarte durch TROLL/PAFFEN im Jahr 1963 oder überhaupt nicht mehr vorhanden ist, als Nachteil.

Der besondere Vorzug der Klimakarte von TROLL/PAFFEN (1963) liegt jedoch darin begründet, dass die Verbreitung der natürlichen Vegetationsformationen, auf der der Aufbau der Klassifikation im Wesentlichen beruht, nicht nur als Indikator klimatologischer Gegebenheiten aufgefasst wird, sondern als das Gesamtergebnis vielschichtiger ökologischer Bedingungen. Dadurch handelt es sich hierbei nicht nur um eine reine Klimakarte, sondern um eine ökologisch-klimatologische Kombinationskarte, die als Grundlage für zahlreiche geographische Fragestellungen herangezogen werden kann. Darüber hinaus kommt in der Klimakarte von TROLL/PAFFEN (1963) die Asymmetrie der Vegetations- und Klimazonen zwischen der Nord- und Südhalbkugel als Ausdruck geoökologischer Unterschiede sehr gut zur Geltung.

Die Klimakarte von LAUER/FRANKENBERG (1988)

Die unterschiedliche Bestrahlung des Erdkörpers durch die Sonne unter Einbeziehung der Beleuchtungsjahreszeiten bildet die Grundlage der Klimakarte von LAUER/FRANKENBERG (1988) (vgl. M20). Bedingt durch die Schiefe der Ekliptik (Neigung der Erdachse um 23,5°) erreicht die Sonne im Jahresablauf lediglich zwischen den Wendekreisen einen bzw. zwei Zenitalstände. Da die Einstrahlung der Sonne auf eine bestimmte Fläche um so stärker ist, je steiler ihr Einfallswinkel ist und je kürzer der Weg durch die Atmosphäre, sind die Gebiete zwischen den Wendekreisen theoretisch, d. h. ohne Berücksichtung der Bewölkung, die strahlungsbegünstigsten Zonen der Erde. Die Tageslänge variert am Äquator nicht und an den Wendekreisen lediglich zwischen 10,5 und 13,5 Stunden. Demzufolge fallen die Wendekreise mit der Linie der Tageslängenschwankung (TLS) 3 zusammen. Die Wendekreise markieren daher solarklimatisch prägnant die Grenze einer strahlungsklimatischen Zone, nämlich die der Tropen (A).

Die Polarkreise (bei 66,5°) bilden neben den Wendekreisen die zweiten eindeutigen solarklimatischen Grenzen des irdischen Klimas. Polwärts der Polarkreise treten Polartag (24 Stunden Sonneneinstrahlung) und Polarnacht (24 Stunden ohne Sonneneinstrahlung) auf. Die Tageslängenschwankung beträgt hier demnach 24 Stunden. In den Polarregionen (D) nimmt polwärts die Länge von Polarnacht und Polartag zu, bis an den Polen exakt sechs Monate des Jahres in die Polarnacht und die andere Hälfte des Jahres in den Polartag fallen.

Streng solarklimatisch betrachtet, liegt zwischen Tropen und Polarregion nur eine einzige Klimazone. Da die Klimaunterschiede mit den flacheren Einfallswinkeln der Sonnenstrahlung und der damit einhergehenden geringeren Einstrahlung jedoch in höheren Breiten zunehmen, wird die breite Klimazone zwischen Wendekreisen und Polarkreisen in Subtropen (B) und Mittelbreiten (C) unterteilt. Solarklimatisch ist die Grenzlinie zwischen diesen beiden Klimazonen nicht so exakt definiert wie die Wende- und Polarkreise. Die solare Subtropengrenze verläuft bei etwa 45 Grad Breite.

Während die Subtropen zwischen Wendekreis und 45 Grad Breite nur eine Tageslängenschwankung (TLS) von 3 bis 7 Stunden aufweisen,

Ekliptik:
Neigungswinkel der Erdachse gegenüber der Bahn der Erde um die Sonne

Zenitstand:
senkrechter Stand der Sonne über der Erdoberfläche, der zwischen den Wendekreisen zweimal im Laufe eines Jahres auftritt

Tageslängenschwankung:
Differenz zwischen den theoretischen Tagesstunden des längsten und des kürzesten Tages innerhalb eines Jahres

variiert die TLS der Mittelbreiten zwischen 7 Stunden an der Subtropengrenze und 24 Stunden an den Polarkreisen. Als Hilfslinie zur Abgrenzung der kühlen von den kalten Mittelbreiten wurde eine Linie der 12-Stunden-Tageslängendifferenz (TLS 12) eingefügt, die aus geographischer Sicht etwa der nördlichen Laubwaldgrenze entspricht. Insgesamt ergibt sich bei der Klimaklassifikation von LAUER/FRANKENBERG (1988) auf der Grundlage der Tageslängenschwnkung (TSL) eine Einteilung in fünf Klimazonen (vgl. M20).

Unter dem „Dach" der solaren Klimazonen A-D findet in der Klimakarte von LAUER/FRANKENBERG eine konsequente ökologisch fundierte Klimatypisierung in einer thermischen (Wärmehaushalt) und einer hygrischen (Wasserhaushalt) Dimension statt. In den Tropen werden Kalt- (1) und Warmtropen (2) unterschieden. Die Warmtropen sind völlig frostfrei. Die Kalttropen umfassen den Bereich der tropischen Höhenklimate, in denen Frost auftritt, wobei mit zunehmender Höhe die Zahl der Frostwechseltage ansteigt. Außerhalb der Tropen (Ektropen) werden die Klimatypen nach dem Grad ihrer thermischen Maritimität bzw. Kontinentalität in drei Klassen unterteilt: hochkontinental (1), kontinental (2) und maritim (3). Die Typisierung des Kontinentalitätsgrades (K) erfolgt nach IVANOV (1959), der wie folgt definiert ist:

Warmtropen:
Bereich der Tropen, in denen kein Frost auftritt

Kalttropen:
Höhenlagen der Tropen, in denen Frost auftreten kann

$$K = \frac{dj + dt + 0{,}25\ Tf}{0{,}36\ phi + 14}$$

Dabei steht dj für die Jahresschwankung der monatlichen Durchschnittstemperaturen, dt für die mittlere Tagesschwankung der Temperatur, Tf für das relative Sättigungsdefizit der Luft und phi für die induzierte geographische Breite der Station. Bleiben diese überwiegend thermischen Schwankungen unter 100%, dann gilt ein Klimatyp als maritim – mit ausgeglichenem Jahresgang der Temperatur, mildem Herbst und Winter sowie kühlem Frühjahr und mäßig warmem Sommer. Bei einem Kontinentalitätsgrad zwischen 100% und 200% gilt ein Klima als kontinental. Übertrifft der Kontinentalitätsgrad einen Wert von 200%, dann ist das Klima als hochkontinental definiert und durch extreme jahreszeitliche (und tageszeitliche) Gegensätze geprägt (bis über 100°C in Sibirien). Hochkontinentale Regionen finden sich nur auf den großen Kontinentmassen der Nordhalbkugel. Die unterschiedlichen Kontinentalitätsklassen werden in der Klimakarte durch farbliche Abstufungen innerhalb des Farbgrundtons der jeweiligen Klimazone dargestellt (vgl. M20).

Die Anzahl der humiden Monate bildet die zweite Dimension für die Unterscheidung der Klimatypen in den einzelnen Klimazonen. Als humid gilt ein Monat dann, wenn das Niederschlagsaufkommen (N) die Höhe der potenziellen Verdunstung der realen Landschaft (potenzielle Landschaftsverdunstung, pLV) erreicht oder übersteigt (N≥pLV). Andernfalls ist ein Monat arid (N<pLV). Die pLV umfasst dabei die Evaporation freier Wasserflächen, die Evaporation des Bodens, die Interzeptionsverdunstung sowie die Transpiration der Vegetation(vgl. M21). Die pLV gibt damit die potenziellen, d.h. unter den gegebenen klimatischen Umständen maximalen Verdunstungsraten einer realen Landschaft wieder, bei denen ein unter hygrischen Aspekten optimales Pflanzenwachstum gewährleistet ist. Die Berechnung der monatlichen pLV erfolgt auf der Basis der potenziellen

Evaporation:
Verdunstung von Wasser auf offenen Wasserflächen oder unbewachsenem Boden

Interzeptionsverdunstung:
Verdunstung von Wasser, das durch Niederschläge (Regen, Tau etc.) auf der Oberfläche von Pflanzen zurückgehalten wird

Transpiration:
physiologisch regulierte Abgabe von Wasserdampf durch Pflanzen

Verdunstung (pV) und einem von der vorherrschenden Vegetation abhängigen Umrechungsfaktor (Uf) nach der Formel:

pLV = pV · Uf

Die pV steht hier für das Ausmaß der Evaporation freier Wasserflächen, das relativ einfach berechnet werden kann (vgl. Frankenberg 1981a, 1981b). Den Wert Uf leiten Lauer/Frankenberg für verschiedene Vegetations- und Landnutzungstypen aus Bodenbedeckungskarten, z. B. von Pfeiffer (1966) ab. Uf gibt dabei die Höhe der potenziellen Verdunstung eines bestimmten Pflanzenbestandes (optimale Bestandsverdunstung) in Bezug auf die potenzielle Verdunstung freier Wasserflächen (pV) (vgl. M 22) an. Auf diese Weise lässt sich durch die monatliche Gegenüberstellung der Niederschläge und potenziellen Landschaftsverdunstung die Zahl der ariden bzw. humiden Monate ermitteln. Der Humiditäts- bzw. Ariditätsgrad einer Region wird anhand der Zahl humider Monate mit den gängigen Begriffen von arid bis humid beschrieben (vgl. M 20).

Mit Hilfe einer Buchstaben-Zahlen-Kombination, die zur Untergliederung der einzelnen Klimazonen und -regionen verwendet wird, lässt sich ein bestimmter Klimatyp einfach über eine Formel ausdrücken: A2sa stellt z.B. ein semiarides Warmtropenklima, B2h ein kontinentales, humides Subtropenklima dar. Insgesamt umfasst der Klassifikationsentwurf von Lauer/Frankenberg (1988) durch seine dreistufige Klimagliederung theoretisch 56 Klimatypen, von denen in der entsprechenden Klimakarte jedoch nur 40 auf der nicht vergletscherten Erdoberfläche durch verschiedene Farbgebungen und Rasterungen ausgewiesen sind. Bei der Zuordnung der Farben zu den fünf Hauptklimazonen ist eine gewisse Beziehung zur Klimakarte von Troll/Paffen (1963) unverkennbar.

Ein Problem der Klimaklassifikation von Lauer/Frankenberg besteht in der Diskrepanz zwischen der Tageslängenschwankung (TLS) als Einteilungskriterium der Hauptklimazonen und deren Umsetzung in der Karte. Während die TLS eigentlich exakt breitenkreisabhängig ist (z. B. TLS = 3 Stunden entspricht genau dem Wendekreis), verlaufen die Grenzen der einzelnen Klimazonen in der Karte als geschwungene Linien und zeigen damit z.T. erhebliche Abweichungen von ihrem festgelegten Idealverlauf. Dem zum Ausweis der Kontinentalität eingesetzten Kontinentalitätsgrad von Ivanov liegt ein recht komplizierter und damit schwer nachvollziehbarer Index zugrund, dessen Ausgangsdaten außerdem weltweit nur an einer relativ geringen Zahl von Stationen zur Verfügung stehen. Ferner werden die Höhenklimate nur innerhalb der Tropen ihren zonal entsprechenden Tieflandklimaten zugeordnet – ein Manko vieler Klimakarten, ebenso wie die nicht mehr aktuelle Datengrundlage.

Positiv fällt an der Klimakarte von Lauer/Frankenberg auf, dass sämtliche Gliederungskriterien durchgehend quantifiziert sind. Die Struktur der Klimaklassifikation ist dabei durchgehend hierarchisch gegliedert, wobei ausschließlich (solar-)klimatologische Einteilungskriterien Verwendung finden. Dies erleichtert das Verständnis für den Aufbau der Karte. Da das System nicht an Vegetationsgrenzen gebunden ist, lassen sich durch die Anwendung der fest definierten Gliederungskriterien im Abstand von Jahren und Jahrzehnten außerdem Veränderungen des Klimas dokumentieren.

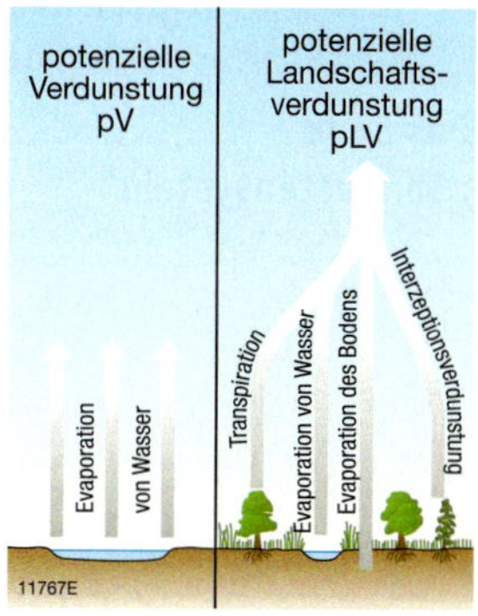

M 21: *Schema der Verdunstungsraten*

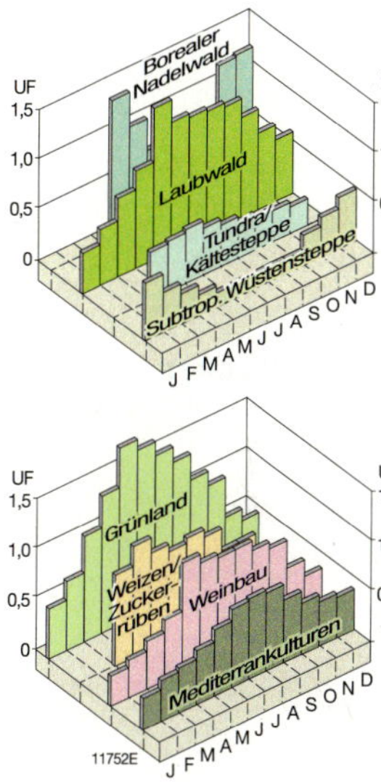

M 22: *Umrechnungsfaktoren (Uf) für ausgewählte Vegetations- und Landnutzungstypen*

2.2.2 Die neue didaktische Klimakarte

Vor dem Hintergrund besonderer fachdidaktischer Anforderungen und der Kritik an bestehenden Klassifikationsansätzen wurde ein neuer Ansatz zur Klassifikation des irdischen Klimas entwickelt, der auf ein Konzept von Siegmund (1995) zurück geht.

Das neue „Baukastensystem"

Im Gegensatz zu bisherigen Klassifikationsansätzen, die sämtliche Gliederungsebenen starr in einer Klimakarte darstellen, beruht das neue Konzept auf einer Art „Baukastensystem". Basierend auf einer relativ einfach strukturierten Einteilung des Weltklimas in fünf – in einer etwas erweiterten Form in sechs – Klimazonen lässt sich die Klassifikation nach und nach ausbauen. Dabei ist die Zahl der Untergliederungsstufen variabel. Auf diese Weise lassen sich der Aufbau und der Komplexitätsgrad der Klimaeinteilung an die jeweiligen Bedürfnisse des Anwenders anpassen.

Ausgangspunkt für sämtliche Klassifikationskriterien stellen die drei Klimaelemente Temperatur, Niederschlag und potenzielle Landschaftsverdunstung dar; deren Monats- und Jahresdurchschnittswerte werden weltweit von einer großen Zahl von Stationen zur Verfügung gestellt bzw. können ermittelt werden. Durch den konsequenten Bezug auf diese Klimaelemente lassen sich alle Klimate zweifelsfrei einer bestimmten Klimazone und einem spezifischen Klimatyp zuordnen. Im Gegensatz zu anderen Klassifikationsansätzen kommt es bei der Definition der verschiedenen Klimate nicht zu Überschneidungen. Dadurch steigen Nachvollziehbarkeit und Transparenz. Darüber hinaus ist auf diese Weise eine computergestützte Analyse von Klimadaten gewährleistet, wie sie gerade in der Ausbildung u.a. in Form von Lernprogrammen immer stärker Einzug hält.

Die Klimazonen

Wärme- und Wasserhaushalt stellen die wesentlichen Steuerungsgrößen der natur- und kulturräumlichen Gegebenheiten eines Raumes dar. Sie stehen deshalb im Mittelpunkt des Klassifikationsansatzes. Die Basis der Klimagliederung bildet zunächst die Einteilung des irdischen Klimas in fünf thermisch definierte Klimazonen. Als einfaches und dennoch aussagekräftiges Einteilungskriterium dient dabei die Jahresdurchschnittstemperatur (T_D) einer Station. Mit ihrer Hilfe lassen sich folgende Zonen voneinander abgrenzen:

Polare Zone (Kalte Zone) (F)			T_D	≤	-10°C
Subpolare Zone (Kühle Zone) (E):	-10°C	<	T_D	≤	0°C
Mittelbreiten (Gemäßigte Zone) (D):	0°C	<	T_D	≤	12°C
Subtropen (Warme Zone) (C):	12°C	<	T_D	≤	24°C
Tropen (Heiße Zone) (A):			T_D	>	24°C

Obwohl die Festlegung der Grenzwerte immer ein gewisses Maß an Subjektivität beinhaltet, sind die zur Abgrenzung der einzelnen Zonen gewählten Schwellenwerte nicht willkürlich gewählt, sondern angelehnt an „traditionelle" Grenzwerte für einzelne Klimazonen. Aus didaktischen Gründen fanden bei der Abgrenzung der Klimazonen soweit wie möglich „glatte" Werte Verwendung (vgl. M23 u. M24).

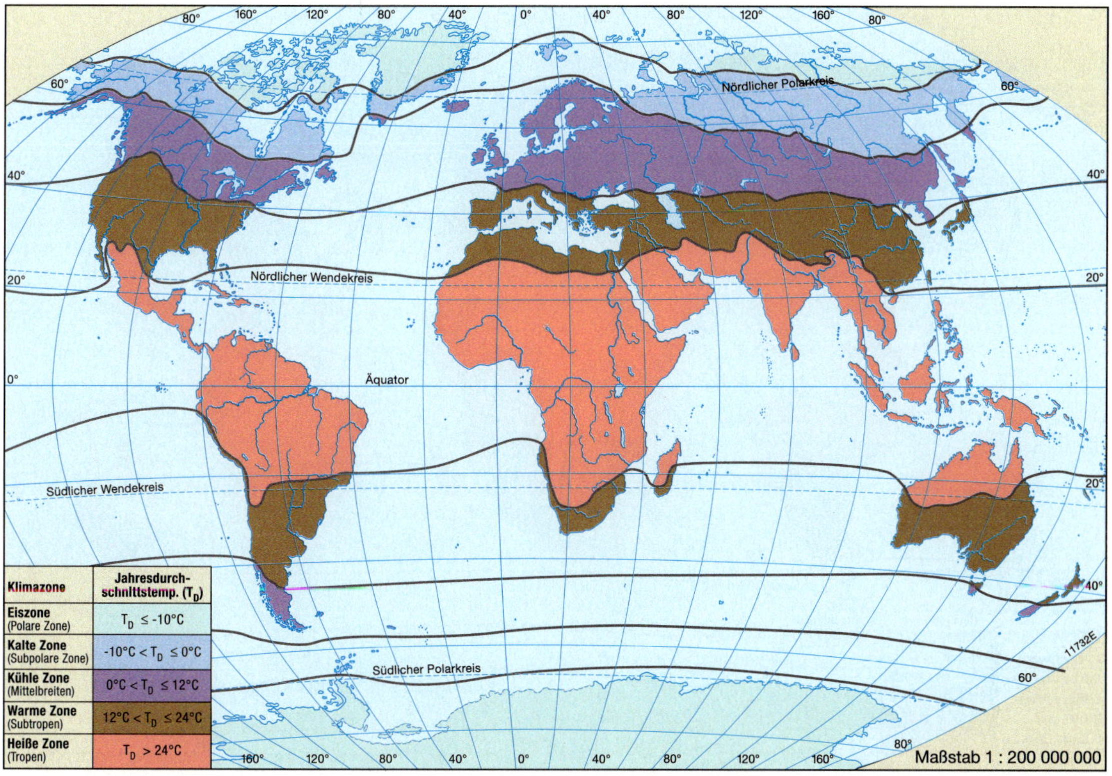

M 23: *Einteilung der irdischen Klimate in fünf thermische Klimazonen auf der Basis der Jahresdurchschnittstemperatur*

Ein besonderes Problem stellt die Zuordnung der Höhenklimate dar. Köppen/Geiger (1928) ordnen diese auf der Basis bestimmter Schwellen- und Grenzwerte der Temperatur entsprechenden Tieflandklimaten höherer Breiten zu. Troll/Paffen (1963) umgehen das Problem, indem sie diese Bereiche in ihrer Karte einfach schwärzen. Anders bei Lauer/Frankenberg (1988): Dort werden die Höhenklimate innerhalb der tropischen Zone als gesonderter Klimatyp der zugehörigen Tieflandklimate gleicher Breite ausgewiesen.

Der neue Klassifikationsansatz dehnt diese aus fachlicher und didaktischer Sicht sinnvolle Vorgehensweise auf alle Klimazonen aus. Dabei entsteht jedoch das Problem, wie die Höhenklimate auch quantitativ auf die zugehörigen Tieflandklimate bezogen werden können, wären sie doch allein auf der Grundlage der tatsächlich gemessenen Jahresdurchschnittstemperatur einer kälter temperierten Klimazone zuzuordnen. Die Lösung dieses Problems bildet eine wichtige Voraussetzung für die Nachvollziehbarkeit des Ansatzes. Aus diesem Grund findet die Höhenlage einer Station Berücksichtigung. Hierbei wird vereinfachend von einem einheitlichen vertikalen Temperaturgradienten von 0,5°C pro 100 m ausgegangen: Pro 100 Höhenmeter sinkt die Temperatur in der Atmosphäre um etwa 0,5°C. Mit Hilfe der Angaben zur Höhe einer Klimastation lässt sich die Jahresdurchschnittstemperatur so auf Meeresniveau „zurückrechnen“. Dieser errechnete höhere Wert liegt für gewöhnlich im Definitionsbereich der entsprechenden Tieflandklimate gleicher Breite. In der Karte werden diese Bereiche des Höhenklimas ab der zweiten Ausbaustufe graphisch hervorgehoben (vgl. M25 u.M26).

vertikaler Temperaturgradient:
Temperaturabnahme mit zunehmender Höhe in der Atmosphäre; ein vertikaler Temperaturgradient von 0,5°C/100 m bedeutet, dass die Temperatur pro 100 Höhenmeter in der Atmosphäre um ca. 0,5°C sinkt

Bereits bei der Definition der Klimazonen kommt neben einem thermischen auch ein hygrisches Kriterium zur Anwendung. Dabei wird – ana-

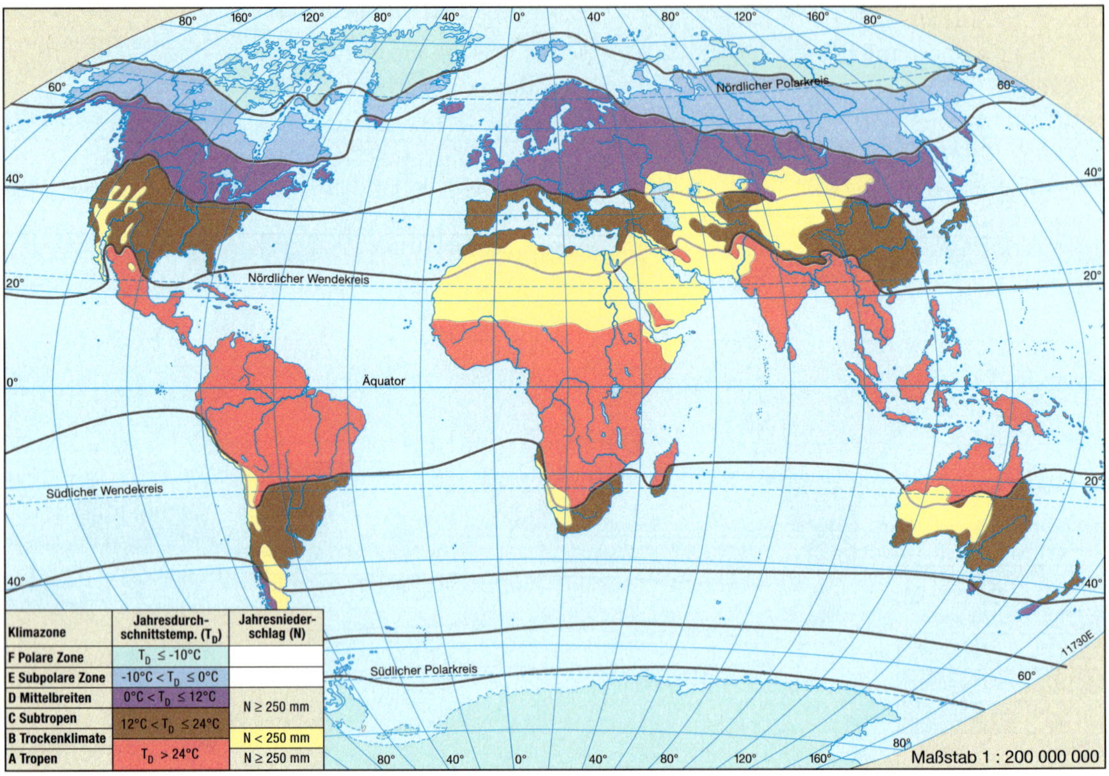

M 24: *Überlagerung der thermischen Klimazonen durch die Trockenklimate (N < 250 mm)*

log zur Jahresdurchschnittstemperatur – auf die Jahressumme des Niederschlags zurückgegriffen. Mit ihrer Hilfe lassen sich grob jene Regionen der Erde abgrenzen, in denen der permanente oder periodische Wassermangel den eigentlichen raumprägenden Klimafaktor darstellt. Der Klassifikationsentwurf zieht dadurch in Anlehnung an das LIEBIGsche Prinzip des Minimums immer konsequent das Klimaelement zur Gliederung heran, das in der jeweiligen Region die entscheidenden naturräumlichen Grenzen setzt. So fungiert in den Trockengebieten der Erde der Wasserhaushalt als bestimmende restriktive Größe und nicht der Wärmehaushalt.

Isohyeten:
Linien, die Orte mit gleicher Niederschlagsmenge verbinden

Die Trockenklimate werden durch die 250 mm-Isohyete der jährlichen Niederschlagsmenge von den übrigen Klimaten abgegrenzt. Dies gilt jedoch nur für die Tropen, Subtropen und die Mittelbreiten, nicht für polare und subpolare Kältewüsten, bei denen trotz der geringen Niederschläge vor allem die Temperatur die entscheidenden naturräumlichen Grenzen setzt. Wie ein Vergleich mit der Zahl humider Monate zeigt, umfassen die Trockenklimate in etwa jene Regionen, die maximal zwei bis drei humide Monate und demnach vollaride bzw. semiaride hygrische Bedingungen aufweisen (vgl. M 24 u. M 25).

In Anlehnung an KÖPPEN/GEIGER (1928) und LAUER/FRANKENBERG (1988) werden den einzelnen Klimazonen zur Kennzeichnung die Großbuchstaben A (Tropen) bis F (Polare Zone) zugeordnet. Die Trockenklimate werden dabei mit B bezeichnet (vgl. M 24 bis M 26).

Hygrische Klimatypen

Zur weiteren Untergliederung der Klimate finden zunächst hygrische Kriterien Anwendung. Mit Hilfe der Anzahl humider Monate lassen sich verschiedene Humiditäts- bzw. Ariditätsgrade unterscheiden. Dabei kommt jedoch nicht die immer noch weit verbreitete Definition humider und arider Zeiträume durch die Gegenüberstellung von Temperatur- und Niederschlagswerten auf der Basis von WALTHER/LIETH-Diagrammen (N = 2T) (vgl. WALTHER/LIETH 1960) zur Anwendung, sondern der wissenschaftlich fundierte Humiditätsbegriffs nach LAUER/FRANKENBERG (vgl. u.a. LAUER/FRANKENBERG 1981a und LAUER/FRANKENBERG 1988). Letztere stellen den monatlichen Niederschlägen (N) die entsprechende Summe der potenziellen Landschaftsverdunstung (pLV) als die eigentliche physikalische Gegengröße der Niederschläge gegenüber. Auf diese Weise kann die klimatische (aerische) Wasserbilanz eines Raumes genau quantifiziert werden. Die pLV lässt sich hierbei auf der Basis der potenziellen Verdunstung freier Wasserflächen (pV) und einem vom Vegetations- und Landnutzungstyp abhängigen Umrechnungsfaktor (Uf) nach folgender Gleichung berechnen (vgl. FRANKENBERG 1991, 58 ff.):

$$pLV = pV \cdot Uf$$

Erreicht oder übersteigt die Niederschlagsmenge eines Monats den entsprechenden Wert der potenziellen Landschaftsverdunstung (N≥pLV), so wird dieser als humid definiert, im umgekehrten Fall (N<pLV) als arid. Durch die Anzahl humider Monate lassen sich im Rahmen des Klassifikationsentwurfes folgende vier hygrischen Klimatypen unterscheiden:

arid (a):	0 - 2 humide Monate
semiarid (sa):	3 - 5 humide Monate
semihumid (sh):	6 - 9 humide Monate
humid (h):	10 - 12 humide Monate

M 25: *Differenzierung der sechs Klimazonen in hygrische Klimatypen durch die Zahl humider Monate*

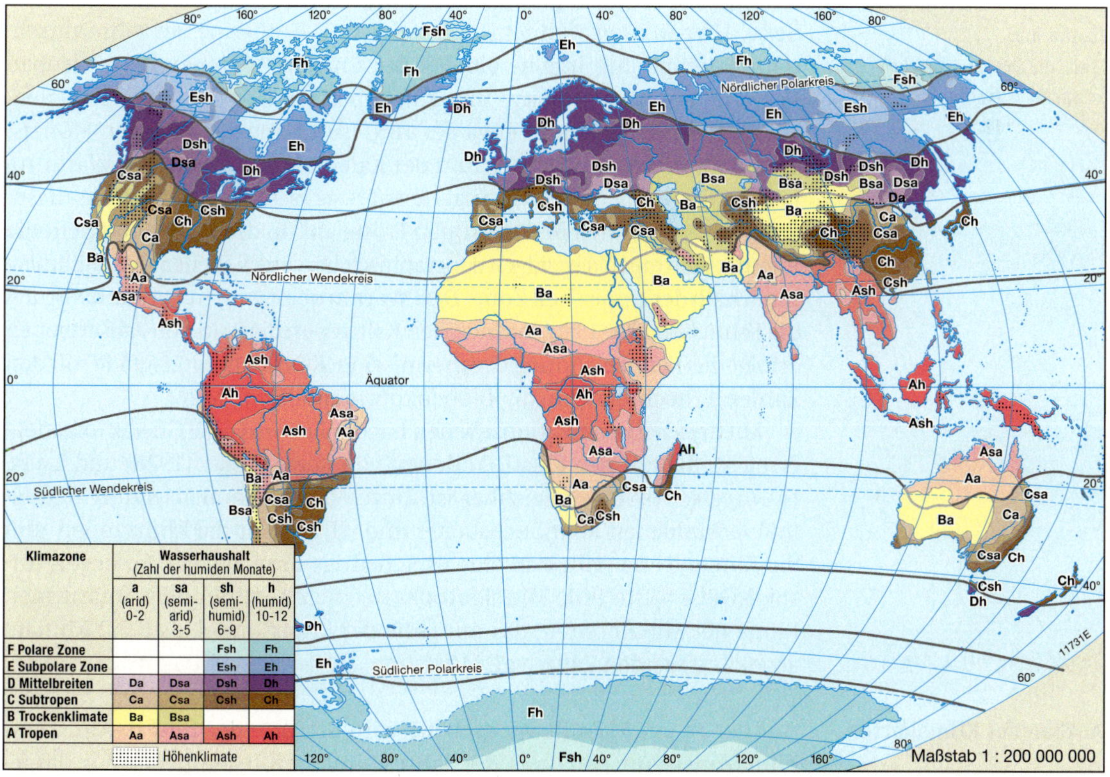

Die einzelnen Humiditäts- bzw. Ariditätsklassen werden durch die Kleinbuchstaben a (arid), sa (semiarid), sh (semihumid) und h (humid) abgekürzt (vgl. M25 u. M26).

Thermische Klimatypen

Die zur Einteilung der Klimazonen verwendeten Jahresdurchschnittstemperaturen kaschieren die charakteristischen jahreszeitlichen Schwankungen der Temperatur. Sie reichen daher allein nicht aus, um den Wärmehaushalt der verschiedenen Klimate zu charakterisieren und zu typisieren. Aus diesem Grund kommt im Rahmen des Klassifikationsentwurfes auf der dritten Klassifikationsebene der thermische Kontinentalitätsgrad zur Anwendung. Dieser basiert jedoch nicht auf komplizierten Berechnungen wie etwa beim Kontinentalitätsgrad nach Ivanov (1959) (siehe die Klassifikation von Lauer/Frankenberg [1988]), sondern auf der weitaus einfacher nachzuvollziehenden Jahresamplitude der monatlichen Durchschnittstemperaturen (T_A). Mit ihrer Hilfe lassen sich im Rahmen der Klimaklassifikation folgende vier Kontinentalitäts- bzw. Maritimitätsgrade unterscheiden:

Jahresamplitude der monatlichen Durchschnittstemperaturen:
Unterschied zwischen dem Monat mit der höchsten und dem mit der niedrigsten monatlichen Durchschnittstemperatur innerhalb eines Jahres

hochmaritim (1):			T_A	≤	10°C
maritim (2):	10°C	<	T_A	≤	20°C
kontinental (3):	20°C	<	T_A	≤	40°C
hochkontinental (4):			T_A	>	40°C

Dieses Unterscheidungskriterium wird jedoch nur im Bereich der außertropischen Klimazonen angewandt. Innerhalb der Tropen sind die jährlichen Temperaturschwankungen zu gering, als dass sich mit Hilfe der Jahresamplitude der Temperatur eine sinnvolle Untergliederung vornehmen ließe. Hier werden vielmehr durch die 24°C-Isotherme der Jahresdurchschnittstemperatur, die bereits bei der zonalen Abgrenzung der Tropen Verwendung findet, Warm- und Kalttropen voneinander unterschieden. Dieser Wert entspricht in etwa der 18°C-Isotherme des kältesten Monats, die oft als Abgrenzungskriterium der Kalt- von den frostfreien Warmtropen Verwendung findet (vgl. u.a. Lauer/Frankenberg 1988) – jenseits dieser Schwelle treten auch in den Tropen Fröste auf. In der Karte entspricht die Lage der Kalttropen derjenigen der graphisch hervorgehobenen Höhenklimate innerhalb der tropischen Zone. Den Warmtropen wird in der Klimaformel die Schlüsselziffer 1 zugeordnet, den Kalttropen die 2. In den Außertropen erfolgt die Kennzeichnung der thermischen Kontinentalitätsgrade mit den Zahlen 1 (hochmaritim) bis 4 (hochkontinental) (vgl. M26).

Isotherme:
Linie, die Orte mit gleicher Temperatur verbindet

Mit diesen Klassifikationsebenen hat der Entwurf eine Gliederungstiefe erreicht, die mit den Klassifikationen von Köppen/Geiger (1928) und Lauer/Frankenberg (1988) vergleichbar ist. Durch die Zusammensetzung der damit verbundenen Kennbuchstaben und -ziffern für die Klimazonen und die Klimatypen ergibt sich eine dreigliedrige Klimaformel. So liegen beispielsweise weite Teile Mitteleuropas in einem semihumiden, maritimen Klima der Mittelbreiten, das mit Hilfe der Klimaformel als Dsh2-Klimate abgekürzt werden kann (vgl. M26).

Aufbau der Klimakarten

Auf der ersten Klassifikationsebene wird die Lage der fünf thermischen Klimazonen auf der Basis der Jahresdurchschnittstemperaturen dargestellt (vgl. M23). Die einzelnen Zonen sind in verschiedenen Rot-/Braun- bzw. Blau-/Violett-Tönen dargestellt. Dadurch, dass hier die landläufige Zuordnung von Farbe zu Temperatur aufgegriffen wird (rot = warm, blau = kalt), vermitteln die Farben einen direkten Eindruck von den Temperaturverhältnissen in den jeweiligen Zonen. Auf dieser einfachen Ebene eignet sich der Klassifikationsentwurf daher als Einstieg in klimageographische Themen in den unteren Klassenstufen der Sekundarstufe I, wie sie in ähnlicher Weise bereits in einigen Unterrichtswerken zu finden sind. In dieser Einstiegskarte werden aus fachlichen und didaktischen Gründen für die verschiedenen Temperaturzonen die Begriffe heiße, warme, kühle und kalte Zone benutzt. Zum besseren Verständnis können in der Einführungsphase auch die Bezeichnungen „Bananenklima", „Apfelsinenklima", „Kartoffelklima", „Rentierklima" und „Schneeklima" (vgl. Schultze 1991, S. 86) verwendet werden.

In einem zweiten Schritt finden dann die Trockenklimate Berücksichtigung, die durch die Jahressumme der Niederschläge definiert sind. Sie überlagern die thermischen Klimazonen, wobei die Grenzverläufe zwischen den verschiedenen Temperaturzonen darunter sichtbar bleiben (vgl. M24). Die Trockenklimate sind dabei in Anlehnung an die gängigen Vorstellungen von diesen Räumen (Halbwüste/Wüste) gelb dargestellt. Für die übrigen Zonen werden die Begriffe Tropen, Subtropen, Mittelbreiten, Subpolare und Polare Zone eingeführt.

Eine weitere Klassifikationsstufe zieht den Wasserhaushalt als Gliederungskriterium heran. Die damit verbundene Einteilung in aride, semiaride, semihumide und humide Klimatypen ermöglicht es, die bisherigen Klimazonen in verschiedene Klimatypen zu untergliedern (vgl. M25). Zur kartographischen Darstellung wird dabei der Grundfarbton der jeweiligen Klimazone variiert. In Anlehnung an das mit dem Humiditätsgrad verbundene Erscheinungsbild der Landschaft werden aride Räume in helleren Tönen gekennzeichnet, humide in kräftigeren, dunkleren. Auf diese Weise ergeben sich für jede Klimazone (theoretisch) vier Farbabstufungen innerhalb des jeweiligen Grundtons. In der Karte kommen jedoch tatsächlich nur 18 der möglichen 24 Farbtöne vor, da innerhalb der Trockenklimate nur aride und semiaride Klimatypen auftreten, in der Subpolaren und Polaren Zone jeweils nur semihumide und humide (vgl. M25). In der Klimakarte werden darüber hinaus die Bereiche der Höhenklimate, die aufgrund der tatsächlichen Jahresdurchschnittstemperaturen eigentlich einer kälteren thermischen Klimazone zugeordnet werden müssten, grafisch durch ein feines Punktraster gekennzeichnet. Auf diese Weise heben sich vor allem die Höhenzüge der Rocky Mountains, der Anden, des Himalaja und der Hochländer Afrikas deutlich hervor. Aufgrund ihres höheren Komplexitätsgrades kann die Klimakarte in dieser Klassifikationstiefe bevorzugt in der Sekundarstufe II eingesetzt werden.

semiarid:
halbtrocken, Klimatyp mit 3-5 humiden Monaten pro Jahr

semihumid:
halbfeucht, Klimatyp mit 6-9 humiden Monaten pro Jahr

In einer letzten Gliederungsstufe findet in den außertropischen Klimaten der thermische Kontinentalitätsgrad Berücksichtigung. Die verschiedenen Kontinentalitätsgrade werden in der Karte durch unterschiedliche Punkteraster voneinander unterschieden. Hochmaritime und maritime Klimate sind durch offene Punkte verschiedener Größe gekennzeichnet, hochkontinentale durch geschlossene Punkte. Bei den weit verbreiteten kontinentalen Klimaten entfällt ein entsprechendes Raster. Innerhalb der Tropen werden Warm- und Kalttropen voneinander unter-

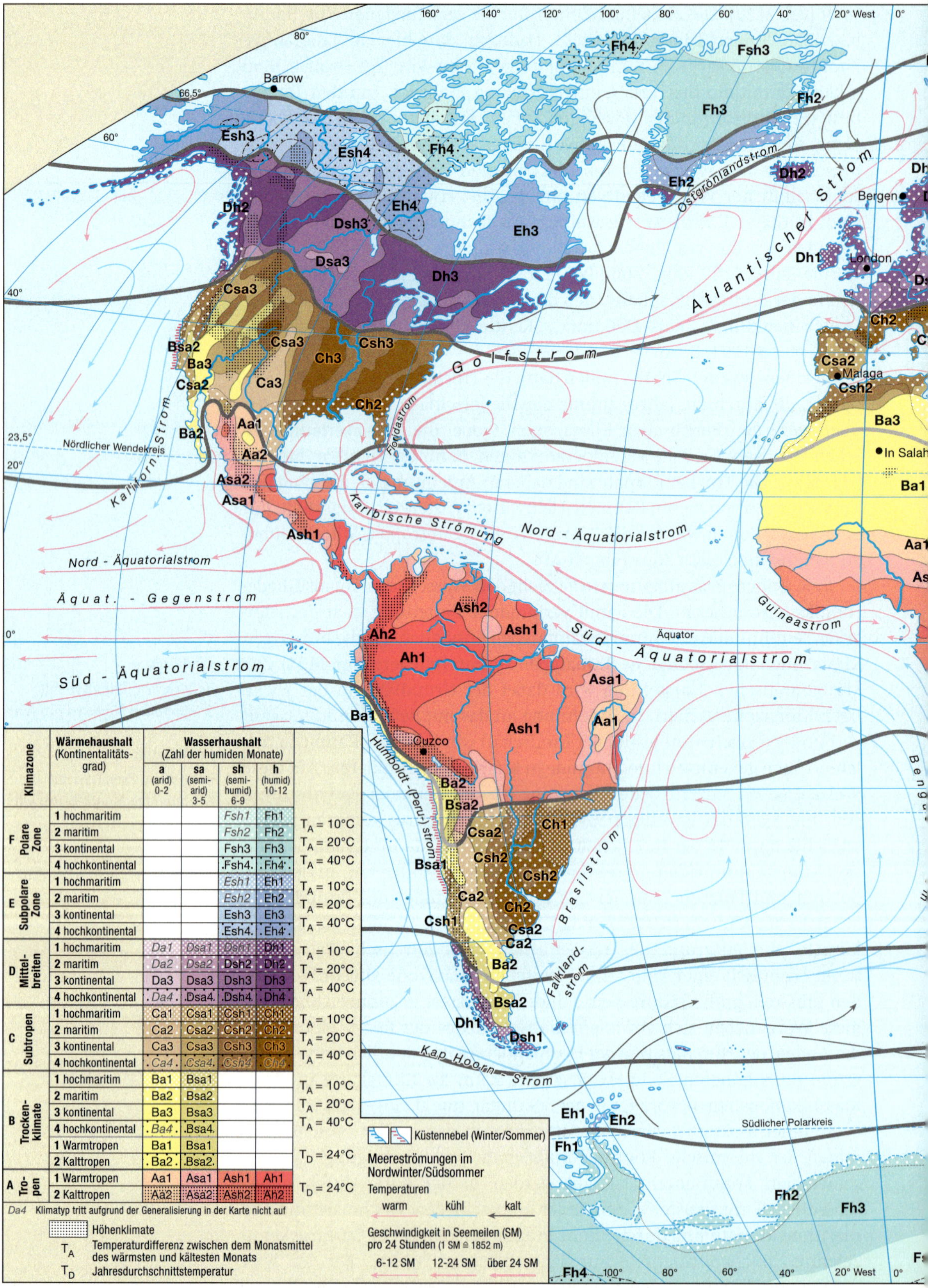

Klimazone	Wärmehaushalt (Kontinentalitätsgrad)	a (arid) 0-2	sa (semi-arid) 3-5	sh (semi-humid) 6-9	h (humid) 10-12	
		Wasserhaushalt (Zahl der humiden Monate)				
F Polare Zone	1 hochmaritim			Fsh1	Fh1	T_A = 10°C
	2 maritim			Fsh2	Fh2	T_A = 20°C
	3 kontinental			Fsh3	Fh3	T_A = 40°C
	4 hochkontinental			Fsh4	Fh4	
E Subpolare Zone	1 hochmaritim			Esh1	Eh1	T_A = 10°C
	2 maritim			Esh2	Eh2	T_A = 20°C
	3 kontinental			Esh3	Eh3	T_A = 40°C
	4 hochkontinental			Esh4	Eh4	
D Mittelbreiten	1 hochmaritim	Da1	Dsa1	Dsh1	Dh1	T_A = 10°C
	2 maritim	Da2	Dsa2	Dsh2	Dh2	T_A = 20°C
	3 kontinental	Da3	Dsa3	Dsh3	Dh3	T_A = 40°C
	4 hochkontinental	Da4	Dsa4	Dsh4	Dh4	
C Subtropen	1 hochmaritim	Ca1	Csa1	Csh1	Ch1	T_A = 10°C
	2 maritim	Ca2	Csa2	Csh2	Ch2	T_A = 20°C
	3 kontinental	Ca3	Csa3	Csh3	Ch3	T_A = 40°C
	4 hochkontinental	Ca4	Csa4	Csh4	Ch4	
B Trockenklimate	1 hochmaritim	Ba1	Bsa1			T_A = 10°C
	2 maritim	Ba2	Bsa2			T_A = 20°C
	3 kontinental	Ba3	Bsa3			T_A = 40°C
	4 hochkontinental	Ba4	Bsa4			
	1 Warmtropen	Ba1	Bsa1			T_D = 24°C
	2 Kalttropen	Ba2	Bsa2			
A Tropen	1 Warmtropen	Aa1	Asa1	Ash1	Ah1	T_D = 24°C
	2 Kalttropen	Aa2	Asa2	Ash2	Ah2	

Da4 Klimatyp tritt aufgrund der Generalisierung in der Karte nicht auf

Höhenklimate

T_A Temperaturdifferenz zwischen dem Monatsmittel des wärmsten und kältesten Monats

T_D Jahresdurchschnittstemperatur

M 26: *Letzte Stufe der Klimakarte nach Siegmund/Frankenberg (1999), (aktualisiert und ergänzt 2006) – zusätzliche Unterscheidung thermischer Klimatypen mit Hilfe der Jahresamplitude der monatlichen Durchschnittstemperaturen*

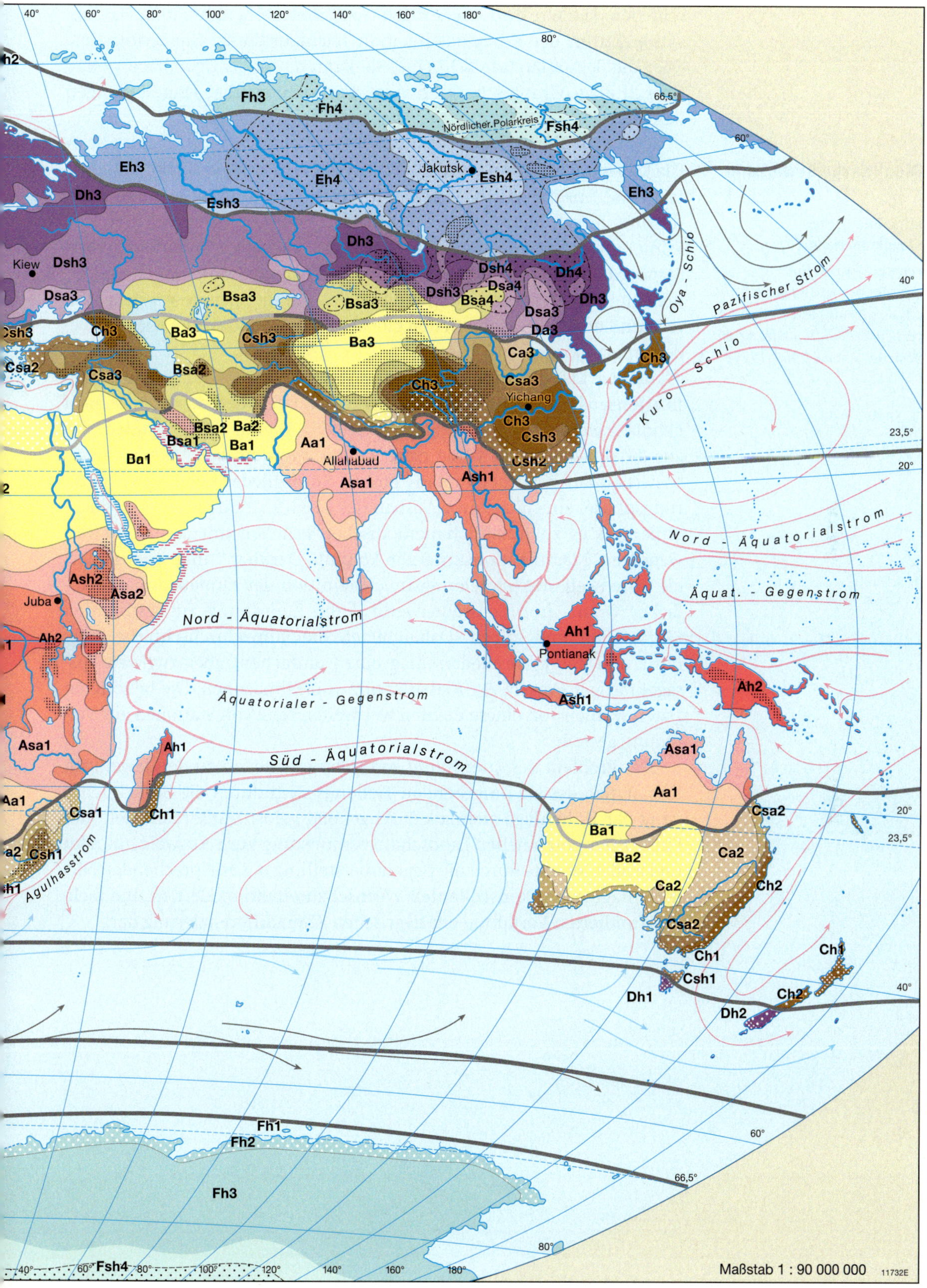

Fh3
Fh4
Fsh4
Nördlicher Polarkreis
66,5°
80°
60°
Eh3
Dh3
Eh4
Jakutsk
Esh4
Esh3
Kiew
Dsh3
Dsa3
Dsh4
Dh4
Dsa4
Dsh3
Bsa4
Bsa3
Dsa3
Da3
Oya - Schio
Pazifischer Strom
Kuro - Schio
Csh3
Ch3
Ba3
Csa2
Csa3
Bsa2
Ca3
Csa3
Yichang
Ch3
Csh3
Csh2
Bsa2
Ba2
Bsa1
Ba1
Aa1
Allahabad
Asa1
Ash1
Ash2
Asa2
Juba
Ah2
Nord - Äquatorialstrom
Äquat. - Gegenstrom
Ah1
Pontianak
Ash1
Ah2
Äquatorialer - Gegenstrom
Süd - Äquatorialstrom
Asa1
Ah1
Aa1
Csa1
Ch1
Csh1
Agulhasstrom
Csa2
Ba1
Ba2
Ca2
Ch2
Csa2
Ch1
Csh1
Dh1
Ch2
Dh2
Fh1
Fh2
Fh3
Fsh4
23,5°
20°
40°
40°
60°
80°
100°
120°
140°
160°
180°
Maßstab 1 : 90 000 000
11732E

schieden. Letztere entsprechen den tropischen Höhenklimaten. Das Einsatzspektrum der Klimaklassifikation reicht in dieser Gliederungstiefe über die Sekundarstufe II hinaus. Sie kann damit als Grundlage vielfältiger klimageographischer und landschaftsökologischer Fragestellungen dienen.

Didaktische Bewertung

klimatologische Standardperiode:
von der WMO definierte Zeitspanne von 30 Jahren, auf der die Mittelwerte verschiedener Klimaparameter basieren (aktuell 1961-1990)

Die Klimaklassifikation von Siegmund/Frankenberg (1999) versucht, moderne fachliche Ansätze zur Gliederung der irdischen Klimate mit den differenzierten Anforderungen eines didaktischen Einsatzes zu vereinen. Die Klimakarten basieren dabei auf Daten der aktuellen klimatologischen Standardperiode von 1961-1990. Sie stellen damit die aktuelle globale Verbreitung von Klimazonen und Klimatypen dar, der gerade vor dem Hintergrund der Diskussion um den globalen Klimawandel eine wichtige Bedeutung zukommt.

Bei der Klassifikation konnte eine Vielzahl der bei bisherigen Klassifikationsansätzen oft kritisierten fachlichen oder methodischen Mängel behoben werden (vgl. auch Siegmund [1999]). Hierzu trägt vor allem das aus didaktischer Sicht völlig neue Baukastensystem bei. Dadurch wird, basierend auf einer noch relativ groben Klimagliederung in der Einführungsphase, ein sukzessiver Ausbau des Klassifikationssystems möglich, ohne dass es zu inhaltlich-methodischen Brüchen mit den zuvor verwendeten Klassifikationskriterien kommt. Darüber hinaus erleichtert die durchweg überschneidungsfreie Definition der Klimate anhand einfacher Grenz- und Schwellenwerte deren Zuordnung zu bestimmten Klimazonen und -typen. Dabei bilden die Jahresdurchschnittstemperatur und der Jahresniederschlag einen einfachen, aber zugleich aussagekräftigen Ansatz zur Klassifikation von Klimazonen. Die benötigten Daten werden von einem dichten weltweiten Netz von Stationen zur Verfügung gestellt.

Das Problem der Zuordnung von Gebirgsklimaten zu den jeweiligen Klimatypen des sie umgebenden Tieflands wird durch die Berücksichtigung der Höhenlage erstmals durchgehend gelöst. Außerdem stellt der Einsatz der potenziellen Landschaftsverdunstung zum Ausweis humider und arider Monate durch die Gegenüberstellung der entsprechenden Niederschläge einen konsequenten Wechsel zu einem modernen und fachlich fundierten Verfahren der hygrischen Klimadifferenzierung dar.

3 Klimaelemente – das Klima in Zahlen

Das Klima eines Raumes ist durch verschiedene Klimaelemente definiert. Dazu zählen vor allem die Temperatur, der Niederschlag und die Verdunstung. Auf der Grundlage langjähriger Messungen lassen sich für diese Parameter Mittelwerte berechnen, mit denen das Klima eines Ortes genau analysiert werden kann. Durch einen Vergleich der Daten aus verschiedenen Perioden und Regionen lassen sich zeitliche und räumliche Klimaveränderungen feststellen.

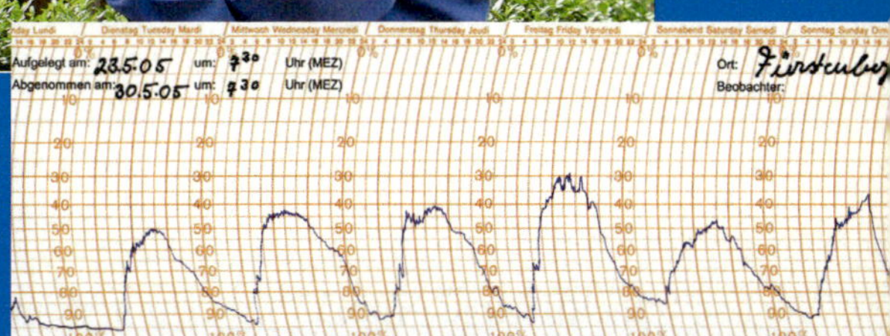

3.1 Von der Messung zur Klimatabelle

3.1.1 Aufbau der Klimatabellen

Im dem vorliegenden Tabellenwerk wird eine Unterscheidung zwischen Standardtabellen und erweiterten Tabellen vorgenommen. Die Standardtabellen enthalten Basisdaten, die für die mit den Klimakarten nach SIEGMUND/FRANKENBERG (1999) und LAUER/FRANKENBERG (1988) in Verbindung stehenden Parameter benötigt werden.

Die erweiterten Tabellen sind bei prinzipiell gleichem Aufbau um einige zusätzliche Klimaelemente ergänzt. Beide Tabellentypen enthalten in einer Kopfzeile Angaben zu Station, Land, Höhe über NN sowie zu den geographischen Koordinaten und liefern sodann monatliche Werte zu folgenden Variablen:

- Mitteltemperatur (t/°C)
- Niederschlag (N/mm)
- relative Feuchte (rF/%)
- potenzielle Verdunstung (pV/mm)
- potenzielle Landschaftsverdunstung (pLV/mm)
- Niederschlag - potenzielle Landschaftsverdunstung (N-pLV/mm)

Die erweiterten Tabellen umfassen überdies:

- mittleres tägliches Maximum der Temperatur (tmax/°C)
- mittleres tägliches Minimum der Temperatur (tmin/°C)
- Zahl der Niederschlagstage
- Monatssummen der tatsächlichen Sonnenscheindauer (Stunden)

3.1.2 Die Berechnung der Klimaelemente

Damit die Erhebung und Berechnung der verschiedenen Klimaelemente nachvollzogen werden kann, werden im Folgenden die dabei angewandten Verfahren erklärt. Die Darstellung folgt dabei nicht in der oben aufgeführten Reihenfolge, sondern baut logisch aufeinander auf.

Die Mitteltemperatur

Zur Bestimmung der durchschnittlichen Monatsmitteltemperaturen, wie sie im nachfolgenden Tabellenwerk aufgelistet sind, bedarf es kontinuierlicher, methodisch einheitlicher Temperaturregistrierungen an festgelegten Standorten. Die Monatsmitteltemperatur (t_m) errechnet sich auf der Basis der Tagesmittel (t_t) aus der Formel:

$$t_m = \frac{t_{d1} + t_{d2} + \ldots + t_{dn}}{\text{Zahl der Monatstage}}$$

d_1 = 1. Tag des Monats
d_2 = 2. Tag des Monats
d_n = n-ter Tag des Monats

Die Tagesmittel werden ihrerseits aus der Mittelung von zu ganz bestimmten Zeitpunkten gemessenen Temperaturwerten abgeleitet. Ideal wäre folgende Formel:

$$t_d = \frac{t_{h1} + t_{h2} + \ldots + t_{h24}}{24} \qquad \begin{aligned} h_1 &= 1 \text{ Uhr} \\ h_2 &= 2 \text{ Uhr} \\ h_{24} &= 24 \text{ Uhr} \end{aligned}$$

Dieses Berechnungsverfahren lässt sich jedoch praktisch nur dort anwenden, wo Thermographen (Temperaturschreiber) vorhanden sind oder stündliche Klimamessungen durchgeführt werden. Da eine Vielzahl von Klimastationen aber lediglich über Thermometer (inkl. Minimum- und Maximumthermometer) verfügt, wird die Tagesmitteltemperatur in der Regel mit einer reduzierten Anzahl von Werten kalkuliert. Innerhalb Europas sind zwei Verfahren gebräuchlich.

$$t_d = \frac{t_{h7} + t_{h14} + \ldots + 2t_{h21}}{4} \quad \text{bzw.} \quad t_d = \frac{t_{h1} + t_{h7} + t_{h13} + t_{h19}}{4}$$

Damit die Beobachtungen jeweils bei gleicher Sonnenhöhe angestellt werden und damit vergleichbar sind, handelt es sich bei den angegebenen Terminen stets um die mittlere Ortszeit (MOZ). Diese liegt westlich (östlich) des Zeitzonenmeridians (für Europa = 15° ö.L. mitteleuropäische Zeit [MEZ]) um 4 Minuten je Längengrad gegenüber der Zonenzeit zurück (vor).

mittlere Ortszeit:
im Gegensatz zur wahren Ortszeit, die sich auf den tatsächlichen Sonnenstand bezieht (12 Uhr, wenn die Sonne exakt im Süden steht), eine einheitlich definierte Uhrzeit, mit der die jahreszeitlichen Sonnenstandunterschiede infolge der ungleichmäßigen Bahn der Erde um die Sonne ausgeglichen werden

Auf festgelegte Termine kann hingegen eine weitere, beispielsweise in den USA verwandte Methode verzichten, welche die Tagesmitteltemperatur aus der täglichen Temperaturamplitude ableitet:

$$t_j = \frac{t_{max} - t_{min}}{2} \qquad \begin{aligned} m_1 &= \text{Januar} \\ m_2 &= \text{Februar} \end{aligned}$$

Natürlich weichen die mit Hilfe der oben genannten Verfahren berechneten Durchschnittswerte mehr oder weniger stark voneinander bzw. von der „wahren" Tagesmitteltemperatur ab. Auf die Beiträge der aus den Tagesmitteln abgeleiteten Monatsmitteltemperaturen (s. o.) hat die Wahl des Berechnungsverfahren folglich ebenso Einfluss wie auf die Höhe der Jahresmitteltemperatur (t_j), die wiederum aus den Monatsmitteln abgeleitet wird:

$$t_j = \frac{t_{m1} + t_{m2} + \ldots + t_{m12}}{12} \qquad \begin{aligned} m_1 &= \text{Januar} \\ m_2 &= \text{Februar} \\ m_{12} &= \text{Dezember} \end{aligned}$$

Da der Klimatologe jedoch insbesondere dann, wenn er den mittleren Klimacharakter bestimmter Räume im regionalen Vergleich analysieren möchte, weniger an Monats- bzw. Jahresmitteltemperaturen für einzelne Jahre als vielmehr an durchschnittlichen Mittelwerten interessiert ist, muss er auf mehrjährige Beobachtungsreihen zurückgreifen können. Um auch hier zu einer Standardisierung zu gelangen, hat man sich international darauf geeinigt, den Zeitraum 1961-1990 für alle Klimaelemente als aktuelle Standardperiode zu definieren. Die durchschnittliche Monatsmitteltemperatur ($\varnothing t_m$) errechnet sich demnach aus:

$$\varnothing t_m = \frac{t_{m(1961)} + t_{m(1962)} + \ldots + t_{m(1990)}}{30}$$

Die Bestimmung der durchschnittlichen Jahresmitteltemperatur ($\varnothing t_j$) erfolgt entweder analog hierzu auf der Basis der Jahresmitteltemperaturen der Einzeljahre oder durch die Mittelung der durchschnittlichen Monatsmitteltemperaturen.

Die durchschnittlichen Monatsmitteltemperaturen sind im vorliegenden Band durchweg in °C ausgedrückt. Da im angelsächsischen Sprachraum allerdings noch heute die FAHRENHEIT-Skala gebräuchlich ist, sollen ausgehend von den unterschiedlichen Fixpunkten der Skalen entsprechende Umrechnungsformeln angeboten werden:

$$t°C = \frac{5}{9}(t - 32)\,°F \qquad t°F = \frac{9}{5}\,t°C + 32$$

Mittlere tägliche Maxima und Minima der Temperatur

Die Differenz zwischen den mittleren täglichen Maxima und Minima der Temperatur gibt Auskunft über deren jahreszeitliche Amplitude; das mittlere tägliche Minimum für sich kann als Maß der Frostgefährdung angesehen werden. Mittlere tägliche Temperaturmaxima und -minima werden durch die monatliche Aufsummierung der täglichen Maximum- und Minimumwerte und die anschließende Division durch die Zahl der Monatstage gebildet. Die graphische Darstellung der entsprechenden Ergebnisse kann etwa in Form von Kurvendiagrammen gemeinsam mit den monatlichen Durchschnittstemperaturen erfolgen.

Der Niederschlag

Ebenso wie die Temperaturen werden auch die Niederschläge aufgrund ihrer großen Bedeutung für die festländische Biosphäre an einer Vielzahl von Messstationen registriert und daher gern zur klimatischen Differenzierung herangezogen. Im Gegensatz zu den Temperaturangaben der Tabellen sind die Niederschlagsmengen jedoch nicht als durchschnittliche Monatsmittel, sondern als durchschnittliche Monatssummen zu verstehen, deren zeichnerische Darstellung am exaktesten in Form von Säulendiagrammen erfolgt (vgl. M 27).

Durch die Gegenüberstellung von Niederschlags- und Temperaturwerten hat man vielfach versucht, feuchte und trockene Perioden bzw. Regionen abzugrenzen, wie etwa durch das von WALTER/LIETH entwickelte Verfahren (Einteilung der Temperatur- und Niederschlagachsen im Verhältnis 1:2, vgl. Kap. 1.1.1).

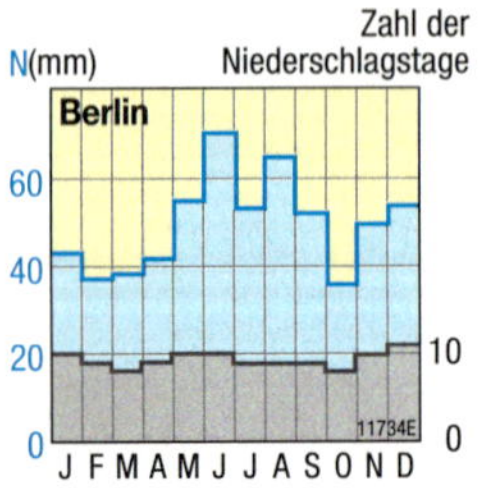

M 27: *Säulendiagramm der mittleren monatlichen Niederschlagssummen und Zahl der Niederschlagstage am Beispiel Berlin*

Zahl der Niederschlagstage

Während die durchschnittlichen Monatssummen der Niederschläge lediglich Aussagen über die Gesamtniederschlagsmengen zulassen, können mit Hilfe der durchschnittlichen Zahl der Niederschlagstage Rückschlüsse auf die Intensität der Niederschläge und damit beispielsweise auf deren Erosivität gezogen werden (vgl. M 27). Leider erfolgt die Definition von „Niederschlagstagen" nach uneinheitlichen Kriterien, was zu erheblichen Divergenzen führen kann.

Die relative Feuchte

Die relative Feuchte (rF) wird berechnet aus:

rF (in %) = e · 100   e = wirklicher Dampfdruck
E = bei einer gegebenen Temperatur maximal möglicher Dampfdruck

Da E temperaturabhängig ist, d.h. mit zunehmender (abnehmender) Temperatur steigt (sinkt), kann es auch bei konstantem e allein schon durch tageszeitliche Erwärmung und Abkühlung zu beträchtlichen Schwankungen der relativen Feuchte kommen. Liegt letztere auf hohem Niveau, so bedarf es nur einer geringen Abkühlung der jeweiligen Luftmassen, um den Taupunkt (mit e = E, d.h. rF = 100%) zu erreichen und damit Kondensation und Wolkenbildung hervorzurufen.

In die Tabellen findet die relative Feuchte ähnlich wie die Temperatur Eingang als durchschnittliche Monatsmittel, die ihrerseits auf zu verschiedenen Tageszeiten gemessenen Einzelwerten basieren. Leider bestehen z.T. gravierende Unterschiede hinsichtlich Anzahl und tageszeitlicher Verteilung der Messtermine, was die Vergleichbarkeit der Ergebnisse in gewissem Maße einschränkt. Die relative Feuchte kann in Kombination mit der Temperatur benutzt werden, um Schwüle- und Behaglichkeitsbereiche abzugrenzen.

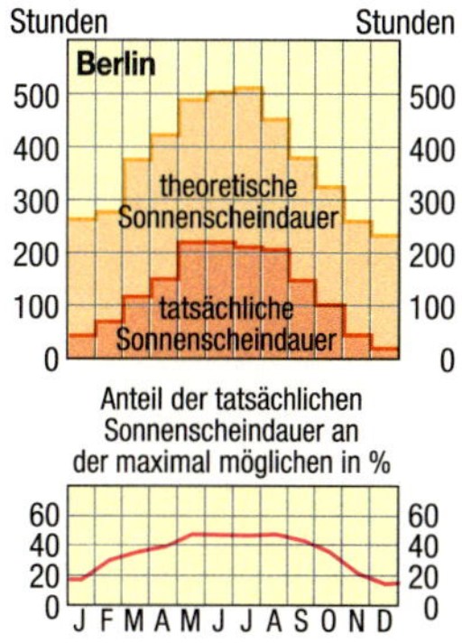

M 28: *Theoretische und tatsächliche Sonnenscheindauer am Beispiel Berlin*

Monatssummen der tatsächlichen Sonnenscheindauer

Die Zahl der Sonnenscheinstunden ist für verschiedene Bereiche (z.B. Landwirtschaft, Energiegewinnung, Tourismus) von praktischem Interesse. Während die im Tabellenteil aufgeführten Monatssummen der tatsächlichen Sonnenscheindauer von Sonnenstand (beeinflusst durch geographische Breite und Jahreszeit), Horizontbegrenzung und Bewölkungsverhältnissen abhängen, ist die theoretische bzw. astronomisch mögliche Sonnenscheindauer auf einer Horizontalebene ohne horizontüberhöhende Hindernisse einzig und allein vom Sonnenstand beeinflusst. Einfacher gesagt, entspricht die theoretische tägliche Sonnenscheindauer exakt der Zeit zwischen Sonnenaufgang und Sonnenuntergang (vgl. M28).

Die potenzielle Verdunstung

Zur Quantifizierung der potenziellen Verdunstung (pV) sind verschiedene Mess- (z.B. Class-A-Pan, Lysimeter) und Berechnungsverfahren angewandt worden, die entsprechend unterschiedliche Daten erbringen (z.B. Penman, Papadakis). Der Vorteil des vorliegenden Tabellenwerkes besteht darin, dass den pV-Werten eine einheitliche Formel zugrunde liegt, wie sie von Lauer/-Frankenberg erarbeitet und 1981 zum ersten Mal publiziert wurde. Die monatlichen pV-Werte werden demnach wie folgt berechnet:

$$pV = \frac{t_{ae} \cdot S^{0,98}}{12}$$

t_{ae} = Äquivalenttemperatur
S = relatives Sättigungsdefizit (100 - rF)

Physikalisch integriert diese Formel die wesentlichen Einflussgrößen der Verdunstung. Die für den Verdunstungsvorgang zur Verfügung stehende Energie ist durch die Äquivalenttemperatur vertreten, die sich als Maß für den Gesamtwärmehaushalt der Luft aus latenter (im atmosphärischen Wasserdampf gebundener) und fühlbarer (mit dem Thermometer messbarer) Wärme zusammensetzt. Die Aufnahmefähigkeit der Luft für Wasserdampf wird in der Formel durch das Sättigungsdefizit repräsentiert. Die pV entspricht der Verdunstung freier Wasserflächen.

Die potenzielle Landschaftsverdunstung

Die pV-Werte bilden den Ausgangspunkt zur Berechnung der potenziellen Landschaftsverdunstung (pLV). Da der Verdunstungsanspruch realer Landschaften je nach Vegetationstyp und Jahreszeit mehr oder weniger starken Schwankungen unterliegt, wurden auf der Basis der pflanzenphysiologischen Literatur jahreszeitlich differenzierte Umrechnungsfaktoren abgeleitet (Uf), mit deren Hilfe die monatliche pLV wie folgt bestimmt werden kann:

$$pLV = pV \cdot Uf$$

Die Uf-Beträge sind über den Quotienten pLV/pV indirekt den Tabellen zu entnehmen und werden unter Verwendung einer Weltkarte (s. DIERCKE-Weltatlas S. 226/227) interpretierbar: Dem hohen Verdunstungspotenzial tropischer Regenwälder Rechnung tragend, erreichen die Umrechnungsfaktoren an den entsprechenden Stationen Spitzenwerte von 1,5 (d. h. die Wälder sind dank ihrer aktiven Transpiration in der Lage, phasenweise mehr zu verdunsten als freie Wasserflächen), um in den Wüstenregionen auf 0,2 abzusinken. Innerhalb der Vegetationsperiode, die in den Tropen hygrisch (nach Schwellenwerten der monatlichen Niederschlagssummen), in den Mittelbreiten und Polarregionen thermisch (nach Schwellenwerten der Monatsmitteltemperaturen) und in den Subtropen hygrothermisch abgegrenzt wurden, nehmen die Umrechnungsfaktoren jeweils höhere Werte an als während der Ruhephasen des Pflanzenwachstums. Während Phasen der Schneebedeckung mit z. T. negativen pV-Werten wurde die pLV allein aus den jeweiligen Monatsmitteltemperaturen abgeleitet und schwankt dann zwischen 1 und 15 mm.

hygrothermisch: *bezogen auf die Temperaturverhältnisse und den Wasserhaushalt*

Differenz Niederschlag – potenzielle Landschaftsverdunstung

Eine präzise Methode zur Abgrenzung humider und arider Monate besteht in der Bilanzierung von Niederschlag (N) und potenzieller Landschaftsverdunstung (pLV) (vgl. M 29). Es bedeuten:

$N \geq pLV$ bzw. $N - pLV \geq 0$ landschaftsökologisch humid

$N < pLV$ bzw. $N - pLV < 0$ landschaftsökologisch arid

Da konsequent in mm-Beiträgen gerechnet wird, ist eine exakte Quantifizierung des mittleren monatlichen Wasserüberschusses bzw. -defizits möglich. Allerdings geht auf der „Habenseite" der Wasserbilanz lediglich das Niederschlagswasser ein. Daher sind nur Aussagen zur aerischen Humidität/Aridität zulässig. Durch Nutzung des während humider Phasen im Boden gespeicherten Überschusswassers ergeben sich jedoch in der Regel Phasen edaphischer Humidität, in denen die Pflanzen den Differenzbetrag N-pLV ganz oder teilweise aus dem im Boden gespeicherten Wasser beziehen können.

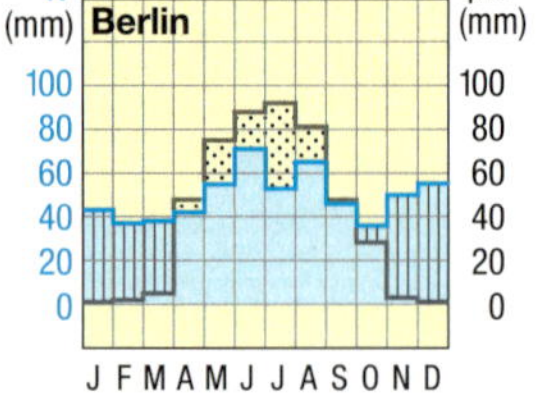

M 29: *Jahresgänge von Niederschlag und potenzieller Landschaftsverdunstung am Beispiel Berlin*

3.2 Globales Datennetz und Stationsauswahl

Die nationalen Wetterdienste unterhalten ein weltweites Netz von insgesamt rund 9.000 hauptamtlichen Klimastationen, die mehrmals täglich Wettermessungen und -beobachtungen durchführen. Die Daten werden über die Wetterdienste der einzelnen Länder an mehrere Wetterzentralen weltweit übermittelt, die ihre Daten untereinander austauschen.

Diesen so genannten synoptischen Stationen kommt vor allem für die Wettervorhersage eine wichtige Bedeutung zu. Ihre Daten dienen als Grundlage für die computergestützten Vorhersagemodelle, mit denen das

M 30: *Verteilung der Klimastationen in Europa*

M 31: *Verteilung der Klimastationen weltweit*

Kap Tscheljuskin 237
Archangelsk 238
Moskau 240
Omsk 241
Jakutsk 239
Irkutsk 243
Petropawlowsk 242
Sapporo 257
Tokio 258
Almaty 244
Ankara 245
Bagdad 247
Teheran 250
Kabul 251
Jerusalem 246
Kairo 129
Riad 248
Jodhpur 252
Kalkutta 253
Xi'an 256
Tsingtau 255
Khartum 134
Riyan 249
Madras 254
Bangkok 259
Jimma 135
Singapur 260
Daressalam 136
Lilongwe 140
Antananarivo 143
Harare 141
Darwin 374
Perth 376
Kalgoorlie 375
Sydney 377
Melbourne 378
Dunedin 379
Wostok 525
Mc Murdo 524
261
262
263
264
265
266
267
268
269
270
271
272
273
274
275
276
277
278
279
280
281
282
283
284
285
286
287
288
289
290
291
292
293
294
295
296
297
298
299
300
301
302
303
304
305
306
307
308
309
310
311
312
313
314
315
316
317
318
319
320
321
322
323
324
325
326
327
328
329
330
331
332
333
334
335
336
337
338
339
340
341
342
343
344
345
346
347
348
349
350
351
352
353
354
355
356
357
358
359
360
361
362
363
364
365
366
367
368
369
370
371
372
373
380
381
382
383
384
145
146
147
177
178
179
180
181
182
183
184
185
186
187
188
189
190
220
221
222
223
224
225
226
227
228
229
230
231
232
233
236
40°
60°
80°
100°
120°
140°
160°
180°
66,5°
23,5°
20°
● erweiterte Tabelle
○ Standardtabelle

Wetter für die kommenden Tage vorausberechnet wird. Neben solchen ständig besetzten Stationen ist in vielen Ländern ein mehr oder weniger dichtes Netz an Klimastationen eingerichtet, bei denen Messumfang und Messhäufigkeit eingeschränkt sind. Zumeist werden dort zu den so genannten „Mannheimer Stunden" – um 7, 14 und 21 Uhr mittlerer Ortszeit – Messungen der wichtigsten Klimaelemente wie Temperatur, relativer Luftfeuchtigkeit und Niederschlag sowie der jeweiligen Maxima und Minima seit der letzten Messung vorgenommen. Die Messergebnisse werden in der Regel monatlich an die jeweiligen Wetterdienste gemeldet. Aus ihnen lassen sich ebenso wie aus den Daten der hauptamtlichen Stationen entsprechende Tagesmittel und Summen berechnen (vgl. Kap. 3.1). In vielen, klimatisch extremen und menschenarmen Regionen der Erde – zum Beispiel Wüsten- oder Polargebieten – ebenso wie auf den Ozeanen können Klimastationen jedoch nur schwer betrieben werden. Daher weist das globale Stationsnetz von vornherein eine sehr unterschiedliche Dichte, mitunter auch größere Lücken auf (vgl. M30 u. M31). Da zudem die Kontinuität der Messungen und ein gleich bleibendes Messumfeld über mindestens 30 Jahre oftmals nur unzureichend gegeben ist (Stationsschließungen und -verlegungen, Datenverluste etc.), reduziert sich die Zahl der weltweit zur Verfügung stehenden Stationen weiter.

Die in diesem Band enthaltenen Klimatabellen beziehen sich auf die langjährigen Mittel der einzelnen Parameter für die von der World Meteorological Organization (WMO) festgelegte Standardperiode 1961-1990. Frei verfügbare Daten der WMO wurden dabei durch Stationsdaten aus der Klimadatenbank des Deutschen Wetterdienstes (DWD) ergänzt. Ziel war es, die in der vorherigen Ausgabe („Das Klimatabellenbuch") enthaltenen Stationen beizubehalten oder, wo dies nicht möglich war, durch nahe gelegene Nachbarstationen zu ersetzen. Da sich die Klimadaten der Erstausgabe auf Zeitreihen der Standardperiode 1931-1960 beziehen, sind Klimaveränderungen durch einen Vergleich der alten Werte mit denen der aktuellen Ausgabe leicht zu erkennen. Die Neuausgabe stellt für die Standardperiode von 1961-1990 die Daten von weltweit 525 Klimastationen zur Verfügung.

4 Klimatabellen – eine globale Auswahl von Klimadaten

Klimatabellen erlauben eine detaillierte Untersuchung der klimatischen Gegebenheiten verschiedener Regionen für zahlreiche geographische Fragestellungen. Der Tabellenteil enthält die Daten von 525 Stationen auf allen sechs Kontinenten. Für jede Station sind für die aktuelle Standardperiode 1961–1990 die monatlichen und jährlichen Mittelwerte bzw. Summen von Temperatur, Niederschlag und Verdunstung angegeben. Einige Tabellen sind um weitere Klimaelemente ergänzt.

Europa

1 Reykjavik / Island

64° 08′ N / 21° 54′ W · Höhe ü. NN: 61 m

		J	F	M	A	M	J	J	A	S	O	N	D	Jahr
t	°C	-0,5	0,4	0,5	2,9	6,3	9,0	10,6	10,3	7,4	4,4	1,1	0,2	4,3
tmax	°C	1,9	2,8	3,2	5,7	9,4	11,7	13,3	13,0	10,1	6,8	3,4	2,2	7,0
tmin	°C	-3,0	-2,1	-2,0	0,4	3,6	6,7	8,3	7,9	5,0	2,2	-1,3	-2,8	1,9
N	mm	76	72	82	58	44	50	52	62	67	86	73	79	799
Nd	Tage	13	13	14	12	10	11	10	12	12	15	13	14	148
So	h	27	52	111	140	192	161	171	155	125	83	39	12	1268
rF	%	78	79	77	78	76	79	81	81	79	80	79	79	79
pV	mm	12	14	14	21	33	37	39	38	32	24	15	12	292
pLV	mm	4	4	4	6	16	19	20	19	16	12	5	4	128
N-pLV	mm	72	68	77	52	27	31	32	43	50	74	68	75	

2 Tromsø / Norwegen

69° 41′ N / 18° 55′ E · Höhe ü. NN: 8 m

		J	F	M	A	M	J	J	A	S	O	N	D	Jahr
t	°C	-3,8	-3,7	-2,3	0,7	5,1	9,2	11,8	10,9	6,9	3,2	-0,6	-2,7	2,9
tmax	°C	-2,0	-1,6	0,1	3,3	7,8	12,7	15,4	13,8	9,2	4,6	1,1	-1,1	5,3
tmin	°C	-6,2	-6,0	-4,7	-2,0	2,3	6,2	8,4	7,9	4,3	0,8	-2,6	-5,1	0,3
N	mm	92	86	69	61	46	55	73	79	100	129	105	105	1000
Nd	Tage	13	12	11	11	10	10	13	13	15	17	15	15	155
So	h	3	32	112	160	218	221	205	167	92	49	6	0	1265
rF	%	78	77	72	73	71	72	77	78	80	78	79	77	76
pV	mm	3	4	8	17	32	48	50	45	30	22	11	6	275
pLV	mm	10	10	12	5	10	24	25	23	15	7	3	10	153
N-pLV	mm	82	76	57	56	36	31	48	56	85	122	102	95	

3 Bergen / Norwegen

60° 23′ N / 5° 20′ E · Höhe ü. NN: 12 m

		J	F	M	A	M	J	J	A	S	O	N	D	Jahr
t	°C	1,5	1,6	3,3	5,9	10,5	13,5	14,5	14,4	11,5	8,7	4,7	2,6	7,7
tmax	°C	3,5	3,8	6,0	9,0	14,1	17,0	18,2	17,9	14,6	11,3	6,8	4,6	10,6
tmin	°C	-0,5	-0,5	0,4	3,0	6,6	10,1	11,5	11,4	9,0	6,5	2,7	0,8	5,1
N	mm	190	152	170	114	106	132	148	190	283	271	259	235	2250
Nd	Tage	20	15	17	13	14	11	15	17	20	22	17	21	202
So	h	19	56	94	147	185	189	167	144	86	60	27	12	1186
rF	%	78	76	73	72	72	76	77	78	79	78	78	79	76
pV	mm	17	18	25	34	52	57	60	57	45	38	26	19	449
pLV	mm	10	11	15	21	67	74	77	74	59	23	16	15	462
N-pLV	mm	180	141	155	93	39	58	71	116	224	248	243	220	

t Mitteltemperatur

tmax mittleres Maximum der Temperatur

tmin mittleres Minimum der Temperatur

N mittlerer Niederschlag

Nd Tage mit Niederschlag > 0,1 mm

So Monatssummen der tatsächlichen Sonnenscheindauer

rF relative Feuchte

pV potenzielle Verdunstung

pLV potenzielle Landschaftsverdunstung

N-pLV Klimatische Wasserbilanz. Positive Werte = humide Monate; negative Werte = aride Monate

4 Stockholm / Schweden

59° 20′ N / 18° 03′ E · Höhe ü. NN: 52 m

		J	F	M	A	M	J	J	A	S	O	N	D	Jahr
t	°C	-2,8	-3,0	0,1	4,6	10,7	15,6	17,2	16,2	11,9	7,5	2,6	-1,0	6,6
tmax	°C	-0,7	-0,6	3,0	8,6	15,7	20,7	21,9	20,4	15,1	9,9	4,5	1,1	10,0
tmin	°C	-5,0	-5,3	-2,7	1,1	6,3	11,3	13,4	12,7	9,0	5,3	0,7	-3,2	3,6
N	mm	39	27	26	30	30	45	72	66	55	50	53	46	539
Nd	Tage	10	7	7	7	7	7	10	10	10	9	11	10	104
So	h	40	72	135	185	276	292	260	221	154	99	54	33	1821
rF	%	93	90	80	71	66	65	69	72	77	82	87	90	78
pV	mm	2	3	12	31	62	89	91	79	50	29	13	5	465
pLV	mm	12	12	7	19	81	115	119	102	65	17	8	3	559
N-pLV	mm	27	15	19	11	-51	-70	-47	-36	-10	33	45	43	

5 Kopenhagen / Dänemark

55° 41′ N / 12° 33′ E · Höhe ü. NN: 9 m

		J	F	M	A	M	J	J	A	S	O	N	D	Jahr
t	°C	0,1	-0,1	2,0	5,6	10,9	15,0	16,4	16,3	13,3	9,6	5,1	1,8	8,0
tmax	°C	2,0	2,1	4,8	9,6	15,1	19,4	20,5	20,4	16,8	12,2	7,2	3,7	11,2
tmin	°C	-2,0	-2,3	-0,4	2,3	7,0	11,1	12,8	12,5	10,0	6,9	-0,2	0,5	4,9
N	mm	53	33	43	42	45	55	74	61	62	58	65	61	652
Nd	Tage	11	8	9	8	8	8	10	10	10	9	12	11	114
So	h	40	65	115	188	259	242	249	234	151	100	61	35	1739
rF	%	86	84	82	76	72	72	73	75	79	83	84	86	79
pV	mm	9	10	15	30	55	73	78	73	52	33	20	12	458
pLV	mm	2	2	3	6	55	73	78	73	52	33	4	11	390
N-pLV	mm	51	31	40	36	-10	-18	-4	-12	10	25	61	50	

6 Belfast / Nordirland

54° 39′ N / 6° 13′ W · Höhe ü. NN: 68 m

		J	F	M	A	M	J	J	A	S	O	N	D	Jahr
t	°C	3,8	3,9	5,4	7,5	10,2	13,2	14,7	14,4	12,4	9,9	6,0	4,6	8,8
tmax	°C	6,5	6,8	8,8	11,5	14,4	17,3	18,5	18,2	15,9	13,0	8,9	7,3	12,2
tmin	°C	1,1	1,1	2,0	3,5	6,1	9,1	10,9	10,7	9,0	6,9	3,1	2,0	5,4
N	mm	86	58	67	53	60	63	64	80	85	88	78	78	858
Nd	Tage	15	11	14	11	13	12	11	13	13	14	13	14	155
So	h	45	67	98	154	184	170	148	139	109	85	59	39	1296
rF	%	86	82	81	78	78	78	79	81	83	85	85	86	83
pV	mm	16	20	25	34	43	54	57	51	41	31	21	17	411
pLV	mm	3	4	5	34	43	54	57	51	41	31	4	3	331
N-pLV	mm	83	54	62	19	17	9	7	29	44	57	74	75	

t Mitteltemperatur

tmax mittleres Maximum der Temperatur

tmin mittleres Minimum der Temperatur

N mittlerer Niederschlag

Nd Tage mit Niederschlag > 0,1 mm

So Monatssummen der tatsächlichen Sonnenscheindauer

rF relative Feuchte

pV potenzielle Verdunstung

pLV potenzielle Landschaftsverdunstung

N-pLV Klimatische Wasserbilanz. Positive Werte = humide Monate; negative Werte = aride Monate

7 London / Großbritannien

51° 09′ N / 0° 11′ W · Höhe ü. NN: 59 m

		J	F	M	A	M	J	J	A	S	O	N	D	Jahr
t	°C	3,5	3,8	5,7	8,0	11,3	14,4	16,5	16,1	13,8	10,7	6,4	4,5	9,5
tmax	°C	6,7	7,1	9,9	12,6	16,3	19,6	21,7	21,4	18,8	15,0	10,1	7,7	13,9
tmin	°C	0,4	0,5	1,5	3,4	6,3	9,3	11,3	10,9	8,8	6,4	2,8	1,3	5,2
N	mm	78	51	61	54	55	57	45	56	68	73	77	79	754
Nd	Tage	13	9	11	10	10	8	7	9	9	10	11	12	119
So	h	52	71	113	153	204	204	205	195	148	111	69	48	1574
rF	%	86	83	80	77	77	76	77	79	82	84	86	87	82
pV	mm	15	19	26	37	48	62	70	63	48	34	21	16	461
pLV	mm	3	4	5	37	48	62	70	63	48	34	21	3	400
N-pLV	mm	75	47	56	17	7	-5	-25	-7	20	39	56	76	

8 Luxemburg / Luxemburg

49° 37′ N / 6° 13′ E · Höhe ü. NN: 380 m

		J	F	M	A	M	J	J	A	S	O	N	D	Jahr
t	°C	0,0	1,1	4,0	7,5	11,8	14,9	16,9	16,4	13,4	9,1	3,8	1,0	8,3
tmax	°C	2,3	4,2	8,0	12,1	16,8	19,9	22,0	21,0	18,2	13,0	6,6	3,3	12,3
tmin	°C	-2,3	-1,8	0,6	3,3	7,1	10,2	12,0	11,8	9,3	5,7	1,2	-1,3	4,8
N	mm	71	62	70	61	81	82	68	72	70	75	83	80	876
Nd	Tage	13	10	11	11	11	11	9	11	9	10	11	11	129
So	h	44	81	118	164	206	210	233	208	159	109	56	43	1630
rF	%	90	83	77	71	70	71	70	74	79	85	88	90	79
pV	mm	7	13	24	42	61	74	86	74	52	29	14	8	485
pLV	mm	4	8	15	25	80	97	112	97	68	23	8	5	540
N-pLV	mm	67	54	55	36	2	-14	-43	-24	2	52	75	75	

9 Berlin / Deutschland

52° 28′ N / 13° 18′ E · Höhe ü. NN: 58 m

		J	F	M	A	M	J	J	A	S	O	N	D	Jahr
t	°C	-0,4	0,6	4,0	8,4	13,5	16,7	17,9	17,2	13,5	9,3	4,6	1,2	8,9
tmax	°C	1,8	3,5	7,9	13,1	18,6	21,8	23,1	22,8	18,7	13,3	7,0	3,2	12,9
tmin	°C	-2,9	-2,2	0,5	3,9	8,2	11,4	12,9	12,4	9,4	5,9	2,1	-1,1	5,1
N	mm	43	37	38	42	55	71	53	65	46	36	50	55	589
Nd	Tage	10	9	8	9	10	10	9	9	9	8	10	11	112
So	h	45	72	122	158	222	221	218	210	156	111	52	37	1625
rF	%	91	86	76	69	66	69	70	73	81	85	87	92	79
pV	mm	6	10	25	48	75	88	92	81	48	28	16	7	523
pLV	mm	1	2	5	48	75	88	92	81	48	28	3	1	473
N-pLV	mm	42	35	33	-6	-20	-17	-39	-16	-2	8	47	54	

t	Mitteltemperatur
tmax	mittleres Maximum der Temperatur
tmin	mittleres Minimum der Temperatur
N	mittlerer Niederschlag
Nd	Tage mit Niederschlag > 0,1 mm
So	Monatssummen der tatsächlichen Sonnenscheindauer
rF	relative Feuchte
pV	potenzielle Verdunstung
pLV	potenzielle Landschaftsverdunstung
N-pLV	Klimatische Wasserbilanz. Positive Werte = humide Monate; negative Werte = aride Monate

10 Warschau / Polen
52° 17′ N / 20° 58′ E · Höhe ü. NN: 98 m

		J	F	M	A	M	J	J	A	S	O	N	D	Jahr
t	°C	-3,3	-2,1	1,9	7,7	13,5	16,7	18,0	17,3	13,1	8,2	3,2	-0,9	7,8
tmax	°C	-0,7	1,0	6,0	12,9	18,8	22,0	23,3	22,9	18,3	12,7	5,9	1,4	12,0
tmin	°C	-6,1	-5,0	-1,5	3,0	8,0	11,3	12,6	12,1	8,7	4,5	0,8	-3,4	3,7
N	mm	22	21	26	33	58	71	69	62	43	37	41	32	515
Nd	Tage	6	6	7	7	9	9	9	8	8	7	9	8	93
So	h	42	67	108	155	218	230	235	219	143	102	41	29	1589
rF	%	94	92	83	73	71	71	72	74	81	86	91	94	82
pV	mm	2	3	14	40	68	84	89	80	47	24	10	3	465
pLV	mm	13	13	3	40	68	84	89	80	47	24	2	1	464
N-pLV	mm	9	8	23	-7	-10	-13	-20	-18	-4	13	39	31	

11 Bordeaux / Frankreich
44° 50′ N / 0° 42′ W · Höhe ü. NN: 49 m

		J	F	M	A	M	J	J	A	S	O	N	D	Jahr
t	°C	5,5	6,7	8,4	11,1	14,4	17,7	20,0	19,5	17,4	13,5	8,6	6,1	12,4
tmax	°C	9,4	11,2	13,7	16,3	19,7	23,2	26,0	25,6	23,7	18,9	13,1	9,9	17,6
tmin	°C	2,3	3,1	3,9	6,3	9,5	12,4	14,4	14,2	12,2	9,1	5,1	2,9	8,0
N	mm	100	86	74	64	74	61	52	60	77	87	92	105	932
Nd	Tage	13	12	12	11	11	9	7	8	9	10	12	12	125
So	h	87	110	161	189	211	243	276	248	207	164	102	84	2082
rF	%	88	84	78	76	77	76	75	76	79	85	87	88	81
pV	mm	17	24	37	49	60	77	91	85	67	39	24	18	587
pLV	mm	3	5	37	49	60	77	91	85	67	39	24	4	541
N-pLV	mm	97	81	37	15	14	-16	-39	-25	10	48	68	101	

12 Bukarest / Rumänien
44° 30′ N / 26° 08′ E · Höhe ü. NN: 90 m

		J	F	M	A	M	J	J	A	S	O	N	D	Jahr
t	°C	-2,4	-0,1	4,8	11,3	16,7	20,2	22,0	21,2	16,9	10,8	5,2	0,2	10,6
tmax	°C	1,5	4,1	10,5	18,0	23,3	26,8	28,8	28,5	24,6	18,0	10,0	3,8	16,5
tmin	°C	-5,5	-3,3	0,3	5,6	10,5	14,0	15,6	15,0	11,1	5,7	1,6	-2,6	5,7
N	mm	40	36	38	46	70	77	64	58	42	32	49	43	595
Nd	Tage	6	6	6	7	6	6	7	6	5	5	6	6	76
So	h	71	85	138	185	246	266	289	281	224	177	88	63	2112
rF	%	94	89	78	69	68	69	67	67	72	79	88	92	78
pV	mm	2	7	26	60	90	109	125	118	83	42	16	6	685
pLV	mm	13	1	5	60	90	109	125	118	83	42	3	1	652
N-pLV	mm	27	35	33	-14	-20	-32	-61	-60	-41	-10	46	42	

t	Mitteltemperatur
tmax	mittleres Maximum der Temperatur
tmin	mittleres Minimum der Temperatur
N	mittlerer Niederschlag
Nd	Tage mit Niederschlag > 0,1 mm
So	Monatssummen der tatsächlichen Sonnenscheindauer
rF	relative Feuchte
pV	potenzielle Verdunstung
pLV	potenzielle Landschaftsverdunstung
N-pLV	Klimatische Wasserbilanz. Positive Werte = humide Monate; negative Werte = aride Monate

13 Lissabon, / Portugal
38° 43′ N / 9° 09′ W · Höhe ü. NN: 95 m

		J	F	M	A	M	J	J	A	S	O	N	D	Jahr
t	°C	11,4	12,3	13,7	15,1	17,4	20,2	22,4	22,8	21,7	18,5	14,5	11,8	16,8
tmax	°C	14,5	15,6	17,6	19,1	21,7	24,8	27,4	27,9	26,4	22,4	17,8	14,8	20,8
tmin	°C	8,2	9,0	9,9	11,1	13,0	15,6	17,4	17,7	17,0	14,6	11,2	8,9	12,8
N	mm	110	111	69	64	39	21	5	6	26	80	114	108	753
Nd	Tage	11	11	8	8	6	3	1	1	4	8	10	10	81
So	h	144	151	208	235	291	302	352	343	261	213	157	142	2799
rF	%	80	78	71	69	66	66	63	61	67	72	77	79	70
pV	mm	44	50	69	79	99	116	137	146	121	90	61	47	1059
pLV	mm	30	35	48	56	69	46	55	58	85	63	42	33	622
N-pLV	mm	80	76	21	8	−30	−25	−50	−52	−59	17	72	75	

14 La Coruña / Spanien
43° 22′ N / 8° 25′ W · Höhe ü. NN: 67 m

		J	F	M	A	M	J	J	A	S	O	N	D	Jahr
t	°C	10,4	10,5	11,3	12,1	14,1	16,4	18,4	18,8	18,1	15,7	12,6	10,9	14,1
tmax	°C	13,0	13,3	14,4	15,1	17,1	19,5	21,6	22,1	21,5	18,9	15,5	13,5	17,1
tmin	°C	7,5	7,7	8,2	9,2	11,1	13,4	15,2	15,6	14,7	12,6	9,8	8,3	11,1
N	mm	131	104	86	83	78	49	25	29	63	104	116	128	996
Nd	Tage	16	16	13	12	13	8	4	6	7	11	12	14	132
So	h	103	111	148	167	199	220	248	236	175	155	110	93	1964
rF	%	78	78	75	77	79	80	79	79	78	79	80	80	79
pV	mm	43	44	51	51	55	62	71	73	72	60	47	41	669
pLV	mm	43	44	51	51	55	62	71	73	72	60	47	41	669
N-pLV	mm	88	60	35	32	23	−13	−46	−44	−10	44	69	87	

15 Madrid / Spanien
40° 27′ N / 3° 33′ W · Höhe ü. NN: 582 m

		J	F	M	A	M	J	J	A	S	O	N	D	Jahr
t	°C	5,5	7,0	9,3	11,6	15,5	20,4	24,3	23,8	20,3	14,5	8,9	5,9	13,9
tmax	°C	8,5	11,0	14,9	18,4	21,2	26,9	30,8	29,5	25,0	18,5	12,8	8,8	18,9
tmin	°C	1,5	2,2	5,2	7,4	10,2	14,6	17,4	17,1	14,1	9,5	5,3	2,2	8,9
N	mm	42	45	30	45	39	26	9	9	28	38	59	44	412
Nd	Tage	8	8	7	7	7	5	2	1	4	6	7	8	70
So	h	137	155	202	214	270	296	350	335	249	204	147	122	2679
rF	%	79	73	64	63	59	53	45	45	54	67	77	80	63
pV	mm	27	38	57	71	99	143	190	185	140	80	40	27	1095
pLV	mm	11	15	40	49	69	57	76	74	98	56	16	11	572
N-pLV	mm	31	29	−11	−5	−31	−31	−67	−65	−70	−18	43	33	

t Mitteltemperatur
tmax mittleres Maximum der Temperatur
tmin mittleres Minimum der Temperatur
N mittlerer Niederschlag
Nd Tage mit Niederschlag > 0,1 mm
So Monatssummen der tatsächlichen Sonnenscheindauer
rF relative Feuchte
pV potenzielle Verdunstung
pLV potenzielle Landschaftsverdunstung
N-pLV Klimatische Wasserbilanz. Positive Werte = humide Monate; negative Werte = aride Monate

16 Genua / Italien
44° 25′ N / 8° 51′ E · Höhe ü. NN: 3 m

		J	F	M	A	M	J	J	A	S	O	N	D	Jahr
t	°C	8,0	8,8	11,1	13,7	17,3	20,7	23,9	23,9	21,0	17,2	12,2	9,1	15,6
tmax	°C	10,9	11,8	14,2	16,8	20,5	23,9	27,2	27,2	24,3	20,3	15,1	12,0	18,7
tmin	°C	5,0	5,7	7,9	10,6	14,1	17,5	20,6	20,5	17,7	14,0	9,3	6,1	12,4
N	mm	106	95	106	85	76	53	27	81	99	153	111	81	1072
Nd	Tage	7	7	8	8	7	5	3	6	6	8	8	6	78
So	h	118	126	158	192	220	246	295	267	201	174	111	112	2218
rF	%	61	63	61	70	71	71	67	66	66	66	64	64	66
pV	mm	54	56	70	70	87	106	138	140	121	96	72	56	1066
pLV	mm	21	22	28	56	69	84	110	112	96	77	58	22	758
N-pLV	mm	85	73	78	29	6	-31	-83	-32	2	76	53	59	

17 Dubrovnik / Kroatien
42° 39′ N / 18° 6′ E · Höhe ü. NN: 49 m

		J	F	M	A	M	J	J	A	S	O	N	D	Jahr
t	°C	8,6	9,3	10,6	13,9	18,1	22,0	24,6	24,5	21,5	17,1	13,5	10,4	16,2
tmax	°C	11,5	12,2	13,9	17,3	21,3	25,4	28,2	28,3	25,4	21,0	16,6	13,2	19,5
tmin	°C	5,6	5,8	7,6	10,7	14,6	18,6	21,1	20,9	18,0	14,1	10,4	7,3	12,9
N	mm	147	113	102	92	79	60	24	38	97	156	213	180	1301
Nd	Tage	11	11	9	8	8	4	3	3	6	9	13	13	98
So	h	127	130	167	201	264	306	353	335	261	214	117	99	2574
rF	%	66	68	67	67	70	68	63	63	67	66	69	72	67
pV	mm	52	53	60	77	93	122	155	154	121	96	71	52	1106
pLV	mm	21	21	42	54	65	49	62	108	85	67	50	37	660
N-pLV	mm	126	92	60	38	14	11	-38	-70	12	89	163	143	

18 Iraklion [Kreta] / Griechenland
35° 20′ N / 25° 11′ E · Höhe ü. NN: 39 m

		J	F	M	A	M	J	J	A	S	O	N	D	Jahr
t	°C	12,0	12,2	13,6	16,6	20,3	24,3	26,1	25,9	23,5	19,9	16,6	13,8	18,7
tmax	°C	15,2	15,5	16,8	20,2	23,5	27,3	28,6	28,4	26,4	23,1	20,1	17,0	21,8
tmin	°C	9,0	9,0	9,8	12,0	14,9	19,0	21,7	21,7	19,3	16,5	13,4	10,9	14,8
N	mm	92	77	57	30	15	3	1	1	20	69	59	77	500
Nd	Tage	10	9	7	3	2	1	0	0	1	5	6	9	53
So	h	116	121	178	227	301	351	372	346	281	198	149	121	2760
rF	%	68	67	66	62	61	57	57	58	61	66	67	68	63
pV	mm	66	69	77	101	128	168	184	179	151	114	91	76	1405
pLV	mm	53	55	62	40	51	67	74	72	61	91	73	61	759
N-pLV	mm	38	22	-4	-10	-36	-64	-73	-71	-41	-23	-14	16	

t	Mitteltemperatur
tmax	mittleres Maximum der Temperatur
tmin	mittleres Minimum der Temperatur
N	mittlerer Niederschlag
Nd	Tage mit Niederschlag > 0,1 mm
So	Monatssummen der tatsächlichen Sonnenscheindauer
rF	relative Feuchte
pV	potenzielle Verdunstung
pLV	potenzielle Landschaftsverdunstung
N-pLV	Klimatische Wasserbilanz. Positive Werte = humide Monate; negative Werte = aride Monate

19 Simferopol [Krim] / Ukraine

44° 41′ N / 34° 08′ E · Höhe ü. NN: 181 m

		J	F	M	A	M	J	J	A	S	O	N	D	Jahr
t	°C	-0,3	0,3	3,6	10,2	15,2	19,1	21,4	21,0	16,6	10,8	6,3	2,4	10,6
tmax	°C	3,1	3,8	8,2	15,7	21,2	25,2	28,1	27,8	23,1	17,2	11,1	6,0	15,9
tmin	°C	-4,4	-4,1	-1,1	4,2	9,4	13,3	15,6	15,1	10,8	6,4	2,4	-1,4	5,5
N	mm	42	33	37	33	44	53	55	41	37	32	44	54	505
Nd	Tage	8	7	7	6	6	6	5	4	5	5	8	9	75
So	h	88	100	164	211	282	314	341	316	261	204	114	75	2470
rF	%	89	87	77	66	66	64	62	61	66	76	84	89	74
pV	mm	7	9	23	60	85	113	134	133	93	49	23	10	739
pLV	mm	1	2	5	60	85	113	134	133	93	49	5	2	681
N-pLV	mm	41	31	32	-27	-41	-60	-79	-92	-56	-17	39	52	

t	Mitteltemperatur
tmax	mittleres Maximum der Temperatur
tmin	mittleres Minimum der Temperatur
N	mittlerer Niederschlag
Nd	Tage mit Niederschlag > 0,1 mm
So	Monatssummen der tatsächlichen Sonnenscheindauer
rF	relative Feuchte
pV	potenzielle Verdunstung
pLV	potenzielle Landschaftsverdunstung
N-pLV	Klimatische Wasserbilanz. Positive Werte = humide Monate; negative Werte = aride Monate

20 Raufarhöfn / Island
66° 27′ N / 15° 57′ W · Höhe ü. NN: 10 m

		J	F	M	A	M	J	J	A	S	O	N	D	Jahr
t	°C	-2,2	-1,9	-2,2	-0,2	2,9	6,4	8,0	8,0	5,3	2,6	-0,6	-2,0	2,0
N	mm	76	57	66	47	28	39	48	58	73	86	80	76	733
rF	%	79	79	78	80	84	86	88	88	87	86	81	79	83
pV	mm	7	8	7	12	16	21	21	20	17	14	10	8	162
pLV	mm	13	13	13	3	5	11	10	10	9	4	3	13	108
N-pLV	mm	63	44	53	43	23	28	38	48	64	82	77	63	

21 Akureyri / Island
65° 41′ N / 18° 05′ W · Höhe ü. NN: 27 m

		J	F	M	A	M	J	J	A	S	O	N	D	Jahr
t	°C	-2,2	-1,5	-1,3	1,6	5,5	9,1	10,5	10,0	6,3	3,0	-0,4	-1,9	3,2
N	mm	55	43	43	29	19	28	33	34	39	58	54	53	490
rF	%	82	82	82	80	77	75	79	79	80	83	83	83	80
pV	mm	7	8	8	16	29	43	43	40	28	17	10	7	254
pLV	mm	13	13	14	5	14	21	21	20	14	5	3	13	157
N-pLV	mm	42	30	29	24	5	7	12	14	25	53	51	40	

22 Kirkjubaejarklaustur / Island
63° 47′ N / 18° 04′ W · Höhe ü. NN: 38 m

		J	F	M	A	M	J	J	A	S	O	N	D	Jahr
t	°C	-0,4	0,2	0,7	3,2	6,5	9,4	11,2	10,4	7,5	4,5	1,1	-0,4	4,5
N	mm	145	130	131	115	118	131	121	159	141	185	137	133	1645
rF	%	78	79	77	77	76	79	79	81	79	79	77	77	78
pV	mm	12	13	16	22	33	38	44	38	33	24	16	12	302
pLV	mm	9	11	12	18	39	31	35	30	26	29	13	10	264
N-pLV	mm	136	120	118	97	78	100	86	128	114	156	123	123	

23 Vardø / Norwegen
70° 22′ N / 31° 05′ E · Höhe ü. NN: 14 m

		J	F	M	A	M	J	J	A	S	O	N	D	Jahr
t	°C	-5,1	-5,4	-3,6	-1,1	2,5	6,2	9,2	9,1	6,6	2,4	-1,3	-3,7	1,3
N	mm	55	41	34	33	30	42	49	55	54	58	59	53	563
rF	%	86	88	86	84	83	85	87	86	85	84	85	85	85
pV	mm	0	0	3	8	16	22	25	27	23	15	7	3	149
pLV	mm	8	8	11	14	5	11	13	13	11	4	14	11	123
N-pLV	mm	47	33	23	19	25	31	36	42	43	54	45	42	

24 Vaernes / Norwegen
63° 28′ N / 10° 56′ E · Höhe ü. NN: 12 m

		J	F	M	A	M	J	J	A	S	O	N	D	Jahr
t	°C	-3,2	-2,4	0,5	3,9	9,4	12,6	13,9	13,4	9,8	6,1	0,9	-1,5	5,3
N	mm	63	52	54	49	53	68	94	87	113	104	71	84	892
rF	%	81	78	73	73	70	75	79	80	81	81	82	82	78
pV	mm	5	7	16	27	51	57	54	50	37	26	13	8	351
pLV	mm	11	12	13	22	61	46	43	40	29	32	10	14	333
N-pLV	mm	52	40	41	27	-8	22	51	47	84	72	61	70	

t Mitteltemperatur
N Niederschlag
rF relative Feuchte
pV potenzielle Verdunstung
pLV potenzielle Landschaftsverdunstung
N-pLV Klimatische Wasserbilanz.
Positive Werte = humide Monate;
negative Werte = aride Monate

25 Oslo / Norwegen
59° 57′ N / 10° 43′ E · Höhe ü. NN: 94 m

		J	F	M	A	M	J	J	A	S	O	N	D	Jahr
t	°C	-4,3	-4,0	-0,2	4,5	10,8	15,2	16,4	15,2	10,8	6,3	0,7	-3,1	5,7
N	mm	49	36	47	41	53	65	81	89	90	84	73	55	763
rF	%	81	78	72	65	64	65	67	72	76	80	80	81	73
pV	mm	2	3	14	34	64	86	90	73	48	28	14	5	462
pLV	mm	9	10	8	21	83	111	117	95	63	17	8	12	555
N-pLV	mm	40	26	39	20	–30	–46	–36	–6	27	67	65	43	

26 Gunnarn / Schweden
64° 58′ N / 17° 42′ E · Höhe ü. NN: 280 m

		J	F	M	A	M	J	J	A	S	O	N	D	Jahr
t	°C	-12,9	-10,4	-5,8	0,0	7,0	12,9	14,5	12,2	7,0	1,7	-5,6	-11,1	0,8
N	mm	36	28	31	31	39	54	85	67	56	46	48	37	559
rF	%	86	84	77	74	64	60	67	74	81	87	88	88	78
pV	mm	–	–	–	14	47	81	80	56	29	11	0	–	317
pLV	mm	1	3	7	11	56	65	64	45	35	9	7	2	304
N-pLV	mm	35	25	24	20	–17	–11	21	22	21	37	41	35	

27 Göteborg / Schweden
57° 47′ N / 11° 53′ E · Höhe ü. NN: 20 m

		J	F	M	A	M	J	J	A	S	O	N	D	Jahr
t	°C	-1,6	-1,6	1,2	5,2	10,9	14,9	16,2	15,6	12,2	8,5	3,7	0,3	7,1
N	mm	62	41	50	42	51	61	68	77	81	84	84	75	774
rF	%	96	92	86	77	71	73	75	78	81	86	90	95	83
pV	mm	2	4	11	28	56	70	71	63	44	25	11	4	390
pLV	mm	13	13	2	8	56	70	71	63	44	25	2	1	369
N-pLV	mm	49	28	48	34	–5	–9	–3	14	37	59	82	74	

28 Kuusamo / Finnland
65° 58′ N / 29° 11′ E · Höhe ü. NN: 263 m

		J	F	M	A	M	J	J	A	S	O	N	D	Jahr
t	°C	-14,2	-12,9	-8,2	-2,2	5,0	11,7	14,2	11,4	6,1	0,1	-6,2	-11,5	-0,6
N	mm	34	27	29	32	44	61	73	75	60	52	47	37	571
rF	%	94	88	82	76	69	67	71	79	86	86	90	90	81
pV	mm	–	–	–	7	34	66	71	45	20	10	0	–	253
pLV	mm	1	1	4	12	41	53	57	36	24	8	7	1	244
N-pLV	mm	33	26	25	20	3	8	16	39	36	44	40	36	

29 Vaasa / Finnland
63° 03′ N / 21° 46′ E · Höhe ü. NN: 6 m

		J	F	M	A	M	J	J	A	S	O	N	D	Jahr
t	°C	-7,8	-7,8	-3,9	1,7	8,3	13,7	15,7	13,9	9,2	4,6	-0,9	-5,5	3,4
N	mm	30	22	24	26	33	38	58	68	62	52	49	39	500
rF	%	89	87	82	78	68	66	72	79	85	88	90	90	81
pV	mm	–	0	3	17	48	77	77	55	29	15	6	1	326
pLV	mm	5	5	10	13	58	61	62	44	34	12	5	8	316
N-pLV	mm	25	17	14	13	–25	–23	–4	24	28	40	44	31	

t Mitteltemperatur
N Niederschlag
rF relative Feuchte
pV potenzielle Verdunstung
pLV potenzielle Landschaftsverdunstung
N-pLV Klimatische Wasserbilanz. Positive Werte = humide Monate; negative Werte = aride Monate

30 Joensuu / Finnland

62° 40′ N / 29° 38′ E · Höhe ü. NN: 117 m

		J	F	M	A	M	J	J	A	S	O	N	D	Jahr
t	°C	-11,6	-10,7	-5,4	0,7	8,3	14,2	16,4	14,0	8,6	3,2	-2,7	-8,2	2,2
N	mm	37	29	32	35	36	61	75	84	65	59	54	45	612
rF	%	89	87	82	75	65	65	69	77	84	90	90	90	80
pV	mm	–	–	0	16	52	82	86	58	29	11	4	–	336
pLV	mm	2	2	8	12	62	66	69	46	34	9	12	4	326
N-pLV	mm	35	27	24	23	-26	-5	6	38	31	50	42	41	

31 Ålborg / Dänemark

57° 11′ N / 9° 57′ E · Höhe ü. NN: 13 m

		J	F	M	A	M	J	J	A	S	O	N	D	Jahr
t	°C	-0,4	-0,4	1,9	5,6	10,7	14,4	15,7	15,5	12,4	8,9	4,4	1,3	7,5
N	mm	64	42	52	45	56	55	68	69	73	80	82	70	756
rF	%	91	89	86	79	76	77	79	80	83	87	90	91	84
pV	mm	6	7	12	27	48	60	61	58	41	24	12	8	362
pLV	mm	1	1	2	5	48	60	61	58	41	24	2	2	305
N-pLV	mm	63	41	50	40	8	-5	7	11	32	56	80	68	

32 Odense / Dänemark

55° 29′ N / 10° 20′ E · Höhe ü. NN: 15 m

		J	F	M	A	M	J	J	A	S	O	N	D	Jahr
t	°C	0,3	0,3	2,5	6,3	11,4	14,9	16,1	16,1	13,0	9,4	5,1	1,8	8,1
N	mm	50	37	39	38	46	54	61	60	57	62	73	53	630
rF	%	92	91	87	81	76	77	79	78	83	87	90	91	84
pV	mm	6	6	12	27	50	62	62	65	42	26	14	8	380
pLV	mm	1	1	2	5	50	62	62	65	42	26	3	2	322
N-pLV	mm	49	36	37	33	-4	-8	-1	-5	15	36	70	51	

33 Esbjerg / Dänemark

55° 27′ N / 8° 24′ E · Höhe ü. NN: 3 m

		J	F	M	A	M	J	J	A	S	O	N	D	Jahr
t	°C	0,8	0,6	2,6	5,9	10,9	14,3	15,8	16,1	13,6	10,1	5,8	2,6	8,3
N	mm	66	43	53	46	52	57	64	85	91	104	104	86	851
rF	%	91	89	88	83	79	80	81	81	83	87	89	91	85
pV	mm	7	8	12	23	43	53	56	57	44	27	16	9	356
pLV	mm	1	2	2	5	43	53	56	57	44	27	3	2	296
N-pLV	mm	65	41	51	41	9	4	8	28	47	77	101	84	

34 Lerwick [Shetland-Inseln] / Großbritannien

60° 08′ N / 1° 11′ W · Höhe ü. NN: 82 m

		J	F	M	A	M	J	J	A	S	O	N	D	Jahr
t	°C	3,2	3,1	3,8	5,2	7,6	10,0	11,4	11,8	10,1	8,2	5,1	3,9	6,9
N	mm	131	92	114	72	62	60	62	79	118	134	143	142	1210
rF	%	86	85	84	83	84	85	87	88	88	88	86	86	87
pV	mm	15	16	18	22	26	31	31	30	26	21	18	16	270
pLV	mm	9	9	11	13	16	41	40	39	34	17	11	10	249
N-pLV	mm	122	83	103	59	46	19	22	40	84	117	132	132	

t Mitteltemperatur
N Niederschlag
rF relative Feuchte
pV potenzielle Verdunstung
pLV potenzielle Landschaftsverdunstung
N-pLV Klimatische Wasserbilanz. Positive Werte = humide Monate; negative Werte = aride Monate

35 Stornoway [Hebriden] / Großbritannien

58° 13′ N / 6° 19′ W · Höhe ü. NN: 15 m

		J	F	M	A	M	J	J	A	S	O	N	D	Jahr
t	°C	4,2	4,1	5,1	6,4	9,0	11,3	12,7	12,7	11,1	9,1	5,8	4,8	8,0
N	mm	122	86	104	65	61	63	73	84	116	138	133	128	1173
rF	%	86	84	84	84	83	83	85	86	86	87	87	86	87
pV	mm	16	18	20	24	31	37	37	36	31	25	19	18	314
pLV	mm	3	4	4	24	31	37	37	36	31	25	19	4	256
N-pLV	mm	119	82	100	41	30	26	36	48	85	113	114	124	

36 Tiree / Großbritannien

56° 30′ N / 6° 53′ W · Höhe ü. NN: 9 m

		J	F	M	A	M	J	J	A	S	O	N	D	Jahr
t	°C	5,1	4,8	5,8	7,2	9,6	11,9	13,3	13,4	12,1	10,3	7,1	5,9	8,8
N	mm	128	79	96	59	59	61	79	95	130	142	123	121	1172
rF	%	85	84	83	83	83	85	86	86	86	86	84	86	86
pV	mm	19	20	23	27	34	36	37	37	35	29	25	20	341
pLV	mm	4	4	5	27	34	36	37	37	35	29	5	4	255
N-pLV	mm	124	75	91	32	25	25	42	58	95	113	118	117	

37 Edinburgh / Großbritannien

55° 57′ N / 3° 21′ W · Höhe ü. NN: 35 m

		J	F	M	A	M	J	J	A	S	O	N	D	Jahr
t	°C	3,2	3,3	5,1	7,1	9,9	13,0	14,5	14,3	12,3	9,5	5,4	3,9	8,4
N	mm	57	42	51	41	51	51	57	65	67	65	63	58	668
rF	%	83	80	78	76	75	76	77	79	81	82	82	83	81
pV	mm	18	20	27	35	46	57	62	56	45	35	23	19	444
pLV	mm	4	4	5	35	46	57	62	56	45	35	5	4	359
N-pLV	mm	53	38	46	6	5	−6	−5	9	22	30	58	54	

38 Manchester / Großbritannien

53° 21′ N / 2° 16′ W · Höhe ü. NN: 69 m

		J	F	M	A	M	J	J	A	S	O	N	D	Jahr
t	°C	3,8	3,9	5,7	7,9	11,3	14,2	15,8	15,7	13,5	10,6	6,3	4,5	9,4
N	mm	69	50	61	51	61	67	65	79	74	77	78	78	810
rF	%	83	81	77	74	72	74	76	77	79	81	83	84	79
pV	mm	18	20	30	40	57	66	69	67	53	39	25	20	505
pLV	mm	4	4	6	40	57	66	69	67	53	39	5	4	414
N-pLV	mm	65	46	55	11	4	1	−4	12	21	38	73	74	

39 Birmingham / Großbritannien

52° 27′ N / 1° 44′ W · Höhe ü. NN: 98 m

		J	F	M	A	M	J	J	A	S	O	N	D	Jahr
t	°C	3,1	3,1	5,2	7,6	10,6	14,0	15,8	15,4	13,2	10,0	6,0	4,2	9,0
N	mm	57	48	51	49	56	56	46	66	54	52	59	66	660
rF	%	85	84	80	76	76	75	75	78	80	83	84	86	81
pV	mm	15	16	25	37	47	64	70	63	50	34	22	17	462
pLV	mm	3	3	5	37	47	64	70	63	50	34	4	3	385
N-pLV	mm	54	45	46	12	9	−8	−24	3	4	18	55	63	

t Mitteltemperatur
N Niederschlag
rF relative Feuchte
pV potenzielle Verdunstung
pLV potenzielle Landschaftsverdunstung
N-pLV Klimatische Wasserbilanz. Positive Werte = humide Monate; negative Werte = aride Monate

40 Bournemouth / Großbritannien
50° 47′ N / 1° 50′ W · Höhe ü. NN: 10 m

		J	F	M	A	M	J	J	A	S	O	N	D	Jahr
t	°C	4,3	4,4	6,0	8,1	11,3	14,4	16,3	16,1	13,8	11,0	7,0	5,1	9,8
N	mm	89	61	66	48	55	54	40	56	66	80	84	90	789
rF	%	85	83	81	78	78	77	77	79	83	84	84	86	83
pV	mm	18	20	26	36	47	60	68	62	46	35	25	18	460
pLV	mm	4	4	5	36	47	60	68	62	46	35	25	4	395
N-pLV	mm	85	57	61	12	8	−6	−28	−6	20	45	59	86	

41 Plymouth / Großbritannien
50° 21′ N / 4° 07′ W · Höhe ü. NN: 27 m

		J	F	M	A	M	J	J	A	S	O	N	D	Jahr
t	°C	5,9	5,7	6,9	8,8	11,5	14,3	16,1	16,0	14,3	11,9	8,5	7,0	10,5
N	mm	114	92	87	59	61	57	55	69	76	95	101	116	982
rF	%	86	84	82	80	79	80	81	82	83	85	85	86	84
pV	mm	20	22	27	36	45	54	59	56	46	35	28	23	452
pLV	mm	4	4	5	36	45	54	59	56	46	35	28	5	377
N-pLV	mm	110	88	82	23	16	3	−4	13	30	60	73	111	

42 Malin Head / Irland
55° 22′ N / 7° 20′ W · Höhe ü. NN: 25 m

		J	F	M	A	M	J	J	A	S	O	N	D	Jahr
t	°C	5,6	5,3	6,3	7,7	9,9	12,2	13,7	13,9	12,7	10,8	7,8	6,6	9,4
N	mm	114	77	86	57	59	65	72	92	102	119	115	103	1061
rF	%	83	82	82	81	80	83	85	85	83	83	82	84	83
pV	mm	22	23	26	31	38	40	41	41	42	36	29	24	392
pLV	mm	4	5	5	31	38	40	41	41	42	36	29	5	316
N-pLV	mm	110	72	81	26	21	25	31	51	60	83	86	98	

43 Belmullet / Irland
54° 14′ N / 10° 00′ W · Höhe ü. NN: 10 m

		J	F	M	A	M	J	J	A	S	O	N	D	Jahr
t	°C	5,9	5,8	7,0	8,4	10,5	12,8	14,1	14,3	13,0	11,0	8,0	7,0	9,8
N	mm	124	80	96	57	68	68	68	94	109	134	127	119	1143
rF	%	86	83	82	82	81	83	86	86	85	85	85	86	84
pV	mm	20	23	28	32	39	42	38	40	39	32	26	22	379
pLV	mm	4	5	28	32	39	42	38	40	39	32	26	4	328
N-pLV	mm	120	75	68	25	29	26	30	54	70	102	101	115	

44 Shannon / Irland
52° 42′ N / 8° 55′ W · Höhe ü. NN: 20 m

		J	F	M	A	M	J	J	A	S	O	N	D	Jahr
t	°C	5,5	5,6	7,0	8,7	11,2	13,9	15,5	15,3	13,5	11,1	7,6	6,5	10,1
N	mm	98	71	71	56	60	63	57	82	82	93	95	99	927
rF	%	89	86	83	79	77	79	80	82	83	86	88	89	83
pV	mm	16	20	26	36	47	55	58	53	43	31	20	17	423
pLV	mm	3	4	26	36	47	55	58	53	43	31	20	3	381
N-pLV	mm	95	67	45	20	13	8	−1	29	39	62	75	96	

t Mitteltemperatur
N Niederschlag
rF relative Feuchte
pV potenzielle Verdunstung
pLV potenzielle Landschaftsverdunstung
N-pLV Klimatische Wasserbilanz. Positive Werte = humide Monate; negative Werte = aride Monate

45 Kilkenny / Irland
52° 40′ N / 7° 16′ W · Höhe ü. NN: 64 m

		J	F	M	A	M	J	J	A	S	O	N	D	Jahr
t	°C	4,8	4,9	6,2	8,0	10,5	13,4	15,2	14,7	12,6	10,2	6,7	5,6	9,4
N	mm	87	66	63	52	62	50	53	71	72	85	74	88	823
rF	%	88	85	82	78	77	79	79	81	84	87	89	90	83
pV	mm	15	18	25	35	45	53	60	52	39	26	18	14	401
pLV	mm	3	4	5	35	45	53	60	52	39	26	4	3	328
N-pLV	mm	84	62	58	17	17	–3	–7	19	33	59	70	85	

46 Groningen / Niederlande
53° 08′ N / 6° 35′ E · Höhe ü. NN: 4 m

		J	F	M	A	M	J	J	A	S	O	N	D	Jahr
t	°C	1,3	1,6	4,1	7,2	11,6	14,6	15,9	16,0	13,4	9,8	5,4	2,5	8,6
N	mm	67	45	58	48	58	69	76	66	71	69	77	76	779
rF	%	91	88	85	81	79	80	82	82	86	89	90	91	85
pV	mm	8	11	17	29	46	54	54	55	37	23	14	9	358
pLV	mm	2	2	3	29	46	54	54	55	37	23	3	2	310
N-pLV	mm	65	43	54	19	12	14	22	12	34	46	74	74	

47 Den Helder / Niederlande
52° 55′ N / 4° 47′ E · Höhe ü. NN: 0 m

		J	F	M	A	M	J	J	A	S	O	N	D	Jahr
t	°C	2,7	2,6	4,6	7,3	11,3	14,2	16,2	16,6	14,6	11,3	7,1	4,2	9,4
N	mm	65	40	51	43	44	49	65	66	84	85	91	77	757
rF	%	88	87	85	82	81	81	81	81	81	84	85	88	84
pV	mm	12	13	18	28	41	51	58	59	52	36	24	15	407
pLV	mm	2	3	4	28	41	51	58	59	52	36	24	3	361
N-pLV	mm	62	38	48	14	2	–2	7	6	31	49	67	74	

48 Utrecht / Niederlande
52° 06′ N / 5° 11′ E · Höhe ü. NN: 2 m

		J	F	M	A	M	J	J	A	S	O	N	D	Jahr
t	°C	2,2	2,5	5,0	8,0	12,3	15,2	16,8	16,7	14,0	10,5	5,9	3,2	9,4
N	mm	69	49	66	53	61	70	76	71	67	75	81	83	820
rF	%	89	84	81	77	75	76	77	79	83	86	88	89	82
pV	mm	11	15	24	37	55	66	70	65	46	30	18	12	448
pLV	mm	2	3	5	37	55	66	70	65	46	30	4	2	385
N-pLV	mm	67	46	61	15	6	4	5	7	21	45	77	81	

49 Vlissingen / Niederlande
51° 27′ N / 3° 36′ E · Höhe ü. NN: 8 m

		J	F	M	A	M	J	J	A	S	O	N	D	Jahr
t	°C	3,2	3,3	5,3	8,0	12,0	14,9	16,9	17,3	15,3	12,0	7,4	4,6	10,0
N	mm	62	44	57	46	49	62	68	68	62	80	75	73	745
rF	%	87	85	83	79	78	78	79	78	81	83	85	87	82
pV	mm	14	16	22	34	49	60	65	70	54	40	25	16	466
pLV	mm	3	3	4	34	49	60	65	70	54	40	25	3	411
N-pLV	mm	59	41	52	12	0	1	3	–2	8	40	50	69	

t Mitteltemperatur
N Niederschlag
rF relative Feuchte
pV potenzielle Verdunstung
pLV potenzielle Landschaftsverdunstung
N-pLV Klimatische Wasserbilanz. Positive Werte = humide Monate; negative Werte = aride Monate

50 Maastricht / Niederlande
50° 55′ N / 5° 46′ E · Höhe ü. NN: 114 m

		J	F	M	A	M	J	J	A	S	O	N	D	Jahr
t	°C	2,0	2,5	5,2	8,2	12,5	15,5	17,2	17,0	14,2	10,5	5,8	3,0	9,5
N	mm	59	53	62	53	62	74	71	66	57	61	69	73	759
rF	%	88	84	80	76	75	76	76	77	81	84	87	89	81
pV	mm	11	15	25	39	56	67	74	71	51	34	19	12	474
pLV	mm	2	3	5	39	56	67	74	71	51	34	4	2	409
N-pLV	mm	57	50	57	14	6	7	−4	−5	6	27	66	70	

51 Brüssel / Belgien
50° 48′ N / 4° 21′ E · Höhe ü. NN: 104 m

		J	F	M	A	M	J	J	A	S	O	N	D	Jahr
t	°C	2,5	3,2	5,7	8,7	12,7	15,5	17,2	17,0	14,4	10,4	6,0	3,4	9,8
N	mm	67	54	73	57	70	78	75	63	59	71	78	76	821
rF	%	87	83	80	76	75	77	78	78	83	86	88	88	82
pV	mm	13	18	26	41	57	65	71	68	48	31	18	13	468
pLV	mm	3	4	5	41	57	65	71	68	48	31	4	3	398
N-pLV	mm	64	50	68	16	13	13	4	−5	11	40	75	73	

52 Schleswig / Deutschland
54° 32′ N / 9° 33′ E · Höhe ü. NN: 48 m

		J	F	M	A	M	J	J	A	S	O	N	D	Jahr
t	°C	0,3	0,6	2,8	6,2	11,0	14,6	15,8	15,8	13,0	9,4	4,9	1,7	8,0
N	mm	79	50	61	55	61	71	92	87	86	90	105	88	926
rF	%	95	91	87	80	77	76	80	80	84	88	91	94	85
pV	mm	4	7	13	28	47	62	60	60	40	24	12	5	362
pLV	mm	1	1	3	28	47	62	60	60	40	24	2	1	329
N-pLV	mm	78	49	58	27	14	9	32	27	46	66	103	87	

53 Rostock / Deutschland
54° 11′ N / 12° 05′ E · Höhe ü. NN: 10 m

		J	F	M	A	M	J	J	A	S	O	N	D	Jahr
t	°C	0,2	0,7	3,1	6,3	11,3	15,0	16,8	16,7	13,9	9,9	5,3	1,9	8,4
N	mm	46	31	40	42	47	59	71	59	54	42	52	48	589
rF	%	94	90	85	82	78	78	79	79	82	87	89	91	84
pV	mm	5	7	15	26	47	59	66	64	48	27	15	8	387
pLV	mm	1	1	3	26	47	59	66	64	48	27	3	2	347
N-pLV	mm	45	30	37	16	0	0	5	−5	6	15	49	46	

54 Hamburg / Deutschland
53° 38′ N / 10° 00′ E · Höhe ü. NN: 15 m

		J	F	M	A	M	J	J	A	S	O	N	D	Jahr
t	°C	0,5	1,1	3,7	7,3	12,2	15,5	16,8	16,6	13,5	9,7	5,1	1,9	8,7
N	mm	61	41	56	51	57	74	82	70	70	63	71	72	770
rF	%	93	88	83	76	72	73	76	77	82	86	89	93	82
pV	mm	5	10	18	35	60	73	73	70	46	27	15	7	440
pLV	mm	1	2	4	35	60	73	73	70	46	27	3	1	396
N-pLV	mm	60	39	52	16	−3	1	9	0	24	36	68	71	

t Mitteltemperatur
N Niederschlag
rF relative Feuchte
pV potenzielle Verdunstung
pLV potenzielle Landschaftsverdunstung
N-pLV Klimatische Wasserbilanz.
Positive Werte = humide Monate;
negative Werte = aride Monate

55 Hannover / Deutschland
52° 28′ N / 9° 41′ E · Höhe ü. NN: 59 m

		J	F	M	A	M	J	J	A	S	O	N	D	Jahr
t	°C	0,6	1,1	4,0	7,8	12,6	15,8	17,2	16,9	13,7	9,7	5,0	1,9	8,9
N	mm	52	37	48	50	62	73	62	64	53	42	52	60	656
rF	%	92	89	82	76	73	74	75	75	82	86	89	93	82
pV	mm	6	9	20	38	61	73	77	75	46	27	14	7	452
pLV	mm	1	2	4	38	61	73	77	75	46	27	3	1	408
N-pLV	mm	51	35	44	12	1	0	-15	-11	7	15	49	59	

56 Magdeburg / Deutschland
52° 8′ N / 11° 36′ E · Höhe ü. NN: 79 m

		J	F	M	A	M	J	J	A	S	O	N	D	Jahr
t	°C	-0,4	0,5	3,9	8,0	13,0	16,2	17,5	17,3	13,8	9,5	4,5	1,2	8,8
N	mm	33	31	38	40	47	62	48	51	36	29	38	41	494
rF	%	86	83	78	73	71	73	73	73	78	83	85	86	78
pV	mm	8	11	23	42	65	77	83	82	56	33	18	11	508
pLV	mm	2	2	5	42	65	77	83	82	56	33	4	2	451
N-pLV	mm	31	29	33	-2	-18	-15	-35	-31	-20	-4	34	39	

57 Essen / Deutschland
51° 24′ N / 6° 58′ E · Höhe ü. NN: 161 m

		J	F	M	A	M	J	J	A	S	O	N	D	Jahr
t	°C	1,9	2,5	5,1	8,5	12,9	15,7	17,4	17,2	14,4	10,7	5,7	2,9	9,6
N	mm	81	57	75	68	73	97	89	77	73	70	83	90	931
rF	%	88	83	78	72	70	73	72	73	79	83	86	89	79
pV	mm	10	15	26	45	67	75	84	82	55	36	19	11	526
pLV	mm	2	3	5	45	67	75	84	82	55	36	4	2	460
N-pLV	mm	79	54	70	23	6	22	5	-5	18	34	79	88	

58 Kassel / Deutschland
51° 18′ N / 9° 27′ E · Höhe ü. NN: 233 m

		J	F	M	A	M	J	J	A	S	O	N	D	Jahr
t	°C	-0,2	0,8	3,9	7,9	12,6	15,6	17,2	16,9	13,5	9,3	4,1	1,1	8,6
N	mm	55	43	51	50	67	79	64	63	54	46	59	67	698
rF	%	91	85	79	71	70	72	71	72	80	85	89	92	80
pV	mm	6	11	22	43	66	76	87	82	50	28	13	6	490
pLV	mm	1	2	4	43	66	76	87	82	50	28	3	1	444
N-pLV	mm	54	41	47	7	1	3	-23	-19	4	18	56	66	

59 Görlitz / Deutschland
51° 10′ N / 14° 57′ E · Höhe ü. NN: 238 m

		J	F	M	A	M	J	J	A	S	O	N	D	Jahr
t	°C	-1,5	-0,4	3,2	7,6	12,6	15,8	17,3	16,9	13,6	9,2	3,9	0,2	8,2
N	mm	47	37	38	50	66	70	70	74	52	45	51	57	657
rF	%	90	88	79	74	72	73	71	74	79	82	87	90	80
pV	mm	5	7	20	39	62	74	86	79	53	33	15	7	480
pLV	mm	13	1	4	39	62	74	86	79	53	33	3	1	449
N-pLV	mm	34	36	34	11	4	-4	-16	-5	-1	12	48	56	

t Mitteltemperatur
N Niederschlag
rF relative Feuchte
pV potenzielle Verdunstung
pLV potenzielle Landschaftsverdunstung
N-pLV Klimatische Wasserbilanz.
Positive Werte = humide Monate;
negative Werte = aride Monate

60 Dresden / Deutschland
51° 8′ N / 13° 45′ E · Höhe ü. NN: 230 m

		J	F	M	A	M	J	J	A	S	O	N	D	Jahr
t	°C	-0,7	0,4	3,9	8,1	13,1	16,5	18,0	17,7	14,2	9,8	4,4	1,0	8,9
N	mm	46	39	41	53	63	75	69	76	51	45	52	58	668
rF	%	84	82	76	72	70	72	69	71	77	79	83	85	77
pV	mm	8	12	25	43	68	80	95	89	59	40	20	11	549
pLV	mm	2	2	5	43	68	80	95	89	59	40	4	2	489
N-pLV	mm	44	37	36	10	-5	-5	-26	-13	-8	5	48	56	

61 Erfurt / Deutschland
50° 59′ N / 10° 58′ E · Höhe ü. NN: 315 m

		J	F	M	A	M	J	J	A	S	O	N	D	Jahr
t	°C	-1,1	-0,6	3,0	7,0	11,9	15,1	16,8	16,6	13,4	8,8	3,6	0,2	7,9
N	mm	25	25	34	45	59	65	46	56	40	33	35	30	493
rF	%	86	85	80	74	73	74	72	73	78	80	84	87	79
pV	mm	7	8	19	37	57	69	82	79	54	35	17	9	473
pLV	mm	14	2	4	37	57	69	82	79	54	35	3	2	438
N-pLV	mm	11	23	30	8	2	-4	-36	-23	-14	-2	32	28	

62 Mainz / Deutschland
49° 59′ N / 7° 57′ E · Höhe ü. NN: 120 m

		J	F	M	A	M	J	J	A	S	O	N	D	Jahr
t	°C	1,2	2,3	5,6	9,4	13,9	17,0	18,6	18,1	14,7	10,0	5,1	2,3	9,9
N	mm	39	35	38	39	51	59	57	53	41	42	49	46	548
rF	%	87	80	74	67	65	67	67	69	76	84	85	86	76
pV	mm	10	17	32	55	79	94	103	95	63	33	19	13	612
pLV	mm	2	3	6	55	79	94	103	95	63	33	4	3	539
N-pLV	mm	37	32	32	-16	-28	-35	-46	-42	-22	9	45	43	

63 Trier / Deutschland
49° 45′ N / 6° 40′ E · Höhe ü. NN: 273 m

		J	F	M	A	M	J	J	A	S	O	N	D	Jahr
t	°C	0,9	1,9	4,9	8,4	12,6	15,7	17,6	17,1	14,0	9,8	4,6	1,8	9,1
N	mm	60	55	64	53	68	73	70	71	59	65	74	72	784
rF	%	92	84	77	71	71	72	70	73	79	85	90	92	80
pV	mm	6	13	27	46	64	77	91	82	55	30	13	7	512
pLV	mm	1	3	5	46	64	77	91	82	55	30	3	1	458
N-pLV	mm	59	52	59	7	4	-4	-21	-11	4	35	71	71	

64 Nürnberg / Deutschland
49° 30′ N / 11° 03′ E · Höhe ü. NN: 318 m

		J	F	M	A	M	J	J	A	S	O	N	D	Jahr
t	°C	-0,8	0,5	3,9	8,2	13,2	16,6	18,3	17,6	14,0	9,0	3,9	0,6	8,8
N	mm	45	39	46	48	64	75	69	67	51	45	44	52	644
rF	%	90	84	77	70	66	67	66	69	76	82	85	89	77
pV	mm	5	11	24	46	74	92	103	92	60	33	16	8	565
pLV	mm	1	2	5	46	74	92	103	92	60	33	3	2	513
N-pLV	mm	44	37	41	2	-10	-17	-34	-25	-9	12	41	50	

t Mitteltemperatur
N Niederschlag
rF relative Feuchte
pV potenzielle Verdunstung
pLV potenzielle Landschaftsverdunstung
N-pLV Klimatische Wasserbilanz. Positive Werte = humide Monate; negative Werte = aride Monate

65 Karlsruhe / Deutschland
49° 02′ N / 8° 22′ E · Höhe ü. NN: 145 m

		J	F	M	A	M	J	J	A	S	O	N	D	Jahr
t	°C	1,2	2,5	6,0	9,9	14,3	17,5	19,6	18,8	15,4	10,4	5,3	2,2	10,3
N	mm	57	54	53	61	79	86	70	66	53	58	65	67	770
rF	%	89	82	75	68	68	69	66	70	77	84	86	88	77
pV	mm	9	16	32	56	77	92	111	96	64	33	18	11	617
pLV	mm	2	3	6	56	77	92	111	96	64	33	4	2	547
N-pLV	mm	55	51	47	5	2	-6	-41	-30	-11	25	61	65	

66 Stuttgart / Deutschland
48° 50′ N / 9° 12′ E · Höhe ü. NN: 314 m

		J	F	M	A	M	J	J	A	S	O	N	D	Jahr
t	°C	0,5	1,9	5,3	8,9	13,3	16,4	18,4	17,9	14,7	10,0	4,7	1,5	9,5
N	mm	38	35	39	54	84	93	63	76	53	41	48	41	665
rF	%	83	78	72	69	69	70	69	72	76	80	82	82	75
pV	mm	11	17	33	50	70	84	97	88	63	39	22	14	588
pLV	mm	2	3	7	50	70	84	97	88	63	39	4	3	511
N-pLV	mm	36	32	32	4	14	9	-34	-12	-10	2	44	38	

67 München / Deutschland
48° 22′ N / 11° 48′ E · Höhe ü. NN: 447 m

		J	F	M	A	M	J	J	A	S	O	N	D	Jahr
t	°C	-2,2	-0,4	3,4	7,6	12,2	15,4	17,3	16,6	13,4	8,2	2,8	-0,9	7,8
N	mm	45	42	47	55	88	109	100	98	68	49	55	49	804
rF	%	90	84	76	71	70	70	69	72	77	84	87	89	78
pV	mm	4	9	23	43	64	79	91	80	56	28	13	6	494
pLV	mm	13	2	5	43	64	79	91	80	56	28	3	1	463
N-pLV	mm	32	40	42	12	24	30	9	18	12	21	52	48	

68 Konstanz / Deutschland
47° 41′ N / 9° 11′ E · Höhe ü. NN: 447 m

		J	F	M	A	M	J	J	A	S	O	N	D	Jahr
t	°C	0,0	1,3	4,7	8,7	13,1	16,3	18,5	17,7	14,7	9,7	4,3	1,0	9,2
N	mm	52	51	51	68	85	105	102	88	71	54	65	57	849
rF	%	88	83	75	69	70	72	71	75	79	85	87	88	79
pV	mm	7	13	28	49	67	80	94	79	56	29	16	9	527
pLV	mm	1	3	6	49	67	80	94	79	56	29	3	2	469
N-pLV	mm	51	48	45	19	18	25	8	9	15	25	62	55	

69 Gdingen (Gdynia) / Polen
54° 36′ N / 18° 49′ E · Höhe ü. NN: 1 m

		J	F	M	A	M	J	J	A	S	O	N	D	Jahr
t	°C	-0,7	-0,6	1,7	5,2	10,3	14,7	16,9	16,9	13,7	9,6	4,9	1,4	7,8
N	mm	37	28	27	30	43	56	70	72	61	48	56	46	574
rF	%	91	89	85	84	82	81	81	82	84	87	89	90	85
pV	mm	5	6	12	21	36	53	59	56	42	26	15	8	340
pLV	mm	1	1	2	21	36	53	59	56	42	26	3	2	303
N-pLV	mm	36	27	25	9	7	3	11	16	19	22	53	44	

t Mitteltemperatur
N Niederschlag
rF relative Feuchte

pV potenzielle Verdunstung
pLV potenzielle Landschaftsverdunstung
N-pLV Klimatische Wasserbilanz. Positive Werte = humide Monate; negative Werte = aride Monate

70 Posen / Polen
52° 25′ N / 16° 51′ E · Höhe ü. NN: 83 m

		J	F	M	A	M	J	J	A	S	O	N	D	Jahr
t	°C	-2,0	-1,0	2,7	7,6	13,3	16,7	18,0	17,4	13,4	8,8	3,8	-0,1	8,2
N	mm	30	24	27	36	53	60	69	57	43	39	39	38	515
rF	%	93	90	81	72	68	68	68	71	79	85	90	92	80
pV	mm	3	5	18	41	72	90	97	88	53	28	12	5	512
pLV	mm	13	1	4	41	72	90	97	88	53	28	2	1	490
N-pLV	mm	17	23	23	-5	-19	-30	-28	-31	-10	11	37	37	

71 Krakau / Polen
50° 05′ N / 19° 48′ E · Höhe ü. NN: 237 m

		J	F	M	A	M	J	J	A	S	O	N	D	Jahr
t	°C	-3,3	-1,6	2,4	7,9	13,1	16,2	17,5	16,9	13,1	8,3	3,2	-1,0	7,7
N	mm	34	32	34	48	83	97	85	87	54	46	45	41	686
rF	%	92	88	81	74	74	74	74	77	82	86	90	92	82
pV	mm	2	5	17	40	61	74	80	70	45	25	11	5	434
pLV	mm	11	13	3	40	61	74	80	70	45	25	2	14	438
N-pLV	mm	23	19	31	8	22	23	5	17	9	21	43	27	

72 Prag / Tschechische Republik
50° 06′ N / 14° 17′ E · Höhe ü. NN: 364 m

		J	F	M	A	M	J	J	A	S	O	N	D	Jahr
t	°C	-2,0	-0,6	3,1	7,6	12,5	15,6	17,1	16,6	13,2	8,3	3,0	-0,2	7,8
N	mm	24	23	28	38	77	73	66	70	40	31	32	25	526
rF	%	85	82	76	70	70	71	70	72	77	81	85	85	77
pV	mm	6	10	22	43	65	79	88	81	56	33	15	9	508
pLV	mm	13	2	4	43	65	79	88	81	56	33	3	2	469
N-pLV	mm	11	21	24	-5	12	-6	-22	-12	-15	-2	29	23	

73 Ostrau / Tschechische Republik
49° 41′ N / 18° 07′ E · Höhe ü. NN: 251 m

		J	F	M	A	M	J	J	A	S	O	N	D	Jahr
t	°C	-2,4	-0,7	3,2	8,2	13,2	16,4	17,8	17,2	13,6	8,9	3,7	-0,4	8,2
N	mm	27	30	34	52	91	104	91	92	59	42	45	34	702
rF	%	83	81	76	71	72	73	72	74	78	79	83	84	77
pV	mm	6	10	23	44	65	78	87	79	55	37	19	10	511
pLV	mm	13	6	14	27	84	101	113	102	71	22	11	6	569
N-pLV	mm	14	24	20	26	7	4	-22	-11	-12	20	33	29	

74 Brünn / Tschechische Republik
49° 09′ N / 16° 42′ E · Höhe ü. NN: 241 m

		J	F	M	A	M	J	J	A	S	O	N	D	Jahr
t	°C	-2,5	-0,3	3,8	9,0	13,9	17,0	18,5	18,1	14,3	9,1	3,5	-0,6	8,7
N	mm	25	24	24	32	61	72	64	57	38	31	38	27	490
rF	%	84	81	73	65	67	69	67	68	73	78	84	85	75
pV	mm	6	11	27	55	77	89	102	97	68	39	17	9	596
pLV	mm	12	2	5	55	77	89	102	97	68	39	3	2	552
N-pLV	mm	13	22	19	-23	-16	-17	-38	-41	-30	-9	34	25	

t	Mitteltemperatur
N	Niederschlag
rF	relative Feuchte
pV	potenzielle Verdunstung
pLV	potenzielle Landschaftsverdunstung
N-pLV	Klimatische Wasserbilanz. Positive Werte = humide Monate; negative Werte = aride Monate

Europa

75 Hurbanovo / Slowakei

47° 52′ N / 18° 12′ E · Höhe ü. NN: 124 m

		J	F	M	A	M	J	J	A	S	O	N	D	Jahr
t	°C	–1,5	1,0	5,4	10,7	15,6	18,7	20,2	19,5	15,5	10,2	4,7	0,4	10,0
N	mm	34	34	27	39	55	61	51	57	39	32	54	40	522
rF	%	83	79	72	65	66	68	66	69	74	76	82	85	74
pV	mm	8	15	33	62	88	101	114	102	71	46	22	10	672
pLV	mm	13	3	7	62	88	101	114	102	71	46	4	2	614
N-pLV	mm	21	31	20	–24	–32	–40	–64	–45	–32	–14	49	38	

76 Lille / Frankreich

50° 35′ N / 3° 6′ E · Höhe ü. NN: 47 m

		J	F	M	A	M	J	J	A	S	O	N	D	Jahr
t	°C	2,7	3,4	5,8	8,6	12,4	15,2	17,2	17,2	14,8	11,1	6,2	3,6	9,9
N	mm	51	41	56	48	60	63	60	56	58	64	67	62	687
rF	%	88	85	82	79	78	79	78	78	83	87	89	90	83
pV	mm	12	16	24	36	50	59	69	69	48	29	16	11	441
pLV	mm	3	3	5	36	50	59	69	69	48	29	3	2	377
N-pLV	mm	48	38	52	12	9	5	–9	–14	10	35	64	60	

77 Brest / Frankreich

48° 27′ N / 4° 25′ W · Höhe ü. NN: 99 m

		J	F	M	A	M	J	J	A	S	O	N	D	Jahr
t	°C	6,3	6,4	7,5	9,0	11,6	14,2	16,2	16,3	15,0	12,4	8,9	7,3	10,9
N	mm	136	106	104	70	73	51	46	59	79	106	118	137	1085
rF	%	86	84	82	81	81	83	83	83	85	86	85	86	84
pV	mm	21	23	29	34	42	46	52	53	44	34	28	23	429
pLV	mm	4	4	29	34	42	46	52	53	44	34	28	23	393
N-pLV	mm	132	102	75	36	31	5	–6	6	35	72	90	114	

78 Tours / Frankreich

47° 27′ N / 0° 44′ E · Höhe ü. NN: 108 m

		J	F	M	A	M	J	J	A	S	O	N	D	Jahr
t	°C	4,2	5,1	7,3	9,6	13,2	16,5	18,9	18,6	16,1	12,3	7,1	4,8	11,1
N	mm	63	62	54	51	68	48	53	41	54	61	63	66	684
rF	%	87	84	79	74	77	75	72	73	77	84	87	89	80
pV	mm	15	20	32	46	55	74	93	89	67	38	21	14	565
pLV	mm	3	4	32	46	55	74	93	89	67	38	21	4	526
N-pLV	mm	60	58	22	5	12	–26	–40	–48	–13	23	42	62	

79 Nantes / Frankreich

47° 10′ N / 1° 36′ W · Höhe ü. NN: 27 m

		J	F	M	A	M	J	J	A	S	O	N	D	Jahr
t	°C	5,4	6,2	8,1	10,4	13,6	16,9	19,1	18,7	16,8	13,1	8,6	6,0	11,9
N	mm	87	70	69	50	64	45	46	45	62	79	87	84	789
rF	%	88	85	81	77	78	76	75	75	79	85	88	89	81
pV	mm	16	22	32	45	55	73	86	84	65	38	22	16	554
pLV	mm	3	4	32	45	55	73	86	84	65	38	22	3	511
N-pLV	mm	83	66	37	5	9	–28	–40	–39	–3	41	65	81	

t Mitteltemperatur
N Niederschlag
rF relative Feuchte
pV potenzielle Verdunstung
pLV potenzielle Landschaftsverdunstung
N-pLV Klimatische Wasserbilanz. Positive Werte = humide Monate; negative Werte = aride Monate

80 Toulouse / Frankreich
43° 38′ N / 1° 22′ E · Höhe ü. NN: 152 m

		J	F	M	A	M	J	J	A	S	O	N	D	Jahr
t	°C	5,1	6,5	8,3	11,0	14,6	18,3	21,2	20,5	18,1	13,8	8,6	5,7	12,6
N	mm	55	55	58	64	73	58	41	47	48	52	49	56	656
rF	%	89	82	77	75	75	72	70	70	77	83	87	90	79
pV	mm	15	26	38	50	65	90	111	107	76	45	24	14	661
pLV	mm	3	5	38	50	65	90	111	107	76	45	24	3	617
N-pLV	mm	52	50	20	14	8	−32	−70	−60	−28	7	25	53	

81 Marseille / Frankreich
43° 27′ N / 5° 13′ E · Höhe ü. NN: 20 m

		J	F	M	A	M	J	J	A	S	O	N	D	Jahr
t	°C	6,7	7,9	10,2	13,2	17,1	20,9	23,8	23,2	20,3	16,1	10,7	7,3	14,8
N	mm	47	54	44	48	42	28	14	29	47	78	58	56	544
rF	%	75	72	67	65	64	63	59	62	69	74	75	77	68
pV	mm	35	42	58	76	100	127	158	146	109	74	49	34	1009
pLV	mm	13	16	41	54	71	51	64	102	76	52	34	14	589
N-pLV	mm	34	38	2	−6	−28	−24	−50	−73	−29	26	24	42	

82 Monte Carlo / Monaco
43° 43′ N / 7° 25′ E · Höhe ü. NN: 55 m

		J	F	M	A	M	J	J	A	S	O	N	D	Jahr
t	°C	10,3	10,5	11,8	14,0	17,1	20,8	23,5	23,8	21,6	17,9	14,2	11,6	16,4
N	mm	61	58	71	65	64	33	21	22	66	113	123	99	796
rF	%	67	69	71	74	76	76	74	73	75	73	72	69	72
pV	mm	59	57	60	64	74	92	113	118	99	85	69	62	953
pLV	mm	41	40	42	45	52	64	45	47	69	60	48	43	597
N-pLV	mm	20	18	29	20	12	−31	−24	−25	−3	53	75	56	

83 Lugano / Schweiz
46° 00′ N / 8° 58′ E · Höhe ü. NN: 273 m

		J	F	M	A	M	J	J	A	S	O	N	D	Jahr
t	°C	2,5	3,7	7,0	11,0	14,7	18,4	21,1	20,2	16,9	11,9	6,8	3,6	11,5
N	mm	79	74	110	157	201	175	138	173	160	146	126	65	1606
rF	%	71	69	65	65	70	69	67	70	74	76	73	70	70
pV	mm	23	29	46	65	75	97	119	106	78	52	37	28	755
pLV	mm	14	18	28	84	98	126	154	138	101	68	22	17	868
N-pLV	mm	65	56	82	73	103	49	−16	35	59	78	104	48	

84 Graz / Österreich
47° 00′ N / 15° 26′ E · Höhe ü. NN: 347 m

		J	F	M	A	M	J	J	A	S	O	N	D	Jahr
t	°C	−3,3	−0,4	3,9	9,0	13,8	17,1	18,7	18,0	14,4	8,8	2,9	−1,8	8,4
N	mm	31	36	49	52	84	119	126	115	76	58	59	33	838
rF	%	88	83	78	72	73	73	74	79	83	85	88	90	81
pV	mm	3	10	23	46	65	81	86	69	47	28	12	5	476
pLV	mm	11	2	5	46	65	81	86	69	47	28	2	13	456
N-pLV	mm	20	34	44	6	19	38	40	46	29	30	57	20	

t Mitteltemperatur
N Niederschlag
rF relative Feuchte

pV potenzielle Verdunstung
pLV potenzielle Landschaftsverdunstung
N-pLV Klimatische Wasserbilanz. Positive Werte = humide Monate; negative Werte = aride Monate

85 Innsbruck / Österreich

48° 24' N / 17° 09' E · Höhe ü. NN: 207 m

		J	F	M	A	M	J	J	A	S	O	N	D	Jahr
t	°C	-1,5	0,9	4,7	8,9	13,2	16,0	17,7	17,3	14,4	9,6	3,6	-1,1	8,6
N	mm	46	38	46	59	88	105	128	120	76	52	57	49	864
rF	%	80	76	70	66	66	69	71	75	77	78	80	83	74
pV	mm	8	15	30	51	72	82	87	75	58	40	20	8	546
pLV	mm	14	3	6	51	72	82	87	75	58	40	4	2	493
N-pLV	mm	32	35	40	8	16	23	41	45	18	12	53	47	

86 Wien / Österreich

48° 15' N / 16° 22' E · Höhe ü. NN: 203 m

		J	F	M	A	M	J	J	A	S	O	N	D	Jahr
t	°C	-0,7	1,3	5,4	10,2	14,7	17,8	19,7	19,2	15,5	10,2	4,7	1,0	9,9
N	mm	38	42	41	51	61	74	63	58	45	41	50	43	607
rF	%	79	76	69	64	66	66	64	68	74	78	80	80	72
pV	mm	11	17	36	62	83	102	117	103	71	43	24	15	683
pLV	mm	2	3	7	62	83	102	117	103	71	43	5	3	601
N-pLV	mm	36	39	34	-11	-22	-28	-54	-45	-26	-2	45	40	

87 Budapest / Ungarn

47° 31' N / 19° 02' E · Höhe ü. NN: 120 m

		J	F	M	A	M	J	J	A	S	O	N	D	Jahr
t	°C	-0,5	2,0	6,4	11,8	16,6	19,7	21,5	20,9	16,9	11,5	5,7	1,5	11,2
N	mm	41	38	34	41	61	68	45	55	39	34	59	48	563
rF	%	79	74	66	59	61	61	59	61	67	72	78	80	68
pV	mm	11	21	42	76	101	122	138	130	93	58	29	16	837
pLV	mm	2	4	8	76	101	122	138	130	93	58	6	3	742
N-pLV	mm	39	34	26	-35	-40	-54	-93	-75	-54	-24	53	45	

88 Debrecen / Ungarn

47° 30' N / 21° 38' E · Höhe ü. NN: 114 m

		J	F	M	A	M	J	J	A	S	O	N	D	Jahr
t	°C	-2,6	0,2	5,1	10,7	15,8	18,7	20,3	19,6	15,8	10,3	4,5	-0,2	9,9
N	mm	37	30	34	42	59	80	65	61	38	31	45	44	566
rF	%	87	83	76	70	69	71	69	71	74	78	85	88	77
pV	mm	5	11	29	57	83	93	107	99	73	43	18	8	625
pLV	mm	12	2	6	57	83	93	107	99	73	43	18	2	594
N-pLV	mm	25	28	28	-15	-24	-13	-42	-38	-35	-12	27	42	

89 Steinamanger (Szombathely) / Ungarn

47° 16' N / 16° 38' E · Höhe ü. NN: 224 m

		J	F	M	A	M	J	J	A	S	O	N	D	Jahr
t	°C	-1,9	0,5	4,5	9,5	14,2	17,4	19,2	18,6	15,1	9,7	4,0	-0,1	9,2
N	mm	29	26	34	40	72	77	78	72	52	48	52	31	611
rF	%	86	83	76	70	73	73	71	74	77	81	86	87	78
pV	mm	6	12	27	51	67	82	96	85	63	37	16	8	550
pLV	mm	13	2	5	51	67	82	96	85	63	37	3	2	507
N-pLV	mm	16	24	29	-11	5	-5	-18	-13	-11	11	49	29	

t Mitteltemperatur

N Niederschlag

rF relative Feuchte

pV potenzielle Verdunstung

pLV potenzielle Landschaftsverdunstung

N-pLV Klimatische Wasserbilanz.
Positive Werte = humide Monate;
negative Werte = aride Monate

90 Szeged / Ungarn
46° 15′ N / 20° 06′ E · Höhe ü. NN: 82 m

		J	F	M	A	M	J	J	A	S	O	N	D	Jahr
t	°C	−1,8	0,9	5,6	11,1	16,2	19,2	20,8	20,2	16,5	11,0	5,1	0,6	10,5
N	mm	29	25	29	41	51	72	50	57	34	26	41	40	495
rF	%	86	83	74	69	68	69	67	69	72	75	84	87	75
pV	mm	6	12	32	59	86	101	115	106	79	50	21	1	669
pLV	mm	13	2	6	59	86	101	115	106	79	50	4	0	623
N-pLV	mm	16	23	23	−18	−35	−29	−65	−49	−45	−24	37	40	

91 Klausenberg (Cluj-Napoca) / Rumänien
46° 47′ N / 23° 34′ E · Höhe ü. NN: 410 m

		J	F	M	A	M	J	J	A	S	O	N	D	Jahr
t	°C	−3,4	−1,2	4,1	9,0	14,2	16,6	18,2	17,8	14,1	8,5	2,4	−1,5	8,2
N	mm	24	20	22	48	69	95	81	60	36	31	30	32	548
rF	%	91	84	74	70	73	75	74	75	78	83	89	91	80
pV	mm	2	7	26	49	68	74	85	80	56	30	10	4	492
pLV	mm	11	14	5	49	68	74	85	80	56	30	2	14	488
N-pLV	mm	13	6	17	−1	1	21	−4	−20	−20	1	28	18	

92 Hermannstadt (Sibiu) / Rumänien
45° 48′ N / 24° 09′ E · Höhe ü. NN: 443 m

		J	F	M	A	M	J	J	A	S	O	N	D	Jahr
t	°C	−4,0	−1,1	3,8	9,4	14,2	17,1	18,7	18,1	14,4	8,9	3,7	−1,1	8,5
N	mm	28	26	31	54	78	99	86	68	51	42	34	30	627
rF	%	85	81	77	72	74	76	75	75	77	81	87	85	79
pV	mm	3	9	23	48	65	73	85	81	59	35	15	8	506
pLV	mm	10	13	5	48	65	73	85	81	59	35	3	13	491
N-pLV	mm	18	13	26	6	13	26	1	−13	−8	7	31	17	

93 Craiova / Rumänien
44° 19′ N / 23° 52′ E · Höhe ü. NN: 192 m

		J	F	M	A	M	J	J	A	S	O	N	D	Jahr
t	°C	−2,3	−0,1	4,7	11,1	16,6	19,8	21,9	21,3	17,4	11,1	5,0	0,1	10,6
N	mm	38	39	41	52	64	74	55	46	37	36	53	47	582
rF	%	93	91	82	73	71	71	68	68	71	79	89	94	79
pV	mm	3	6	22	55	83	101	122	118	88	45	14	4	660
pLV	mm	13	1	4	55	83	101	122	118	88	45	3	1	633
N-pLV	mm	25	38	37	−3	−19	−27	−67	−72	−51	−9	50	46	

94 Konstanza (Constanţa) / Rumänien
44° 13′ N / 28° 38′ E · Höhe ü. NN: 13 m

		J	F	M	A	M	J	J	A	S	O	N	D	Jahr
t	°C	0,5	1,6	4,6	9,9	15,5	20,0	22,0	21,8	18,3	13,1	8,0	3,2	11,5
N	mm	30	29	26	30	38	40	30	33	29	31	42	38	396
rF	%	90	87	85	81	80	76	75	75	78	83	88	90	82
pV	mm	7	11	18	37	58	89	102	99	73	43	22	11	570
pLV	mm	1	2	4	37	58	89	102	99	73	43	22	2	532
N-pLV	mm	29	27	22	−7	−20	−49	−72	−66	−44	−12	20	36	

t Mitteltemperatur
N Niederschlag
rF relative Feuchte
pV potenzielle Verdunstung
pLV potenzielle Landschaftsverdunstung
N-pLV Klimatische Wasserbilanz.
Positive Werte = humide Monate;
negative Werte = aride Monate

95 Porto / Portugal
41° 08′ N / 8° 36′ W · Höhe ü. NN: 100 m

		J	F	M	A	M	J	J	A	S	O	N	D	Jahr
t	°C	9,3	10,1	11,5	12,9	15,1	18,1	19,9	19,8	19,0	16,2	12,3	9,9	14,5
N	mm	171	169	112	112	89	53	16	22	64	131	152	176	1267
rF	%	81	80	75	74	74	74	73	73	76	80	81	81	77
pV	mm	36	40	53	61	71	85	97	96	83	60	45	37	764
pLV	mm	14	16	37	43	50	60	39	38	58	42	31	15	443
N-pLV	mm	157	153	75	69	39	−7	−23	−16	6	89	121	161	

96 Santander / Spanien
43° 28′ N / 3° 49′ W · Höhe ü. NN: 65 m

		J	F	M	A	M	J	J	A	S	O	N	D	Jahr
t	°C	9,7	10,3	10,8	11,9	14,3	17,0	19,3	19,6	18,6	16,1	12,5	10,5	14,2
N	mm	127	99	104	120	92	65	51	84	93	128	165	142	1268
rF	%	73	72	72	75	77	78	78	78	77	75	74	75	75
pV	mm	48	52	53	53	61	68	78	80	78	71	57	49	750
pLV	mm	48	52	53	53	61	68	78	80	78	71	57	49	750
N-pLV	mm	78	46	50	67	32	−3	−27	4	14	56	107	93	

97 Barcelona / Spanien
41° 17′ N / 2° 04′ E · Höhe ü. NN: 6 m

		J	F	M	A	M	J	J	A	S	O	N	D	Jahr
t	°C	8,8	9,5	11,1	12,9	15,9	19,7	22,9	23,0	21,0	17,1	12,5	9,7	15,3
N	mm	44	36	48	51	57	38	22	66	79	94	74	50	658
rF	%	75	72	73	75	78	77	74	76	77	77	76	72	75
pV	mm	42	48	55	58	64	85	108	104	91	71	54	49	828
pLV	mm	17	19	38	40	45	59	43	73	63	49	38	20	505
N-pLV	mm	27	17	10	10	12	−22	−21	−7	16	44	37	30	

98 Sevilla / Spanien
37° 24′ N / 6° 00′ E · Höhe ü. NN: 30 m

		J	F	M	A	M	J	J	A	S	O	N	D	Jahr
t	°C	10,7	11,9	14,0	16,0	19,6	23,4	26,8	26,9	24,4	19,5	14,3	11,1	18,2
N	mm	84	72	55	60	30	20	2	7	21	62	102	92	607
rF	%	79	75	66	65	58	55	48	48	55	64	75	80	64
pV	mm	42	53	78	92	128	164	208	209	174	116	63	42	1370
pLV	mm	30	37	55	64	89	65	83	84	69	81	44	30	732
N-pLV	mm	54	35	0	−5	−59	−45	−81	−77	−48	−19	58	63	

99 Málaga / Spanien
36° 40′ N / 4° 29′ W · Höhe ü. NN: 57m

		J	F	M	A	M	J	J	A	S	O	N	D	Jahr
t	°C	12,2	12,8	14,0	15,7	18,8	22,0	24,8	25,3	23,1	19,1	15,1	12,6	18,0
N	mm	83	75	59	40	23	13	2	5	15	55	115	98	582
rF	%	72	72	67	65	62	59	60	63	66	70	73	73	67
pV	mm	61	64	77	89	116	143	163	161	136	99	71	61	1241
pLV	mm	42	44	54	62	46	57	65	65	54	69	50	43	653
N-pLV	mm	40	30	5	−23	−23	−44	−64	−59	−40	−15	66	55	

t Mitteltemperatur
N Niederschlag
rF relative Feuchte
pV potenzielle Verdunstung
pLV potenzielle Landschaftsverdunstung
N-pLV Klimatische Wasserbilanz. Positive Werte = humide Monate; negative Werte = aride Monate

100 Las Palmas [Kanarische Inseln] / Spanien
27° 56′ N / 15° 23′ W · Höhe ü. NN: 47 m

		J	F	M	A	M	J	J	A	S	O	N	D	Jahr
t	°C	17,5	17,6	18,4	18,7	19,9	21,4	23,3	24,1	23,8	22,5	20,4	18,3	20,5
N	mm	17	22	10	6	2	0	0	0	9	10	21	21	118
rF	%	68	67	65	64	65	67	67	65	68	70	70	70	67
pV	mm	95	96	106	109	116	122	135	146	135	120	108	95	1382
pLV	mm	66	38	42	44	46	49	54	59	54	48	75	66	642
N-pLV	mm	−49	−17	−33	−37	−44	−49	−54	−59	−45	−37	−54	−45	

101 Triest / Italien
45° 39′ N / 13° 45′ E · Höhe ü. NN: 20 m

		J	F	M	A	M	J	J	A	S	O	N	D	Jahr
t	°C	5,1	6,4	9,2	13,4	17,9	21,5	24,0	23,5	20,2	15,4	10,2	6,4	14,4
N	mm	71	62	77	87	81	102	71	101	102	87	114	92	1045
rF	%	67	65	61	63	64	66	63	63	67	69	65	67	65
pV	mm	36	43	60	80	105	124	150	146	113	81	61	41	1038
pLV	mm	7	9	60	80	105	124	150	146	113	81	61	41	975
N-pLV	mm	64	53	17	7	−24	−22	−79	−45	−10	6	53	51	

102 Mailand / Italien
45° 26′ N / 9° 17′ E · Höhe ü. NN: 103 m

		J	F	M	A	M	J	J	A	S	O	N	D	Jahr
t	°C	1,4	4,2	8,3	12,3	16,6	20,6	23,1	22,2	18,9	13,1	6,9	2,3	12,5
N	mm	64	63	82	82	97	65	68	93	69	100	101	60	943
rF	%	86	78	71	75	72	71	71	72	74	81	85	86	77
pV	mm	11	24	45	55	81	105	120	112	88	47	23	13	723
pLV	mm	2	5	45	55	81	105	120	112	88	47	23	3	685
N-pLV	mm	62	58	37	27	16	−39	−52	−19	−19	53	78	58	

103 Bologna / Italien
44° 32′ N / 11° 18′ E · Höhe ü. NN: 49 m

		J	F	M	A	M	J	J	A	S	O	N	D	Jahr
t	°C	1,7	4,5	8,7	12,7	17,3	21,2	24,1	23,6	20,1	14,5	7,7	2,8	13,2
N	mm	43	45	60	67	65	53	43	58	61	72	81	61	708
rF	%	83	78	70	71	69	68	65	66	69	76	84	84	74
pV	mm	14	25	48	64	91	117	145	138	107	63	26	15	852
pLV	mm	3	25	48	64	91	117	145	138	107	63	26	3	829
N-pLV	mm	40	20	13	3	−26	−64	−102	−80	−46	9	55	58	

104 Perugia / Italien
43° 05′ N / 12° 30′ E · Höhe ü. NN: 205 m

		J	F	M	A	M	J	J	A	S	O	N	D	Jahr
t	°C	4,4	6,1	8,3	11,1	15,7	19,2	22,4	22,2	19,3	14,4	8,8	5,3	13,1
N	mm	58	68	62	70	74	71	45	60	69	75	93	71	816
rF	%	83	77	73	74	74	71	68	69	71	76	82	85	75
pV	mm	20	31	43	52	72	97	124	120	97	62	32	20	769
pLV	mm	8	12	17	21	58	77	99	96	78	50	13	8	537
N-pLV	mm	50	55	45	49	16	−7	−54	−37	−9	25	81	64	

t Mitteltemperatur
N Niederschlag
rF relative Feuchte
pV potenzielle Verdunstung
pLV potenzielle Landschaftsverdunstung
N-pLV Klimatische Wasserbilanz. Positive Werte = humide Monate; negative Werte = aride Monate

105 Pescara / Italien
42° 26′ N / 14° 12′ E · Höhe ü. NN: 11 m

		J	F	M	A	M	J	J	A	S	O	N	D	Jahr
t	°C	6,1	7,1	9,3	12,4	16,6	20,4	23,0	22,9	19,9	15,6	11,1	7,5	14,3
N	mm	55	53	63	55	35	44	34	54	61	74	71	77	674
rF	%	74	73	72	71	72	70	69	71	72	75	76	76	73
pV	mm	34	38	48	63	81	106	126	119	98	69	49	36	867
pLV	mm	13	15	19	44	57	74	88	83	69	48	34	15	560
N-pLV	mm	41	37	44	11	-22	-30	-54	-29	-8	25	37	62	

106 Bari / Italien
41° 08′ N / 16° 47′ E · Höhe ü. NN: 49 m

		J	F	M	A	M	J	J	A	S	O	N	D	Jahr
t	°C	8,6	9,0	10,7	13,5	17,6	21,2	23,8	23,7	21,0	16,9	13,1	10,0	15,7
N	mm	51	57	52	47	37	32	27	39	62	65	54	63	586
rF	%	77	74	72	68	68	65	64	65	68	72	76	78	71
pV	mm	39	44	54	73	95	124	145	142	115	82	57	42	1012
pLV	mm	15	18	38	51	66	50	58	57	46	58	40	29	525
N-pLV	mm	35	40	14	-3	-30	-18	-31	-18	16	7	14	34	

107 Neapel / Italien
40° 51′ N / 14° 18′ E · Höhe ü. NN: 72 m

		J	F	M	A	M	J	J	A	S	O	N	D	Jahr
t	°C	8,2	8,8	10,6	13,3	17,4	20,9	23,7	23,7	20,8	16,7	12,4	9,4	15,5
N	mm	104	98	86	76	50	34	24	42	80	130	162	121	1007
rF	%	75	73	71	70	70	71	70	69	73	74	76	75	72
pV	mm	40	44	55	68	89	107	127	130	101	77	54	44	936
pLV	mm	16	18	38	48	62	75	51	52	70	54	38	31	553
N-pLV	mm	88	80	48	28	-13	-41	-27	-11	10	76	124	91	

108 Potenza / Italien
40° 38′ N / 15° 48′ E · Höhe ü. NN: 843 m

		J	F	M	A	M	J	J	A	S	O	N	D	Jahr
t	°C	3,5	3,8	5,9	9,1	13,6	17,1	20,0	20,2	17,0	12,5	8,1	4,9	11,3
N	mm	63	54	53	60	46	42	29	36	45	70	80	74	651
rF	%	77	75	72	69	69	67	62	64	66	72	76	78	71
pV	mm	23	25	35	51	72	94	123	120	96	62	38	26	763
pLV	mm	9	10	14	20	50	66	49	84	67	43	15	10	438
N-pLV	mm	54	44	39	40	-5	-24	-20	-48	-22	27	64	63	

109 Messina / Italien
38° 12′ N / 15° 33′ E · Höhe ü. NN: 51 m

		J	F	M	A	M	J	J	A	S	O	N	D	Jahr
t	°C	12,2	12,2	13,4	15,4	19,3	23,2	26,4	26,7	24,2	20,2	16,4	13,5	18,6
N	mm	113	98	84	60	32	14	19	24	55	109	107	117	832
rF	%	73	71	69	69	67	64	63	66	68	70	73	74	69
pV	mm	58	62	71	81	107	141	169	162	137	105	77	62	1232
pLV	mm	41	43	49	57	75	56	68	65	96	74	54	44	721
N-pLV	mm	72	55	34	3	-43	-43	-48	-40	-41	35	52	74	

t Mitteltemperatur
N Niederschlag
rF relative Feuchte
pV potenzielle Verdunstung
pLV potenzielle Landschaftsverdunstung
N-pLV Klimatische Wasserbilanz. Positive Werte = humide Monate; negative Werte = aride Monate

110 Zagreb / Kroatien
45° 49′ N / 15° 59′ E · Höhe ü. NN: 157 m

		J	F	M	A	M	J	J	A	S	O	N	D	Jahr
t	°C	0,2	2,9	7,1	11,7	16,1	19,2	21,2	20,4	16,9	11,7	6,3	1,8	11,3
N	mm	53	47	58	65	83	101	87	91	81	70	85	62	883
rF	%	81	74	65	62	65	67	65	69	74	77	80	82	72
pV	mm	12	23	46	72	92	106	125	110	79	50	28	15	757
pLV	mm	2	5	9	72	92	106	125	110	79	50	6	3	659
N-pLV	mm	51	42	49	-8	-9	-5	-38	-18	3	20	79	59	

111 Split / Kroatien
43° 31′ N / 16° 26′ E · Höhe ü. NN: 122 m

		J	F	M	A	M	J	J	A	S	O	N	D	Jahr
t	°C	7,4	8,1	10,4	13,9	18,4	22,4	25,4	25,2	21,4	16,9	12,2	8,7	15,8
N	mm	83	68	75	66	56	51	28	50	61	79	108	100	825
rF	%	61	60	60	60	59	57	50	51	58	61	65	62	59
pV	mm	51	55	67	87	117	152	191	188	141	104	71	56	1281
pLV	mm	20	22	47	61	82	61	77	131	99	73	50	39	762
N-pLV	mm	62	46	28	5	-26	-10	-48	-81	-38	6	58	60	

112 Sarajevo / Bosnien und Herzegowina
43° 52′ N / 18° 26′ E · Höhe ü. NN: 630 m

		J	F	M	A	M	J	J	A	S	O	N	D	Jahr
t	°C	-0,9	1,5	5,1	9,4	14,1	17,0	18,9	18,5	15,1	10,4	5,3	0,3	9,6
N	mm	71	67	70	74	82	91	80	71	70	77	94	85	932
rF	%	84	75	66	61	63	66	64	65	70	74	77	85	71
pV	mm	8	18	36	61	85	95	112	107	78	50	28	10	688
pLV	mm	5	11	22	79	110	123	146	140	101	65	22	6	830
N-pLV	mm	67	56	48	-6	-28	-32	-66	-69	-31	12	72	79	

113 Belgrad / Serbien und Montenegro
44° 48′ N / 20° 28′ E · Höhe ü. NN: 132 m

		J	F	M	A	M	J	J	A	S	O	N	D	Jahr
t	°C	0,4	2,7	7,1	12,4	17,2	20,0	21,7	21,3	17,7	12,4	7,0	2,3	11,8
N	mm	49	44	50	59	71	90	66	51	51	40	54	58	684
rF	%	81	75	64	59	62	65	62	63	68	71	77	82	69
pV	mm	12	21	47	80	105	117	134	130	97	63	34	16	855
pLV	mm	2	4	9	80	105	117	134	130	97	63	7	3	751
N-pLV	mm	47	40	40	-21	-35	-26	-68	-79	-45	-23	48	54	

114 Podgorica / Serbien und Montenegro
42° 26′ N / 19° 17′ E · Höhe ü. NN: 49 m

		J	F	M	A	M	J	J	A	S	O	N	D	Jahr
t	°C	5,0	6,8	10,0	13,9	19,0	22,8	26,0	25,5	21,4	15,9	10,5	6,5	15,3
N	mm	192	167	159	144	89	63	38	66	121	166	239	217	1661
rF	%	74	71	67	65	63	60	52	51	61	69	77	76	65
pV	mm	29	39	58	80	115	148	194	190	136	84	45	33	1151
pLV	mm	12	16	40	56	80	59	77	133	95	59	32	23	683
N-pLV	mm	180	151	119	88	9	4	-39	-67	26	107	207	194	

t Mitteltemperatur
N Niederschlag
rF relative Feuchte
pV potenzielle Verdunstung
pLV potenzielle Landschaftsverdunstung
N-pLV Klimatische Wasserbilanz. Positive Werte = humide Monate; negative Werte = aride Monate

115 Skopje / Mazedonien
41° 45' N / 22° 10' E · Höhe ü. NN: 305 m

		J	F	M	A	M	J	J	A	S	O	N	D	Jahr
t	°C	0,7	3,5	7,5	12,5	17,3	21,1	23,4	23,0	19,2	13,4	7,4	2,4	12,6
N	mm	30	29	33	40	58	47	38	32	32	44	52	40	474
rF	%	80	75	68	63	63	59	53	54	59	68	78	82	67
pV	mm	13	24	45	75	103	137	168	163	123	72	34	16	974
pLV	mm	3	5	9	75	103	137	168	163	123	72	7	3	869
N-pLV	mm	27	24	24	-35	-46	-90	-130	-131	-92	-28	45	37	

116 Sofia / Bulgarien
42° 39' N / 23° 23' E · Höhe ü. NN: 559 m

		J	F	M	A	M	J	J	A	S	O	N	D	Jahr
t	°C	-1,5	0,7	4,8	10,4	14,6	18,0	19,8	20,7	16,1	10,7	5,1	0,6	10,0
N	mm	31	34	37	49	78	75	56	49	38	35	53	44	576
rF	%	77	74	69	63	67	67	63	62	65	70	77	79	68
pV	mm	9	17	33	63	80	98	119	122	91	57	28	14	730
pLV	mm	13	3	7	63	80	98	119	122	91	57	6	3	661
N-pLV	mm	18	31	30	-14	-2	-23	-63	-73	-53	-22	47	41	

117 Burgas / Bulgarien
42° 29' N / 27° 29' E · Höhe ü. NN: 28 m

		J	F	M	A	M	J	J	A	S	O	N	D	Jahr
t	°C	2,1	3,4	6,3	10,8	15,9	20,1	21,9	22,1	18,9	13,9	9,1	4,7	12,4
N	mm	41	43	40	54	42	49	33	30	37	47	56	48	521
rF	%	81	80	80	78	79	76	74	74	76	78	80	79	78
pV	mm	17	21	28	45	62	89	106	105	82	57	37	26	674
pLV	mm	3	4	6	45	62	89	106	105	82	57	37	5	601
N-pLV	mm	38	39	34	9	-20	-40	-73	-75	-45	-10	19	43	

118 Alexandrupolis / Griechenland
40° 51' N / 25° 55' E · Höhe ü. NN: 3 m

		J	F	M	A	M	J	J	A	S	O	N	D	Jahr
t	°C	4,8	5,8	8,5	13,2	18,3	23,0	25,6	25,2	21,0	15,5	11,0	7,0	14,9
N	mm	60	61	52	40	36	27	18	11	31	51	76	87	549
rF	%	75	74	73	71	69	61	54	53	60	68	75	77	67
pV	mm	30	34	44	67	98	148	185	182	135	86	52	35	1095
pLV	mm	12	14	18	47	68	104	129	128	95	60	36	14	724
N-pLV	mm	49	48	35	-7	-32	-77	-112	-117	-64	-9	40	73	

119 Ioannina / Griechenland
39° 42' N / 20° 49' E · Höhe ü. NN: 483 m

		J	F	M	A	M	J	J	A	S	O	N	D	Jahr
t	°C	4,6	6,1	8,9	12,6	17,4	21,7	24,8	24,2	20,3	14,9	9,7	5,8	14,3
N	mm	130	116	98	76	67	47	29	28	55	96	165	172	1078
rF	%	78	74	70	68	66	60	53	55	64	72	80	82	69
pV	mm	26	33	48	67	96	136	175	165	118	73	38	25	1000
pLV	mm	10	13	19	47	67	95	122	115	83	51	15	10	649
N-pLV	mm	120	102	79	29	0	-49	-94	-87	-28	45	149	162	

t Mitteltemperatur
N Niederschlag
rF relative Feuchte
pV potenzielle Verdunstung
pLV potenzielle Landschaftsverdunstung
N-pLV Klimatische Wasserbilanz. Positive Werte = humide Monate; negative Werte = aride Monate

120 Mytilini [Lesbos] / Griechenland
39° 04′ N / 26° 36′ E · Höhe ü. NN: 5 m

		J	F	M	A	M	J	J	A	S	O	N	D	Jahr
t	°C	9,3	9,8	11,8	15,8	20,2	24,6	26,4	25,9	23,0	18,3	14,5	11,3	17,6
N	mm	130	97	75	47	21	6	2	4	11	38	94	145	671
rF	%	71	70	68	64	63	57	56	57	60	66	71	72	65
pV	mm	50	54	66	93	123	168	187	179	151	103	73	57	1304
pLV	mm	35	38	46	65	49	67	75	71	60	72	51	40	671
N-pLV	mm	95	60	29	−18	−28	−61	−73	−67	−50	−34	42	105	

121 Athen / Griechenland
37° 54′ N / 23° 44′ E · Höhe ü. NN: 15 m

		J	F	M	A	M	J	J	A	S	O	N	D	Jahr
t	°C	10,2	10,5	12,4	16,0	20,6	25,0	27,8	27,6	24,3	19,3	15,4	12,0	18,4
N	mm	45	48	44	25	14	6	6	8	10	48	51	66	371
rF	%	69	69	67	63	60	54	48	48	54	62	69	70	61
pV	mm	56	58	69	96	132	180	218	216	174	119	81	63	1464
pLV	mm	45	46	56	38	53	72	87	87	70	95	65	51	764
N-pLV	mm	0	1	−11	−13	−38	−66	−82	−78	−60	−47	−14	16	

122 Riga / Lettland
56° 58′ N /24° 03′ E · Höhe ü. NN: 2 m

		J	F	M	A	M	J	J	A	S	O	N	D	Jahr
t	°C	-4,7	-4,2	-0,5	5,1	11,4	15,5	16,9	16,2	12,0	7,4	2,1	-2,3	6,2
N	mm	33	25	31	39	43	61	79	79	76	60	61	49	636
rF	%	95	89	82	73	69	68	73	76	78	84	90	93	81
pV	mm	1	2	10	31	61	83	81	70	48	25	9	3	424
pLV	mm	9	10	2	6	61	83	81	70	48	5	2	13	391
N-pLV	mm	24	15	29	33	−18	−22	−2	9	28	55	59	36	

123 Minsk / Weißrussland
53° 56′ N / 27° 38′ E · Höhe ü. NN: 231 m

		J	F	M	A	M	J	J	A	S	O	N	D	Jahr
t	°C	-6,9	-5,8	-1,4	6,0	12,9	16,1	17,3	16,5	11,7	6,3	0,8	-3,8	5,8
N	mm	40	34	42	42	62	83	88	72	60	49	52	53	677
rF	%	88	85	80	72	66	68	71	72	78	86	90	89	79
pV	mm	–	0	9	36	73	86	87	81	47	21	8	2	450
pLV	mm	6	7	13	7	73	86	87	81	47	4	2	10	423
N-pLV	mm	34	27	29	35	−11	−3	1	−9	13	45	50	43	

124 Kiew / Ukraine
50° 24′ N / 30° 34′ E · Höhe ü. NN: 167 m

		J	F	M	A	M	J	J	A	S	O	N	D	Jahr
t	°C	-5,6	-4,2	0,7	8,7	15,1	18,2	19,3	18,6	13,9	8,1	2,1	-2,3	7,7
N	mm	47	46	39	49	53	73	88	69	47	35	51	52	649
rF	%	85	84	79	67	63	67	69	69	74	80	89	88	76
pV	mm	0	2	14	52	89	101	102	97	65	32	10	5	570
pLV	mm	7	10	3	52	89	101	102	97	65	32	2	13	574
N-pLV	mm	40	36	36	−3	−36	−28	−14	−28	−18	3	49	39	

t Mitteltemperatur
N Niederschlag
rF relative Feuchte
pV potenzielle Verdunstung
pLV potenzielle Landschaftsverdunstung
N-pLV Klimatische Wasserbilanz.
Positive Werte = humide Monate;
negative Werte = aride Monate

125 Lemberg / Ukraine
49° 49′ N / 23° 57′ E · Höhe ü. NN: 323 m

		J	F	M	A	M	J	J	A	S	O	N	D	Jahr
t	°C	-4,6	-3,1	1,2	7,7	13,2	16,1	17,3	16,8	13,1	8,0	2,5	-2,1	7,2
N	mm	42	43	43	51	77	98	102	76	58	47	46	57	740
rF	%	92	91	81	72	72	74	74	76	79	82	89	92	81
pV	mm	1	3	14	41	65	75	79	73	51	30	11	3	446
pLV	mm	9	11	3	41	65	75	79	73	51	30	2	13	453
N-pLV	mm	33	32	40	10	12	23	23	3	7	17	44	44	

126 Poltava / Ukraine
49° 36′ N / 34° 33′ E · Höhe ü. NN: 160 m

		J	F	M	A	M	J	J	A	S	O	N	D	Jahr
t	°C	-6,6	-5,3	-0,1	8,8	15,4	18,6	20,1	19,4	14,3	7,6	1,5	-3,1	7,5
N	mm	43	37	35	40	51	60	71	46	44	42	49	51	569
rF	%	87	84	82	66	59	63	64	62	67	78	84	89	74
pV	mm	–	1	11	53	98	111	119	119	78	34	14	3	639
pLV	mm	6	8	2	53	98	111	119	119	78	34	3	11	640
N-pLV	mm	37	29	33	-13	-47	-51	-48	-73	-34	8	46	40	

127 Odessa / Ukraine
46° 29′ N / 30° 38′ E · Höhe ü. NN: 35 m

		J	F	M	A	M	J	J	A	S	O	N	D	Jahr
t	°C	-1,7	-1,0	2,6	9,0	15,1	19,4	21,5	21,2	17,0	11,2	5,8	1,4	10,1
N	mm	42	41	31	34	39	42	49	34	36	26	42	48	464
rF	%	89	86	83	75	72	69	66	64	70	77	86	87	77
pV	mm	5	7	16	43	73	103	123	127	88	49	20	10	664
pLV	mm	13	14	3	43	73	103	123	127	88	49	4	2	643
N-pLV	mm	29	27	28	-9	-34	-61	-74	-93	-52	-23	38	46	

128 Kischinau (Chişinău) / Moldawien
47° 01′ N / 28° 59′ E · Höhe ü. NN: 173 m

		J	F	M	A	M	J	J	A	S	O	N	D	Jahr
t	°C	-3,2	-1,7	2,8	10,3	16,1	19,4	20,9	20,5	16,2	10,2	4,4	-0,3	9,6
N	mm	40	38	35	42	51	76	69	45	46	27	40	38	547
rF	%	87	85	76	62	60	62	63	60	64	73	84	87	72
pV	mm	3	6	21	64	101	119	128	130	95	50	19	8	744
pLV	mm	12	13	4	64	101	119	128	130	95	50	4	2	721
N-pLV	mm	28	25	31	-22	-50	-43	-59	-85	-49	-23	36	36	

t Mitteltemperatur
N Niederschlag
rF relative Feuchte
pV potenzielle Verdunstung
pLV potenzielle Landschaftsverdunstung
N-pLV Klimatische Wasserbilanz. Positive Werte = humide Monate; negative Werte = aride Monate

129 Kairo / Ägypten

30° 08′ N / 31° 24′ E · Höhe ü. NN: 64 m

		J	F	M	A	M	J	J	A	S	O	N	D	Jahr
t	°C	13,6	14,9	16,9	21,2	24,5	27,3	27,6	27,4	26,0	23,3	18,9	15,0	21,4
tmax	°C	18,8	20,5	23,4	28,4	32,0	34,2	34,4	33,9	32,6	29,6	24,7	20,2	27,7
tmin	°C	9,0	9,8	11,7	14,7	17,5	20,4	21,7	21,9	20,4	17,9	13,8	10,3	16,2
N	mm	7	4	4	2	0	0	0	0	0	1	3	5	26
Nd	Tage	1	1	0	0	0	0	0	0	0	0	0	1	3
So	h	220	212	267	276	316	357	350	338	282	291	243	198	3351
rF	%	59	54	53	47	46	49	58	61	60	60	61	61	56
pV	mm	86	101	115	153	182	204	190	180	171	149	116	92	1736
pLV	mm	34	40	46	61	73	82	76	72	68	60	46	37	694
N-pLV	mm	-27	-36	-42	-59	-73	-82	-76	-72	-68	-59	-43	-32	

130 Algier / Algerien

36° 43′ N / 3° 15′ E · Höhe ü. NN: 25 m

		J	F	M	A	M	J	J	A	S	O	N	D	Jahr
t	°C	11,2	11,9	12,8	14,7	17,7	21,3	24,6	25,2	23,2	19,4	15,2	12,1	17,4
tmax	°C	16,5	17,3	18,5	20,4	23,5	27,0	30,6	31,2	29,2	25,1	20,7	17,2	23,1
tmin	°C	5,9	6,4	7,0	9,0	12,0	15,6	18,5	19,1	17,1	13,7	9,6	7,0	11,7
N	mm	79	83	74	60	41	17	4	6	35	76	93	111	679
Nd	Tage	8	9	9	7	6	2	1	1	3	7	8	11	72
So	h	152	164	214	228	282	303	341	319	264	214	159	149	2789
rF	%	78	78	77	76	76	72	70	71	72	73	76	79	75
pV	mm	46	49	54	63	77	106	133	134	118	93	66	48	986
pLV	mm	33	34	38	44	54	43	54	54	83	65	45	34	580
N-pLV	mm	46	49	36	16	-13	-26	-50	-48	-48	11	48	77	

131 Casablanca (Dar al-Beida) / Marokko

33° 34′ N / 7° 40′ W · Höhe ü. NN: 62 m

		J	F	M	A	M	J	J	A	S	O	N	D	Jahr
t	°C	12,8	13,4	14,1	15,4	17,5	20,2	22,4	22,7	21,7	19,2	16,1	13,5	17,4
tmax	°C	17,1	17,5	18,3	19,5	21,1	23,3	25,4	25,9	25,4	23,3	20,3	17,8	21,2
tmin	°C	8,4	9,2	9,9	11,5	14,0	17,1	19,3	19,5	18,2	15,2	11,8	9,3	13,6
N	mm	62	59	51	40	19	6	1	0	5	31	74	78	426
Nd	Tage	8	6	7	5	4	1	<1	<1	1	5	7	9	53
So	h	189	189	242	261	295	285	304	295	258	236	192	183	2927
rF	%	83	81	79	79	79	80	82	82	81	81	82	83	81
pV	mm	42	48	55	60	68	76	79	80	80	69	55	44	755
pLV	mm	29	34	38	42	27	31	32	32	32	48	38	31	413
N-pLV	mm	33	25	13	-2	-8	-25	-31	-32	-27	-17	36	47	

t Mitteltemperatur

tmax mittleres Maximum der Temperatur

tmin mittleres Minimum der Temperatur

N mittlerer Niederschlag

Nd Tage mit Niederschlag > 0,1 mm

So Monatssummen der tatsächlichen Sonnenscheindauer

rF relative Feuchte

pV potenzielle Verdunstung

pLV potenzielle Landschaftsverdunstung

N-pLV Klimatische Wasserbilanz. Positive Werte = humide Monate; negative Werte = aride Monate

132 Niamey / Niger
13° 29′ N / 2° 10′ E · Höhe ü. NN: 227 m

		J	F	M	A	M	J	J	A	S	O	N	D	Jahr
t	°C	24,3	27,3	30,9	33,8	34,0	31,5	29,0	27,9	29,0	30,8	27,9	25,0	29,3
tmax	°C	32,5	35,7	39,1	40,9	40,2	37,2	34,0	33,0	34,4	37,8	36,2	33,3	36,2
tmin	°C	16,1	19,0	22,9	26,5	27,7	25,7	24,1	23,2	23,6	24,2	19,5	16,7	22,4
N	mm	0	0	4	6	35	69	154	171	92	10	1	0	541
Nd	Tage	0	0	<1	<1	3	5	10	11	8	2	<1	0	41
So	h	282	263	270	252	279	267	257	236	252	285	282	279	3212
rF	%	21	18	18	26	40	53	65	71	66	45	28	24	40
pV	mm	204	232	269	307	304	249	187	152	180	257	241	212	2794
pLV	mm	82	93	108	123	122	100	131	106	72	103	96	85	1219
N-pLV	mm	−82	−93	−104	−117	−87	−31	24	65	20	−93	−96	−85	

133 Ouagadougou / Burkina Faso
12° 21′ N / 1° 31′ W · Höhe ü. NN: 304 m

		J	F	M	A	M	J	J	A	S	O	N	D	Jahr
t	°C	24,8	27,7	30,9	32,6	31,6	29,2	27,3	26,4	27,0	28,9	27,7	25,1	28,3
tmax	°C	34,0	36,8	39,5	40,0	37,9	34,8	32,5	30,6	32,4	35,7	36,8	35,0	35,5
tmin	°C	15,8	18,2	21,9	25,4	27,2	23,9	22,8	21,8	22,0	22,9	20,2	16,3	21,5
N	mm	0	0	5	24	74	107	180	223	138	31	0	0	782
Nd	Tage	0	<1	1	2	6	9	13	14	11	4	<1	0	59
So	h	288	263	264	255	276	264	239	223	237	273	288	285	3154
rF	%	24	21	22	36	50	64	72	80	77	60	38	29	48
pV	mm	210	238	272	291	256	190	145	106	123	201	233	212	2476
pLV	mm	105	119	136	145	128	95	145	106	123	100	116	106	1425
N-pLV	mm	−105	−119	−131	−121	−54	12	35	117	15	−69	−116	−106	

134 Khartum / Sudan
15° 36′ N / 32° 33′ E · Höhe ü. NN: 380 m

		J	F	M	A	M	J	J	A	S	O	N	D	Jahr
t	°C	23,2	25,0	28,7	31,9	34,5	34,3	32,1	31,5	32,5	32,4	28,1	24,5	29,9
tmax	°C	30,8	33,0	36,8	40,1	41,9	41,3	38,4	37,3	39,1	39,3	35,2	31,8	37,1
tmin	°C	15,6	17,0	20,5	23,6	27,1	27,3	25,9	25,3	26,0	25,5	21,0	17,1	22,7
N	mm	0	0	0	0	4	5	46	75	25	5	1	0	162
Nd	Tage	0	0	0	0	1	1	4	4	2	1	0	0	13
So	h	316	297	316	318	310	279	270	273	273	307	303	319	3581
rF	%	27	22	17	16	19	28	43	49	40	28	27	30	29
pV	mm	194	211	245	277	310	314	276	257	285	291	243	206	3110
pLV	mm	58	63	74	83	93	83	138	129	86	87	73	62	984
N-pLV	mm	−58	−63	−74	−83	−89	−36	−92	−53	−60	−83	−72	−62	

t	Mitteltemperatur
tmax	mittleres Maximum der Temperatur
tmin	mittleres Minimum der Temperatur
N	mittlerer Niederschlag
Nd	Tage mit Niederschlag > 0,1 mm
So	Monatssummen der tatsächlichen Sonnenscheindauer
rF	relative Feuchte
pV	potenzielle Verdunstung
pLV	potenzielle Landschaftsverdunstung
N-pLV	Klimatische Wasserbilanz. Positive Werte = humide Monate; negative Werte = aride Monate

135 Jimma / Äthiopien
7° 40′ N / 36° 50′ E · Höhe ü. NN: 1577 m

		J	F	M	A	M	J	J	A	S	O	N	D	Jahr
t	°C	17,8	18,6	19,6	19,8	19,8	19,1	18,6	18,6	19,4	18,8	17,8	17,2	18,8
tmax	°C	28,3	27,9	28,2	27,5	26,5	25,5	23,9	24,1	25,7	26,5	27,3	27,6	26,6
tmin	°C	17,8	18,6	19,6	19,8	19,8	19,1	18,6	18,6	19,4	18,8	17,8	17,2	18,8
N	mm	31	52	88	127	151	198	200	203	171	114	57	30	1421
Nd	Tage	5	8	11	12	17	20	22	23	19	9	6	4	156
So	h	– Werte liegen nicht vor –												
rF	%	59	62	63	66	72	76	80	80	77	73	68	64	70
pV	mm	114	114	118	113	98	83	70	70	82	90	96	101	1147
pLV	mm	80	79	83	79	117	100	84	84	98	63	67	71	1004
N-pLV	mm	-49	-27	5	48	33	98	116	119	73	51	-11	-40	

136 Daressalam / Tansania
6° 52′ S / 39° 12′ E · Höhe ü. NN: 55 m

		J	F	M	A	M	J	J	A	S	O	N	D	Jahr
t	°C	27,4	27,7	27,4	26,5	25,5	24,2	23,5	23,7	24,3	25,3	26,3	27,3	25,8
tmax	°C	31,2	31,6	31,9	30,6	29,8	29,3	28,8	29,2	29,7	30,3	30,8	31,2	30,4
tmin	°C	24,2	23,8	23,2	22,7	21,4	19,4	18,6	18,4	18,8	20,0	21,9	23,4	21,3
N	mm	78	52	131	269	176	42	31	27	28	66	132	116	1148
Nd	Tage	7	4	12	18	13	5	5	4	5	6	8	10	97
So	h	236	223	214	156	214	222	223	267	252	276	252	242	2776
rF	%	77	76	80	84	81	78	77	76	75	76	78	78	79
pV	mm	125	132	112	89	97	103	103	107	114	117	114	120	1333
pLV	mm	88	92	78	106	117	72	72	75	80	82	80	84	1026
N-pLV	mm	-10	-40	53	163	59	-30	-41	-48	-52	-16	52	32	

137 Freetown / Sierra Leone
8° 37′ N / 13° 12′ W · Höhe ü. NN: 27 m

		J	F	M	A	M	J	J	A	S	O	N	D	Jahr
t	°C	27,3	27,6	28,1	28,5	28,3	27,4	26,3	25,9	26,4	27,1	27,7	27,5	27,3
tmax	°C	29,9	30,3	30,9	31,2	30,9	30,1	28,7	28,4	29,0	29,9	30,1	29,7	29,9
tmin	°C	23,8	24,0	24,4	24,8	24,4	23,6	23,1	23,0	23,1	23,4	24,0	24,1	23,8
N	mm	3	4	13	47	177	323	734	791	484	266	88	16	2945
Nd	Tage	0	0	1	3	12	21	25	25	22	19	8	2	138
So	h	226	216	233	207	189	153	102	87	126	186	198	161	2084
rF	%	73	73	73	74	78	82	85	87	85	83	81	76	79
pV	mm	143	142	148	145	126	103	83	73	83	95	108	130	1380
pLV	mm	100	100	104	101	151	124	100	88	100	114	76	91	1248
N-pLV	mm	-97	-96	-91	-55	26	199	634	703	384	152	12	-75	

t Mitteltemperatur
tmax mittleres Maximum der Temperatur
tmin mittleres Minimum der Temperatur
N mittlerer Niederschlag
Nd Tage mit Niederschlag > 0,1 mm
So Monatssummen der tatsächlichen Sonnenscheindauer
rF relative Feuchte
pV potenzielle Verdunstung
pLV potenzielle Landschaftsverdunstung
N-pLV Klimatische Wasserbilanz. Positive Werte = humide Monate; negative Werte = aride Monate

Afrika

138 Lagos / Nigeria
6° 35′ N / 3° 20′ E · Höhe ü. NN: 38 m

		J	F	M	A	M	J	J	A	S	O	N	D	Jahr
t	°C	27,3	28,5	28,5	28,0	27,1	25,6	25,3	25,1	25,5	26,4	27,2	27,2	26,8
tmax	°C	32,2	33,2	32,9	32,2	30,9	29,3	28,2	28,3	28,9	30,3	31,4	31,8	30,8
tmin	°C	22,4	23,7	24,1	23,7	23,2	21,9	22,3	21,8	22,1	22,4	23,0	22,5	22,8
N	mm	13	41	84	146	202	316	243	122	160	125	40	15	1507
Nd	Tage	2	3	7	9	13	16	13	12	13	11	5	2	104
So	h	164	168	174	180	177	114	99	109	114	167	186	192	1844
rF	%	76	78	81	83	86	90	89	88	88	88	85	79	84
pV	mm	127	125	114	99	80	56	61	65	66	70	88	113	1065
pLV	mm	89	88	80	70	96	67	73	46	79	49	62	79	876
N-pLV	mm	–76	–47	4	77	107	249	170	76	81	76	–22	–64	

139 Douala / Kamerun
4° 01′ N / 9° 44′ E · Höhe ü. NN: 5 m

		J	F	M	A	M	J	J	A	S	O	N	D	Jahr
t	°C	27,5	28,1	27,8	27,6	27,2	26,2	25,1	24,9	25,6	26,1	26,9	27,2	26,7
tmax	°C	31,7	32,3	32,1	31,9	31,2	29,4	27,6	27,3	28,6	29,6	30,6	31,3	30,3
tmin	°C	23,3	23,9	23,5	23,4	23,2	22,9	22,6	22,8	22,7	22,6	23,2	23,2	23,1
N	mm	36	64	168	230	272	429	695	755	626	410	134	35	3851
Nd	Tage	5	9	16	18	21	23	27	30	27	25	13	6	220
So	h	193	179	172	177	176	123	72	53	91	131	162	184	1713
rF	%	80	79	80	81	82	84	87	88	85	84	83	82	83
pV	mm	113	120	113	109	103	86	67	63	78	89	97	103	1141
pLV	mm	79	84	136	131	124	103	80	75	93	107	68	72	1152
N-pLV	mm	–43	–21	32	99	148	326	615	679	533	303	66	–37	

140 Lilongwe / Malawi
13° 59′ S / 33° 38′ E · Höhe ü. NN: 1149 m

		J	F	M	A	M	J	J	A	S	O	N	D	Jahr
t	°C	21,0	20,9	20,7	19,8	17,8	15,7	15,6	17,3	20,1	22,4	22,8	21,5	19,6
tmax	°C	26,6	26,7	26,8	26,6	25,7	24,1	23,8	25,5	28,2	30,2	29,7	27,4	26,8
tmin	°C	17,3	17,1	16,3	14,5	11,2	8,6	8,4	9,4	11,8	14,7	16,7	17,4	13,6
N	mm	221	195	149	47	11	2	1	0	2	11	81	202	924
Nd	Tage	18	14	11	7	1	0	0	0	0	2	5	17	75
So	h	161	154	205	234	264	249	245	273	291	295	234	171	2774
rF	%	84	85	83	80	73	68	65	59	52	53	62	79	70
pV	mm	66	62	68	75	85	84	89	110	142	159	143	86	1171
pLV	mm	66	62	68	37	42	42	45	55	71	80	72	86	726
N-pLV	mm	155	133	81	10	–31	–40	–43	–55	–70	–68	10	116	

t	Mitteltemperatur
tmax	mittleres Maximum der Temperatur
tmin	mittleres Minimum der Temperatur
N	mittlerer Niederschlag
Nd	Tage mit Niederschlag > 0,1 mm
So	Monatssummen der tatsächlichen Sonnenscheindauer
rF	relative Feuchte
pV	potenzielle Verdunstung
pLV	potenzielle Landschaftsverdunstung
N-pLV	Klimatische Wasserbilanz. Positive Werte = humide Monate; negative Werte = aride Monate

141 Harare (Salisbury) / Simbabwe

17° 55' S / 31°8' E · Höhe ü. NN: 1479 m

		J	F	M	A	M	J	J	A	S	O	N	D	Jahr
t	°C	21,0	20,7	20,3	18,8	16,1	13,7	13,4	15,5	18,6	20,8	21,2	20,9	18,4
tmax	°C	26,3	25,8	26,2	25,3	23,4	21,4	21,4	23,7	26,8	28,2	27,4	26,2	25,2
tmin	°C	15,8	15,6	14,5	12,3	8,8	6,1	5,5	7,4	10,5	13,4	15,0	15,7	11,7
N	mm	187	157	96	38	10	4	1	3	8	34	96	171	805
Nd	Tage	14	13	10	5	1	<1	<1	1	1	4	8	14	71
So	h	217	192	233	249	270	264	279	301	294	285	231	198	3013
rF	%	76	77	72	67	62	60	55	50	45	48	63	73	62
pV	mm	93	88	101	104	98	86	91	111	140	154	129	101	1295
pLV	mm	93	88	50	52	49	43	45	55	70	77	65	101	789
N-pLV	mm	94	69	46	-14	-39	-39	-44	-52	-62	-43	31	70	

142 Windhuk / Namibia

22° 34' S / 17° 6' E · Höhe ü. NN: 1728 m

		J	F	M	A	M	J	J	A	S	O	N	D	Jahr
t	°C	23,6	22,6	21,3	19,2	16,0	13,4	13,4	16,0	19,2	21,9	22,5	23,8	19,4
tmax	°C	30,0	28,6	27,2	25,6	22,7	20,2	20,5	23,4	26,5	29,1	29,6	30,7	26,2
tmin	°C	17,2	16,5	15,4	12,8	9,2	6,7	6,3	8,6	11,9	14,6	15,6	16,9	12,6
N	mm	78	77	79	38	7	1	1	1	3	11	27	42	365
Nd	Tage	8	9	8	4	1	<1	<1	<1	<1	2	4	5	42
So	h	270	226	251	282	301	297	310	319	303	310	300	316	3485
rF	%	42	56	51	44	37	32	27	19	17	22	30	34	34
pV	mm	187	155	154	146	126	108	110	131	158	182	186	197	1840
pLV	mm	94	78	77	44	38	32	33	39	47	55	56	59	651
N-pLV	mm	-16	-1	2	-6	-31	-31	-32	-38	-44	-44	-29	-17	

143 Antananarivo / Madagaskar

18° 48' S / 47° 29' E · Höhe ü. NN: 1276 m

		J	F	M	A	M	J	J	A	S	O	N	D	Jahr
t	°C	20,5	20,7	20,1	19,2	16,8	14,6	14,1	14,5	16,3	18,5	19,7	20,2	17,9
tmax	°C	26,4	26,5	25,9	25,2	23,2	21,1	20,4	21,0	23,6	25,8	26,6	26,4	24,3
tmin	°C	16,6	16,8	16,3	15,0	12,3	10,0	9,5	9,6	10,6	12,9	14,8	16,2	13,4
N	mm	274	279	204	65	23	8	11	10	11	76	188	310	1456
Nd	Tage	15	15	12	5	2	2	2	1	1	6	12	17	90
So	h	211	178	199	221	229	206	214	235	250	251	233	201	2626
rF	%	79	80	80	79	79	79	79	76	71	71	75	79	77
pV	mm	82	79	77	75	66	57	55	63	81	94	90	80	899
pLV	mm	98	95	92	53	46	40	39	44	57	66	107	96	833
N-pLV	mm	176	184	112	12	-23	-32	-28	-34	-46	10	80	214	

t Mitteltemperatur

tmax mittleres Maximum der Temperatur

tmin mittleres Minimum der Temperatur

N mittlerer Niederschlag

Nd Tage mit Niederschlag > 0,1 mm

So Monatssummen der tatsächlichen Sonnenscheindauer

rF relative Feuchte

pV potenzielle Verdunstung

pLV potenzielle Landschaftsverdunstung

N-pLV Klimatische Wasserbilanz. Positive Werte = humide Monate; negative Werte = aride Monate

144 As-Salum / Ägypten
31° 32′ N / 25° 11′ E · Höhe ü. NN: 4 m

		J	F	M	A	M	J	J	A	S	O	N	D	Jahr
t	°C	13,8	14,5	16,1	18,6	21,2	24,7	26,2	26,4	25,0	22,6	18,9	15,3	20,3
N	mm	21	15	7	6	2	1	0	0	0	13	10	17	92
rF	%	59	58	59	58	60	59	62	65	64	62	59	59	60
pV	mm	89	93	102	119	135	164	171	162	155	142	121	97	1549
pLV	mm	35	19	20	24	27	33	34	32	31	28	48	39	371
N-pLV	mm	-14	-4	-13	-18	-25	-32	-34	-32	-31	-15	-38	-22	

145 Alexandria / Ägypten
31° 12′ N / 29° 57′ E · Höhe ü. NN: -2 m

		J	F	M	A	M	J	J	A	S	O	N	D	Jahr
t	°C	13,4	13,9	15,7	18,5	21,2	24,3	25,9	26,3	25,1	22,0	18,7	14,9	20,0
N	mm	51	27	13	4	1	0	0	0	1	11	29	52	189
rF	%	69	67	67	65	66	68	71	71	67	68	68	68	68
pV	mm	71	76	86	106	122	137	139	141	147	123	101	80	1330
pLV	mm	49	31	34	42	49	55	56	57	59	49	70	56	607
N-pLV	mm	2	-4	-21	-38	-48	-55	-56	-57	-58	-38	-41	-4	

146 Dakhla / Ägypten
25° 29′ N / 29° 00′ E · Höhe ü. NN: 106 m

		J	F	M	A	M	J	J	A	S	O	N	D	Jahr
t	°C	12,0	14,2	18,3	23,6	28,4	30,8	30,9	30,4	28,4	24,3	18,1	13,7	22,8
N	mm	0	0	0	0	0	0	0	0	0	0	0	0	0
rF	%	47	41	35	29	26	24	26	28	31	36	43	47	34
pV	mm	89	108	144	193	240	269	272	266	244	198	138	101	2263
pLV	mm	18	22	29	39	48	54	54	53	49	40	28	20	453
N-pLV	mm	-18	-22	-29	-39	-48	-54	-54	-53	-49	-40	-28	-20	

147 Assuan / Ägypten
23° 58′ N / 32° 47′ E · Höhe ü. NN: 193 m

		J	F	M	A	M	J	J	A	S	O	N	D	Jahr
t	°C	15,3	17,5	21,8	27,0	31,4	33,5	33,6	33,2	31,2	27,7	21,5	16,9	25,9
N	mm	0	0	0	0	0	0	0	0	0	0	0	0	0
rF	%	40	32	24	19	17	16	18	21	22	27	36	42	26
pV	mm	118	139	180	230	270	291	299	293	274	237	171	129	2632
pLV	mm	24	28	36	46	54	58	60	59	55	47	34	26	526
N-pLV	mm	-24	-28	-36	-46	-54	-58	-60	-59	-55	-47	-34	-26	

148 Bengasi-Benin / Libyen
32° 6′ N / 20° 16′ E · Höhe ü. NN: 131 m

		J	F	M	A	M	J	J	A	S	O	N	D	Jahr
t	°C	12,5	13,2	14,9	18,7	22,5	25,5	25,9	26,5	25,1	22,1	18,2	14,1	19,9
N	mm	66	41	18	5	3	3	0	3	3	18	46	64	270
rF	%	76	73	67	58	55	55	65	67	65	64	70	74	66
pV	mm	55	63	82	122	156	182	159	157	153	133	94	65	1421
pLV	mm	38	44	33	49	63	73	64	63	61	53	66	45	651
N-pLV	mm	28	-3	-15	-44	-60	-70	-64	-60	-58	-35	-20	19	

t Mitteltemperatur
N Niederschlag
rF relative Feuchte
pV potenzielle Verdunstung
pLV potenzielle Landschaftsverdunstung
N-pLV Klimatische Wasserbilanz
Positive Werte = humide Monate;
negative Werte = aride Monate

149 Ghat / Libyen

24° 58′ N / 10° 11′ E · Höhe ü. NN: 697 m

		J	F	M	A	M	J	J	A	S	O	N	D	Jahr
t	°C	13,8	15,9	20,5	25,6	30,0	33,7	33,2	32,9	31,1	26,9	21,4	15,6	25,1
N	mm	6	0	0	0	4	0	0	0	0	0	0	0	10
rF	%	41	35	35	29	27	21	23	21	24	36	32	42	31
pV	mm	107	127	165	217	264	303	299	294	275	226	175	119	2570
pLV	mm	21	25	33	43	53	61	60	59	55	45	35	24	514
N-pLV	mm	−16	−25	−33	−43	−49	−61	−60	−59	−55	−45	−35	−24	

150 Kufra / Libyen

24° 13′ N / 23° 20′ E · Höhe ü. NN: 382 m

		J	F	M	A	M	J	J	A	S	O	N	D	Jahr
t	°C	12,9	15,2	19,4	24,6	28,1	30,6	30,6	30,3	28,1	24,0	18,5	14,0	23,0
N	mm	0	1	0	0	0	0	0	0	0	0	0	0	1
rF	%	47	41	33	28	27	24	26	27	31	34	43	48	34
pV	mm	95	117	157	207	243	270	270	267	242	198	141	102	2310
pLV	mm	19	23	31	41	49	54	54	53	48	40	28	20	462
N-pLV	mm	−19	−22	−31	−41	−49	−54	−54	−53	−48	−40	−28	−20	

151 Tunis / Tunesien

36° 50′ N / 10° 14′ E · Höhe ü. NN: 3 m

		J	F	M	A	M	J	J	A	S	O	N	D	Jahr
t	°C	11,5	12,0	13,2	15,6	19,3	23,2	26,3	26,8	24,4	20,4	15,9	12,5	18,4
N	mm	59	57	47	38	23	10	3	7	33	66	56	67	466
rF	%	76	74	73	71	68	64	62	64	68	72	74	77	70
pV	mm	51	56	63	78	105	141	171	169	138	101	73	53	1200
pLV	mm	35	39	44	55	42	56	69	68	97	71	51	37	664
N-pLV	mm	24	18	3	−17	−19	−46	−65	−61	−64	−5	5	30	

152 Gafsa / Tunesien

34° 25′ N / 8° 49′ E · Höhe ü. NN: 313 m

		J	F	M	A	M	J	J	A	S	O	N	D	Jahr
t	°C	9,4	11,1	13,7	17,1	21,7	26,1	28,9	28,7	25,3	19,8	14,0	10,0	18,8
N	mm	23	17	24	12	13	9	1	8	23	21	17	27	194
rF	%	65	61	58	55	52	47	43	48	55	61	65	68	56
pV	mm	57	70	89	115	155	204	239	229	181	124	80	56	1599
pLV	mm	11	14	18	23	31	41	48	46	36	25	16	22	331
N-pLV	mm	11	3	6	−11	−18	−32	−47	−38	−14	−4	1	5	

153 Djerba / Tunesien

33° 52′ N / 10° 46′ E · Höhe ü. NN: 4 m

		J	F	M	A	M	J	J	A	S	O	N	D	Jahr
t	°C	12,5	13,5	15,2	17,8	21,0	24,4	26,9	27,7	25,9	22,3	17,3	13,7	19,8
N	mm	29	21	19	13	5	1	1	3	20	54	34	36	235
rF	%	69	67	66	66	65	66	63	65	69	68	67	70	67
pV	mm	66	75	85	100	123	144	173	174	146	124	95	70	1377
pLV	mm	46	30	34	40	49	58	69	70	58	87	67	49	658
N-pLV	mm	−18	−9	−15	−27	−44	−57	−69	−66	−39	−33	−33	−14	

t Mitteltemperatur

N Niederschlag

rF relative Feuchte

pV potenzielle Verdunstung

pLV potenzielle Landschaftsverdunstung

N-pLV Klimatische Wasserbilanz. Positive Werte = humide Monate; negative Werte = aride Monate

154 Oran / Algerien
35° 37′ N / 0°36′ W · Höhe ü. NN: 90 m

		J	F	M	A	M	J	J	A	S	O	N	D	Jahr
t	°C	10,6	11,6	13,2	15,0	18,2	21,5	24,4	25,0	22,8	18,7	14,3	11,3	17,2
N	mm	44	47	43	40	27	9	2	2	13	34	41	64	366
rF	%	80	77	74	73	69	70	69	68	72	75	77	78	73
pV	mm	41	49	61	71	96	113	135	143	115	84	60	47	1015
pLV	mm	29	35	43	50	38	45	54	57	46	59	42	33	530
N-pLV	mm	15	12	0	-10	-11	-36	-52	-55	-33	-25	-1	31	

155 Biskra / Algerien
34° 51′ N / 5°44′ W · Höhe ü. NN: 124 m

		J	F	M	A	M	J	J	A	S	O	N	D	Jahr
t	°C	11,4	13,4	16,5	20,7	25,0	30,3	33,6	32,9	28,9	23,0	16,7	12,1	22,0
N	mm	15	11	19	16	10	6	1	4	14	15	18	19	148
rF	%	54	50	43	38	34	30	26	29	37	44	53	57	41
pV	mm	79	96	125	165	208	267	305	297	247	179	115	80	2164
pLV	mm	16	20	25	33	42	53	61	59	49	36	24	32	449
N-pLV	mm	-1	-9	-6	-17	-32	-47	-60	-55	-35	-21	-6	-13	

156 In Salah / Algerien
27° 12′ N / 2° 28′ E · Höhe ü. NN: 293 m

		J	F	M	A	M	J	J	A	S	O	N	D	Jahr
t	°C	14,3	17,6	21,0	25,2	30,1	35,6	37,0	36,5	33,1	26,9	20,1	14,9	26,0
N	mm	4	4	1	2	1	0	0	1	0	1	1	3	18
rF	%	39	33	27	22	19	16	15	15	21	29	36	41	26
pV	mm	112	142	174	213	261	318	331	326	296	230	161	115	2678
pLV	mm	22	28	35	43	52	63	66	65	59	46	32	23	535
N-pLV	mm	-18	-24	-34	-41	-51	-63	-66	-64	-59	-45	-31	-20	

157 Fès / Marokko
34° 2′ N / 4° 59′ W · Höhe ü. NN: 410 m

		J	F	M	A	M	J	J	A	S	O	N	D	Jahr
t	°C	9,6	11,1	13,6	15,7	18,6	23,0	26,8	27,1	23,9	19,5	14,3	10,8	17,8
N	mm	80	72	71	64	37	12	1	3	15	36	61	85	537
rF	%	79	76	73	71	68	60	58	56	58	64	70	75	67
pV	mm	39	49	65	78	101	150	187	195	162	115	73	50	1263
pLV	mm	31	20	52	63	40	60	75	78	65	92	59	20	654
N-pLV	mm	49	52	19	1	-3	-48	-74	-75	-50	-56	2	65	

158 Dakhla (Villa Cisneros) / Sahara
23° 42′ N / 15° 52′ W · Höhe ü. NN: 10 m

		J	F	M	A	M	J	J	A	S	O	N	D	Jahr
t	°C	18,1	18,4	20,0	19,2	19,9	20,7	21,9	22,7	23,0	22,6	20,8	18,7	20,5
N	mm	2	3	1	0	0	0	1	2	11	6	3	10	39
rF	%	70	77	75	75	78	79	81	82	80	77	76	73	77
pV	mm	93	77	91	86	81	82	80	80	89	98	92	89	1039
pLV	mm	19	15	18	17	16	16	16	16	18	20	18	18	208
N-pLV	mm	-17	-12	-17	-17	-16	-16	-15	-14	-7	-14	-15	-8	

t Mitteltemperatur
N Niederschlag
rF relative Feuchte
pV potenzielle Verdunstung
pLV potenzielle Landschaftsverdunstung
N-pLV Klimatische Wasserbilanz.
Positive Werte = humide Monate;
negative Werte = aride Monate

159 Atar / Mauretanien
20° 31′ N / 13° 4′ W · Höhe ü. NN: 227 m

		J	F	M	A	M	J	J	A	S	O	N	D	Jahr
t	°C	19,9	21,5	25,1	28,0	30,6	34,3	34,5	33,8	33,2	30,2	25,2	20,7	28,1
N	mm	2	1	1	0	2	7	8	32	37	11	8	5	114
rF	%	31	29	28	25	23	23	30	33	31	25	28	30	28
pV	mm	162	178	212	242	269	312	317	307	301	266	213	170	2948
pLV	mm	32	36	42	48	54	62	63	61	60	53	43	34	590
N-pLV	mm	-30	-35	-41	-48	-52	-55	-55	-29	-23	-42	-35	-29	

160 Nouakchott / Mauretanien
18° 7′ N / 15° 56′ W · Höhe ü. NN: 5 m

		J	F	M	A	M	J	J	A	S	O	N	D	Jahr
t	°C	20,8	22,3	24,6	25,3	26,8	27,6	27,4	28,1	29,2	28,3	25,4	21,6	25,6
N	mm	0	2	2	0	0	0	14	37	28	7	1	7	98
rF	%	36	39	43	49	54	60	70	72	69	55	44	35	52
pV	mm	167	178	195	193	197	189	154	151	172	209	202	175	2181
pLV	mm	33	36	39	39	39	38	31	30	34	42	40	35	436
N-pLV	mm	-33	-34	-37	-39	-39	-38	-17	7	-6	-35	-39	-28	

161 Néma / Mauretanien
16° 37′ N / 7° 16′ W · Höhe ü. NN: 269 m

		J	F	M	A	M	J	J	A	S	O	N	D	Jahr
t	°C	23,9	26,7	29,7	32,9	35,9	35,2	32,3	30,9	31,8	32,6	28,7	23,9	30,4
N	mm	2	0	0	5	7	25	64	89	52	9	1	0	254
rF	%	19	20	18	17	20	34	52	63	54	28	20	20	31
pV	mm	200	227	256	289	328	325	259	210	248	293	248	200	3084
pLV	mm	60	68	77	87	98	97	130	105	124	88	74	60	1069
N-pLV	mm	-58	-68	-77	-82	-91	-72	-66	-16	-72	-79	-73	-60	

162 Saint-Louis / Senegal
16° 03′ N / 16° 27′ W · Höhe ü. NN: 4 m

		J	F	M	A	M	J	J	A	S	O	N	D	Jahr
t	°C	22,9	24,4	25,1	24,9	24,9	26,4	27,6	28,3	28,7	28,6	26,5	23,7	26,0
N	mm	2	2	0	0	0	7	40	94	92	23	0	1	261
rF	%	41	43	46	53	63	72	77	79	78	66	52	43	59
pV	mm	182	193	195	180	157	138	127	121	128	177	198	186	1983
pLV	mm	91	96	98	90	79	69	64	60	64	88	99	93	992
N-pLV	mm	-89	-94	-98	-90	-79	-62	-23	34	28	-65	-99	-93	

163 Matam / Senegal
15° 39′ N / 13° 15′ W · Höhe ü. NN: 17 m

		J	F	M	A	M	J	J	A	S	O	N	D	Jahr
t	°C	24,2	26,8	29,8	32,6	34,8	33,9	31,3	29,9	29,9	31,2	28,6	24,8	29,8
N	mm	0	1	0	1	1	25	85	133	95	21	3	1	367
rF	%	29	26	23	22	25	37	54	66	66	49	35	32	39
pV	mm	203	230	261	291	319	305	242	191	188	254	244	207	2935
pLV	mm	142	161	182	204	223	214	169	134	132	178	171	145	2054
N-pLV	mm	-142	-159	-182	-202	-222	-189	-84	0	-37	-157	-168	-144	

t Mitteltemperatur
N Niederschlag
rF relative Feuchte

pV potenzielle Verdunstung
pLV potenzielle Landschaftsverdunstung
N-pLV Klimatische Wasserbilanz.
Positive Werte = humide Monate;
negative Werte = aride Monate

164 Diourbel / Senegal
14° 39′ N / 16° 14′ W · Höhe ü. NN: 9 m

		J	F	M	A	M	J	J	A	S	O	N	D	Jahr
t	°C	24,5	26,5	28,4	29,5	30,3	30,6	29,7	28,8	28,7	29,6	27,7	24,9	28,2
N	mm	2	0	0	0	1	29	106	185	153	38	1	1	516
rF	%	32	30	31	35	42	54	66	72	75	62	44	35	48
pV	mm	205	225	245	254	256	235	189	155	144	202	224	207	2542
pLV	mm	102	112	123	127	128	118	94	155	144	101	112	103	1420
N-pLV	mm	-100	-112	-123	-127	-127	-89	11	31	9	-63	-111	-102	

165 Praia [São Tiago] / Kapverden
14° 54′ N / 23° 31′ W · Höhe ü. NN: 27 m

		J	F	M	A	M	J	J	A	S	O	N	D	Jahr
t	°C	22,4	22,2	22,9	23,4	24,0	24,9	25,4	26,2	26,8	26,4	25,4	23,4	24,5
N	mm	2	2	0	0	0	0	0	45	105	58	30	10	252
rF	%	64	62	59	63	65	67	72	74	76	73	68	67	68
pV	mm	135	139	151	145	144	145	132	130	126	135	146	134	1663
pLV	mm	41	42	45	44	43	44	40	39	63	68	44	40	551
N-pLV	mm	-39	-40	-45	-44	-43	-44	-40	6	42	-10	-14	-30	

166 Tessalit / Mali
20° 12′ N / 0° 59′ E · Höhe ü. NN: 494 m

		J	F	M	A	M	J	J	A	S	O	N	D	Jahr
t	°C	19,9	22,6	26,1	29,9	33,6	35,4	34,9	33,2	33,3	30,7	25,3	20,4	28,8
N	mm	0	0	1	1	5	6	17	26	12	1	0	0	69
rF	%	23	19	17	14	15	18	26	33	24	19	22	21	21
pV	mm	164	188	220	254	294	319	321	300	300	268	214	169	3011
pLV	mm	33	38	44	51	59	64	64	60	60	54	43	34	602
N-pLV	mm	-33	-38	-43	-50	-54	-58	-47	-34	-48	-53	-43	-34	

167 Timbuktu / Mali
16° 43′ N / 3° 0′ W · Höhe ü. NN: 263 m

		J	F	M	A	M	J	J	A	S	O	N	D	Jahr
t	°C	21,3	24,2	27,4	31,1	34,2	34,1	32,0	30,3	31,1	30,7	26,2	21,7	28,7
N	mm	0	0	0	1	4	15	45	64	27	2	1	0	159
rF	%	27	22	21	20	24	37	49	60	52	32	27	29	33
pV	mm	176	204	235	273	311	308	263	214	246	270	223	179	2904
pLV	mm	53	61	70	82	93	93	132	107	74	81	67	54	914
N-pLV	mm	-53	-61	-70	-81	-89	-78	-87	-43	-47	-79	-66	-54	

168 Gao / Mali
16° 16′ N / 0° 3′ W · Höhe ü. NN: 265 m

		J	F	M	A	M	J	J	A	S	O	N	D	Jahr
t	°C	22,3	24,8	28,8	32,0	34,4	34,5	32,0	29,7	31,4	31,7	28,2	23,7	29,5
N	mm	0	0	0	1	5	27	73	107	38	7	0	0	258
rF	%	22	18	17	16	23	33	46	52	44	26	22	21	28
pV	mm	186	208	246	278	313	316	269	231	266	283	243	199	3038
pLV	mm	56	62	74	83	94	95	135	115	80	85	73	60	1012
N-pLV	mm	-56	-62	-74	-82	-89	-68	-62	-8	-42	-78	-73	-60	

t Mitteltemperatur
N Niederschlag
rF relative Feuchte
pV potenzielle Verdunstung
pLV potenzielle Landschaftsverdunstung
N-pLV Klimatische Wasserbilanz. Positive Werte = humide Monate; negative Werte = aride Monate

169 Kayes / Mali
14° 26′ N / 11° 26′ W · Höhe ü. NN: 47 m

		J	F	M	A	M	J	J	A	S	O	N	D	Jahr
t	°C	25,2	28,0	31,4	34,4	35,2	32,6	29,6	27,0	28,2	29,0	28,4	25,6	29,6
N	mm	0	0	0	3	23	95	170	242	164	46	4	0	747
rF	%	25	22	20	20	30	52	70	79	78	63	38	28	44
pV	mm	213	241	276	310	326	263	171	114	126	192	240	217	2690
pLV	mm	149	169	193	217	228	184	205	137	151	134	168	152	2088
N-pLV	mm	-149	-169	-193	-214	-205	-89	-35	105	13	-88	-164	-152	

170 Bamako / Mali
12° 32′ N / 7° 57′ W · Höhe ü. NN: 380 m

		J	F	M	A	M	J	J	A	S	O	N	D	Jahr
t	°C	25,1	27,8	30,2	31,6	31,4	29,1	26,8	26,1	26,6	27,7	26,5	24,8	27,8
N	mm	0	0	2	25	46	121	218	234	165	65	2	0	878
rF	%	24	20	22	33	50	67	77	81	78	65	38	27	49
pV	mm	213	238	264	280	254	179	122	100	116	174	220	209	2370
pLV	mm	106	119	132	140	127	89	122	100	116	87	110	105	1354
N-pLV	mm	-106	-119	-130	-115	-81	32	96	134	49	-22	-108	-105	

171 Bobo Dioulasso / Burkina Faso
11° 10′ N / 4° 18′ W · Höhe ü. NN: 432 m

		J	F	M	A	M	J	J	A	S	O	N	D	Jahr
t	°C	25,6	28,3	30,0	30,1	28,8	26,6	25,1	24,6	25,1	26,9	27,1	25,5	27,0
N	mm	0	3	18	48	110	129	210	307	210	76	11	2	1125
rF	%	25	25	32	49	63	72	78	82	79	69	51	32	55
pV	mm	217	245	262	242	190	140	108	89	104	153	206	215	2171
pLV	mm	152	172	184	169	133	98	129	107	124	107	144	150	1670
N-pLV	mm	-152	-168	-166	-121	-23	31	81	200	86	-31	-134	-148	

172 Bilma / Niger
18° 41′ N / 12° 55′ E · Höhe ü. NN: 357 m

		J	F	M	A	M	J	J	A	S	O	N	D	Jahr
t	°C	17,0	20,0	24,3	29,2	32,3	33,3	33,3	33,0	31,3	27,6	21,9	18,1	26,8
N	mm	0	0	0	0	0	2	2	7	1	0	0	0	12
rF	%	27	21	18	17	17	19	24	29	24	24	26	27	23
pV	mm	139	165	203	250	282	296	300	298	277	238	182	148	2780
pLV	mm	28	33	41	50	56	59	60	60	55	48	36	30	556
N-pLV	mm	-28	-33	-41	-50	-56	-58	-58	-53	-54	-47	-36	-30	

173 Agadez / Niger
16° 58′ N / 7° 59′ E · Höhe ü. NN: 502 m

		J	F	M	A	M	J	J	A	S	O	N	D	Jahr
t	°C	19,8	22,5	26,7	31,2	33,7	33,8	32,1	31,0	31,7	29,4	24,3	21,0	28,1
N	mm	0	0	0	2	6	10	35	50	8	0	0	0	112
rF	%	21	18	16	16	18	24	37	44	30	21	22	22	24
pV	mm	163	187	225	269	300	307	284	261	283	256	205	174	2912
pLV	mm	49	56	67	81	90	92	85	78	85	77	61	52	874
N-pLV	mm	-49	-56	-67	-79	-84	-82	-50	-29	-77	-76	-61	-52	

t Mitteltemperatur
N Niederschlag
rF relative Feuchte
pV potenzielle Verdunstung
pLV potenzielle Landschaftsverdunstung
N-pLV Klimatische Wasserbilanz. Positive Werte = humide Monate; negative Werte = aride Monate

Afrika

174 N'guigmi / Niger
14° 15' N / 13° 07' E · Höhe ü. NN: 286 m

		J	F	M	A	M	J	J	A	S	O	N	D	Jahr
t	°C	20,7	23,5	27,7	31,3	32,7	32,6	30,9	29,6	30,4	29,4	25,3	21,8	28,0
N	mm	0	0	0	1	5	11	55	100	15	1	0	0	188
rF	%	26	22	21	25	34	42	54	61	52	33	27	27	35
pV	mm	171	197	238	278	293	284	239	204	239	255	214	181	2793
pLV	mm	51	59	71	83	88	85	120	102	72	77	64	54	926
N-pLV	mm	-51	-59	-71	-83	-83	-74	-64	-2	-57	-76	-64	-54	

175 Abéché / Tschad
13° 51' N / 20° 51' E · Höhe ü. NN: 549 m

		J	F	M	A	M	J	J	A	S	O	N	D	Jahr
t	°C	24,9	26,9	30,1	32,8	32,8	31,7	28,8	27,0	28,6	29,7	27,7	25,5	28,9
N	mm	0	0	0	3	12	35	98	166	53	5	0	0	373
rF	%	20	17	16	18	27	41	60	71	61	35	23	23	34
pV	mm	207	224	256	287	289	263	192	144	184	249	234	211	2740
pLV	mm	83	90	103	115	116	105	77	101	74	100	94	84	1139
N-pLV	mm	-83	-90	-102	-111	-104	-70	21	66	-20	-94	-94	-84	

176 Ndjamena / Tschad
12° 08' N / 15° 02' E · Höhe ü. NN: 295 m

		J	F	M	A	M	J	J	A	S	O	N	D	Jahr
t	°C	23,4	25,9	29,9	32,9	32,9	31,0	28,3	27,0	28,2	29,4	26,8	24,2	28,3
N	mm	0	0	0	10	26	50	144	174	84	20	0	0	510
rF	%	29	23	21	28	39	52	68	76	72	49	33	31	43
pV	mm	186	212	252	284	280	236	163	124	147	226	217	194	2522
pLV	mm	93	106	126	142	140	118	163	124	74	113	108	97	1404
N-pLV	mm	-93	-106	-126	-132	-114	-68	-19	50	11	-92	-108	-97	

177 Port Sudan / Sudan
19° 35' N / 37° 13' W · Höhe ü. NN: 2 m

		J	F	M	A	M	J	J	A	S	O	N	D	Jahr
t	°C	23,3	23,0	24,3	26,5	29,3	32,2	34,1	34,5	32,1	29,3	27,3	24,7	28,4
N	mm	7	1	1	2	1	0	4	1	0	14	35	10	76
rF	%	69	70	69	65	58	50	49	50	60	72	72	71	63
pV	mm	128	123	135	164	210	263	289	291	233	160	145	131	2271
pLV	mm	38	37	40	49	63	79	87	87	70	48	44	39	681
N-pLV	mm	-31	-36	-39	-47	-62	-79	-83	-86	-70	-34	-9	-29	

178 El Fasher / Sudan
13° 38' N / 25° 20' E · Höhe ü. NN: 730 m

		J	F	M	A	M	J	J	A	S	O	N	D	Jahr
t	°C	19,7	21,7	25,5	28,1	30,1	30,7	28,9	27,9	28,5	27,5	23,0	20,1	26,7
N	mm	0	0	0	2	7	15	59	87	36	7	0	0	213
rF	%	24	21	18	18	22	33	52	61	46	30	27	26	31
pV	mm	162	180	215	240	263	270	222	188	230	236	192	166	2565
pLV	mm	49	54	64	72	79	81	111	94	69	71	58	50	852
N-pLV	mm	-49	-54	-64	-70	-72	-66	-52	-7	-34	-64	-58	-50	

t Mitteltemperatur
N Niederschlag
rF relative Feuchte
pV potenzielle Verdunstung
pLV potenzielle Landschaftsverdunstung
N-pLV Klimatische Wasserbilanz. Positive Werte = humide Monate; negative Werte = aride Monate

179 El Obeid / Sudan
13° 10' N / 30° 14' E · Höhe ü. NN: 574m

		J	F	M	A	M	J	J	A	S	O	N	D	Jahr
t	°C	21,7	23,8	27,4	30,3	32,0	31,0	28,5	27,5	28,3	29,4	25,9	22,3	27,3
N	mm	0	0	0	1	8	23	98	111	62	15	0	0	318
rF	%	23	17	14	14	26	42	61	68	59	37	24	25	34
pV	mm	180	198	230	258	286	264	194	162	198	252	220	186	2629
pLV	mm	54	60	69	77	86	79	97	81	99	76	66	56	899
N-pLV	mm	-54	-60	-69	-76	-77	-57	1	30	-37	-61	-66	-56	

180 Er Roseires / Sudan
11° 47' N / 34° 23' E · Höhe ü. NN: 470 m

		J	F	M	A	M	J	J	A	S	O	N	D	Jahr
t	°C	26,0	27,7	30,7	32,2	31,7	29,1	26,7	26,1	26,7	28,2	27,9	26,3	28,3
N	mm	0	0	3	13	40	114	189	172	134	46	2	0	713
rF	%	29	23	21	24	43	59	72	79	76	67	38	32	47
pV	mm	221	238	269	288	271	206	141	109	125	171	235	223	2497
pLV	mm	88	95	108	115	108	144	99	76	88	68	94	89	1173
N-pLV	mm	-88	-95	-105	-102	-68	-30	91	95	46	-23	-92	-89	

181 Wau / Sudan
7° 42' N / 28° 01' E · Höhe ü. NN: 435 m

		J	F	M	A	M	J	J	A	S	O	N	D	Jahr
t	°C	26,8	28,5	30,4	30,6	29,3	27,5	26,3	26,2	26,8	27,4	27,4	26,5	27,8
N	mm	1	4	19	68	119	177	176	192	179	124	15	0	1075
rF	%	29	26	35	48	62	71	76	77	74	69	48	35	54
pV	mm	229	247	265	249	198	151	123	118	134	157	215	223	2309
pLV	mm	115	124	133	125	99	151	123	118	134	79	108	111	1417
N-pLV	mm	-113	-120	-114	-56	-20	27	53	74	45	45	-93	-111	

182 Juba / Sudan
4° 52' N / 31° 36' E · Höhe ü. NN: 457 m

		J	F	M	A	M	J	J	A	S	O	N	D	Jahr
t	°C	28,3	29,5	29,9	29,2	27,9	26,9	25,9	26,1	26,8	27,5	27,6	27,7	27,8
N	mm	4	12	45	92	149	120	136	144	117	102	46	7	973
rF	%	44	42	51	64	73	76	81	80	77	73	69	53	65
pV	mm	231	247	235	190	146	126	99	105	122	143	159	208	2011
pLV	mm	93	99	94	76	102	89	70	73	85	100	64	83	1027
N-pLV	mm	-89	-87	-49	-16	47	31	67	71	31	2	-17	-76	

183 Dschibuti / Dschibuti
11° 33' N / 43° 9' E · Höhe ü. NN: 13 m

		J	F	M	A	M	J	J	A	S	O	N	D	Jahr
t	°C	25,1	25,7	27,0	28,7	31,0	34,2	36,4	36,0	33,1	29,3	26,9	25,4	29,9
N	mm	10	19	20	29	0	0	6	6	3	20	22	11	146
rF	%	74	73	73	75	70	57	43	46	60	67	71	71	65
pV	mm	123	130	139	143	183	267	331	320	244	180	146	136	2342
pLV	mm	37	39	42	43	55	80	99	96	73	54	44	41	703
N-pLV	mm	-27	-20	-22	-14	-55	-80	-93	-90	-70	-34	-22	-30	

t Mitteltemperatur
N Niederschlag
rF relative Feuchte
pV potenzielle Verdunstung
pLV potenzielle Landschaftsverdunstung
N-pLV Klimatische Wasserbilanz.
Positive Werte = humide Monate;
negative Werte = aride Monate

Afrika

184 Berbera / Somalia
10° 26′ N / 45° 2′ E · Höhe ü. NN: 14 m

		J	F	M	A	M	J	J	A	S	O	N	D	Jahr
t	°C	24,4	25,3	26,5	28,3	31,1	35,8	36,4	35,8	34,2	28,9	26,4	24,7	29,8
N	mm	6	5	5	11	8	1	2	2	2	3	4	4	53
rF	%	76	76	77	76	72	51	48	48	54	70	72	75	66
pV	mm	111	117	120	136	175	305	321	313	276	165	139	117	2294
pLV	mm	22	23	24	27	35	61	64	63	55	33	28	23	459
N-pLV	mm	−16	−18	−19	−16	−27	−60	−62	−61	−53	−30	−24	−19	

185 Garissa / Kenia
00° 28′ S / 39° 38′ E · Höhe ü. NN: 147 m

		J	F	M	A	M	J	J	A	S	O	N	D	Jahr
t	°C	29,7	30,6	31,4	30,7	29,6	27,9	27,4	27,6	28,4	29,7	29,9	29,2	29,3
N	mm	12	6	49	90	16	5	3	7	8	30	97	52	374
rF	%	56	54	55	59	56	54	55	55	53	54	59	62	56
pV	mm	219	235	242	221	220	207	201	203	214	227	214	198	2601
pLV	mm	66	70	73	110	66	62	60	61	64	68	107	99	907
N-pLV	mm	−54	−65	−24	−21	−51	−57	−57	−54	−56	−38	−10	−47	

186 Kitale / Kenia
01° 01′ N / 35° 00′ E · Höhe ü. NN: 1875 m

		J	F	M	A	M	J	J	A	S	O	N	D	Jahr
t	°C	18,8	19,5	19,8	19,3	18,7	17,9	17,4	17,5	17,9	18,3	18,1	18,1	18,4
N	mm	20	52	103	190	198	101	123	151	103	92	91	35	1259
rF	%	50	52	54	66	70	70	73	72	67	63	62	56	63
pV	mm	135	138	136	109	96	92	83	85	98	109	109	121	1312
pLV	mm	68	69	109	87	77	74	66	68	79	87	87	61	931
N-pLV	mm	−47	−17	−6	103	122	28	57	83	24	4	3	−26	

187 Mombasa / Kenia
04° 02′ S / 39° 37′ E · Höhe ü. NN: 55 m

		J	F	M	A	M	J	J	A	S	O	N	D	Jahr
t	°C	27,6	28,1	28,3	27,6	26,2	24,8	24,0	24,0	24,7	25,7	26,9	27,4	26,3
N	mm	34	14	56	154	236	88	72	68	67	103	105	76	1073
rF	%	68	66	69	73	76	74	75	74	73	73	73	71	72
pV	mm	162	172	166	143	121	120	112	115	126	132	139	151	1659
pLV	mm	113	121	116	172	145	84	78	81	88	92	97	106	1293
N-pLV	mm	−80	−107	−61	−18	91	4	−6	−12	−21	11	8	−30	

188 Mwanza (Muansa) / Tansania
2° 28′ S / 32° 55′ E · Höhe ü. NN: 1139 m

		J	F	M	A	M	J	J	A	S	O	N	D	Jahr
t	°C	23,5	23,2	23,5	23,3	23,4	22,9	22,4	23,2	23,8	24,3	23,9	23,3	23,4
N	mm	93	102	152	149	90	17	13	18	41	61	121	143	1000
rF	%	71	71	69	74	70	66	58	58	59	61	71	73	67
pV	mm	123	121	129	112	125	134	149	156	158	157	125	115	1605
pLV	mm	61	121	129	112	63	67	75	78	79	79	125	115	1104
N-pLV	mm	32	−19	23	37	27	−50	−62	−60	−38	−18	−4	28	

t Mitteltemperatur
N Niederschlag
rF relative Feuchte
pV potenzielle Verdunstung
pLV potenzielle Landschaftsverdunstung
N-pLV Klimatische Wasserbilanz. Positive Werte = humide Monate; negative Werte = aride Monate

189 Tabora / Tansania

5° 5′ S / 32° 50′ E · Höhe ü. NN: 1181 m

		J	F	M	A	M	J	J	A	S	O	N	D	Jahr
t	°C	22,7	22,8	23,1	22,9	22,2	21,6	21,3	22,7	24,4	25,3	24,2	22,9	23,0
N	mm	142	147	179	129	27	0	0	2	13	28	137	206	1010
rF	%	70	71	72	73	66	54	50	49	42	48	58	71	60
pV	mm	121	118	117	113	129	151	155	169	195	194	164	119	1745
pLV	mm	121	118	117	113	64	76	78	84	97	97	164	119	1249
N-pLV	mm	21	29	62	16	−37	−76	−78	−82	−84	−69	−27	87	

190 Dodoma / Tansania

6° 10′ S / 35° 46′ E · Höhe ü. NN: 1119 m

		J	F	M	A	M	J	J	A	S	O	N	D	Jahr
t	°C	23,8	23,0	23,5	22,8	22,1	21,4	19,8	20,5	22,3	23,8	25,1	24,6	22,7
N	mm	126	106	110	61	3	0	0	0	0	1	27	122	556
rF	%	66	68	70	68	63	60	59	58	55	53	55	63	62
pV	mm	140	129	126	127	136	137	128	135	155	171	179	155	1717
pLV	mm	98	90	88	51	54	55	51	54	62	69	71	108	852
N-pLV	mm	28	16	22	10	−51	−55	−51	−54	−62	−68	−44	14	

191 Siguiri / Guinea

11° 26′ N / 9° 10′ W · Höhe ü. NN: 366 m

		J	F	M	A	M	J	J	A	S	O	N	D	Jahr
t	°C	24,9	27,7	29,9	30,9	29,5	26,9	25,4	25,2	25,4	26,7	26,3	24,8	27,0
N	mm	0	2	4	32	85	160	248	287	234	95	12	1	1160
rF	%	31	28	33	41	54	71	79	80	78	70	49	35	54
pV	mm	212	240	265	270	228	148	107	101	111	150	205	209	2246
pLV	mm	106	120	133	135	114	148	107	101	111	75	103	104	1356
N-pLV	mm	−106	−118	−129	−103	−29	12	141	186	123	20	−91	−103	

192 Conakry / Guinea

9° 34′ N / 13° 37′ W · Höhe ü. NN: 26 m

		J	F	M	A	M	J	J	A	S	O	N	D	Jahr
t	°C	26,1	26,5	27,0	27,4	27,5	26,5	25,5	25,2	25,6	26,3	27,0	26,6	26,4
N	mm	1	1	3	22	137	396	1130	1104	617	295	70	8	3784
rF	%	71	70	68	70	74	81	85	87	85	81	79	73	77
pV	mm	142	149	160	156	141	104	81	70	81	103	116	138	1440
pLV	mm	99	104	112	109	99	125	97	84	97	124	81	97	1227
N-pLV	mm	−98	−103	−109	−87	38	271	1033	1020	520	171	−11	−89	

193 Daru / Sierra Leone

7° 59′ N / 10° 51′ W · Höhe ü. NN: 186 m

		J	F	M	A	M	J	J	A	S	O	N	D	Jahr
t	°C	24,8	26,1	27,8	27,5	26,9	25,9	24,9	24,7	25,1	25,6	25,8	24,7	25,8
N	mm	9	26	77	160	241	300	334	354	372	324	147	36	2380
rF	%	74	71	69	75	80	83	87	88	86	85	84	81	80
pV	mm	122	139	162	133	109	89	70	65	73	82	86	94	1223
pLV	mm	85	97	113	160	131	107	84	77	87	98	60	66	1166
N-pLV	mm	−76	−71	−37	1	110	194	250	276	285	226	86	−29	

t	Mitteltemperatur
N	Niederschlag
rF	relative Feuchte
pV	potenzielle Verdunstung
pLV	potenzielle Landschaftsverdunstung
N-pLV	Klimatische Wasserbilanz. Positive Werte = humide Monate; negative Werte = aride Monate

Afrika

Afrika

194 Bondoukou / Elfenbeinküste
8° 03′ N / 2° 47′ W · Höhe ü. NN: 370 m

		J	F	M	A	M	J	J	A	S	O	N	D	Jahr
t	°C	26,4	28,0	28,2	27,5	26,6	25,2	24,3	24,0	24,3	25,3	26,0	25,5	25,9
N	mm	8	27	92	124	156	160	97	90	175	131	32	11	1102
rF	%	41	43	61	74	79	83	84	85	85	81	76	59	71
pV	mm	216	230	192	140	114	88	80	74	73	95	122	173	1594
pLV	mm	151	161	134	98	137	105	56	52	87	66	85	121	1253
N-pLV	mm	-143	-134	-42	26	20	55	41	38	88	64	-54	-110	

195 Bouaké / Elfenbeinküste
7° 44′ N / 5° 04′ W · Höhe ü. NN: 376 m

		J	F	M	A	M	J	J	A	S	O	N	D	Jahr
t	°C	26,6	27,8	27,8	27,0	26,1	25,0	24,1	23,8	24,3	25,0	25,7	25,7	25,7
N	mm	13	40	84	126	124	147	118	128	168	108	30	15	1100
rF	%	48	53	61	70	76	79	81	82	81	79	73	61	70
pV	mm	206	209	186	150	123	104	91	84	91	104	130	170	1647
pLV	mm	144	147	130	105	86	73	64	59	109	73	91	119	1199
N-pLV	mm	-132	-107	-46	22	38	74	54	69	59	35	-61	-104	

196 Man / Elfenbeinküste
7° 23′ N / 7° 31′ W · Höhe ü. NN: 340 m

		J	F	M	A	M	J	J	A	S	O	N	D	Jahr
t	°C	23,7	25,8	26,7	26,4	26,0	25,0	24,0	24,0	24,6	25,0	24,9	23,5	25,0
N	mm	11	43	109	153	148	184	186	274	285	135	42	20	1588
rF	%	66	65	68	77	77	83	85	86	83	82	81	77	78
pV	mm	138	158	154	117	116	88	75	69	83	90	95	104	1288
pLV	mm	97	111	108	141	81	106	90	83	100	63	66	73	1118
N-pLV	mm	-86	-68	1	12	66	78	96	190	185	72	-24	-53	

197 Adiake / Elfenbeinküste
5° 18′ N / 3° 18′ W · Höhe ü. NN: 39 m

		J	F	M	A	M	J	J	A	S	O	N	D	Jahr
t	°C	25,9	27,6	27,8	27,7	27,1	25,7	24,9	24,8	25,1	26,0	26,8	26,5	26,3
N	mm	25	69	111	150	287	528	206	70	117	159	140	59	1922
rF	%	85	81	81	82	84	88	87	85	85	85	84	84	84
pV	mm	79	110	111	104	89	68	69	76	77	82	92	90	1047
pLV	mm	55	77	78	125	107	81	82	53	54	98	64	63	938
N-pLV	mm	-31	-8	34	26	180	447	124	17	63	60	76	-4	

198 Sassandra / Elfenbeinküste
4° 57′ N / 6° 05′ W · Höhe ü. NN: 66 m

		J	F	M	A	M	J	J	A	S	O	N	D	Jahr
t	°C	26,1	26,9	27,0	26,5	26,5	25,4	24,5	24,2	24,6	25,5	26,2	26,1	25,8
N	mm	16	36	53	97	235	529	191	32	44	85	120	73	1509
rF	%	85	85	85	87	87	87	87	87	87	87	86	86	86
pV	mm	82	86	88	72	75	68	65	64	65	71	76	79	891
pLV	mm	57	61	62	50	90	81	78	45	45	49	53	55	727
N-pLV	mm	-41	-25	-9	47	145	448	113	-13	-2	35	66	17	

t Mitteltemperatur
N Niederschlag
rF relative Feuchte
pV potenzielle Verdunstung
pLV potenzielle Landschaftsverdunstung
N-pLV Klimatische Wasserbilanz.
Positive Werte = humide Monate;
negative Werte = aride Monate

199 Natitingou / Benin
10° 19′ N / 1° 23′ E · Höhe ü. NN: 460 m

		J	F	M	A	M	J	J	A	S	O	N	D	Jahr
t	°C	26,6	28,7	30,0	29,5	28,1	26,4	25,1	24,9	25,3	26,4	26,4	26,4	27,0
N	mm	1	2	27	89	108	140	226	264	255	107	9	4	1231
rF	%	26	27	39	56	68	75	80	81	80	71	48	31	57
pV	mm	227	249	257	217	166	127	100	94	101	141	205	224	2109
pLV	mm	159	175	180	152	117	89	120	112	121	99	143	157	1623
N-pLV	mm	−158	−172	−153	−63	−8	51	106	151	133	8	−134	−153	

200 Kano / Nigeria
12° 03′ N / 8° 32′ E · Höhe ü. NN: 481 m

		J	F	M	A	M	J	J	A	S	O	N	D	Jahr
t	°C	21,2	24,4	28,7	31,3	30,9	28,2	26,2	25,5	26,6	27,3	24,6	21,6	26,4
N	mm	0	0	2	12	50	118	174	228	103	10	0	0	696
rF	%	24	20	22	36	51	64	74	78	72	52	29	38	47
pV	mm	176	205	249	274	245	182	131	109	139	207	207	173	2296
pLV	mm	88	102	124	137	122	91	131	109	70	103	103	87	1268
N-pLV	mm	−88	−102	−123	−126	−73	27	43	119	33	−93	−103	−87	

201 Maiduguri / Nigeria
11° 51′ N / 13° 05′ E · Höhe ü. NN: 354 m

		J	F	M	A	M	J	J	A	S	O	N	D	Jahr
t	°C	21,8	24,8	29,3	32,6	32,5	30,2	27,5	26,6	27,2	27,9	24,9	23,2	27,4
N	mm	0	0	0	13	31	74	147	193	83	11	0	0	552
rF	%	30	25	22	29	40	52	66	74	70	46	32	29	43
pV	mm	180	210	255	294	285	237	170	132	153	224	209	193	2541
pLV	mm	126	147	178	205	200	166	119	158	107	157	146	135	1844
N-pLV	mm	−126	−147	−178	−192	−169	−92	28	35	−24	−146	−146	−135	

202 Jos / Nigeria
9° 52′ N / 8° 54′ E · Höhe ü. NN: 1285 m

		J	F	M	A	M	J	J	A	S	O	N	D	Jahr
t	°C	20,0	21,9	24,1	24,3	23,1	21,9	20,6	20,4	21,4	22,2	21,5	20,2	21,8
N	mm	0	3	30	93	160	199	304	290	198	38	0	1	1315
rF	%	21	19	31	51	70	76	82	82	73	55	27	26	51
pV	mm	165	182	201	179	124	99	72	69	103	154	178	166	1692
pLV	mm	116	127	141	125	148	118	87	83	124	108	124	116	1418
N-pLV	mm	−115	−124	−111	−32	12	80	217	207	74	−70	−124	−116	

203 Yola / Nigeria
9° 14′ N / 12° 28′ E · Höhe ü. NN: 174 m

		J	F	M	A	M	J	J	A	S	O	N	D	Jahr
t	°C	25,4	28,3	31,8	32,5	30,5	28,4	27,2	26,5	26,7	27,8	26,8	25,3	28,1
N	mm	0	0	5	53	96	138	168	190	181	51	1	0	883
rF	%	28	22	26	39	57	69	76	81	79	65	41	32	51
pV	mm	215	244	283	287	224	165	127	102	111	173	220	213	2364
pLV	mm	108	122	142	143	112	165	127	102	111	86	110	106	1434
N-pLV	mm	−108	−122	−137	−91	−16	−26	42	88	69	−35	−109	−106	

t Mitteltemperatur
N Niederschlag
rF relative Feuchte

pV potenzielle Verdunstung
pLV potenzielle Landschaftsverdunstung
N-pLV Klimatische Wasserbilanz. Positive Werte = humide Monate; negative Werte = aride Monate

Afrika

204 Ilorin / Nigeria
8° 29′ N / 4° 35′ E · Höhe ü. NN: 305 m

		J	F	M	A	M	J	J	A	S	O	N	D	Jahr
t	°C	26,0	28,1	28,3	28,1	27,0	25,5	24,5	24,5	24,6	25,6	26,2	25,7	26,2
N	mm	6	18	57	107	152	189	149	153	211	130	5	8	1185
rF	%	57	60	66	72	77	82	83	82	83	81	73	63	73
pV	mm	183	194	174	152	124	93	84	88	83	97	135	163	1569
pLV	mm	128	136	122	107	149	112	58	105	100	68	94	114	1292
N-pLV	mm	−122	−118	−64	0	3	77	91	48	111	62	−90	−106	

205 Makurdi / Nigeria
7° 41′ N / 8° 37′ E · Höhe ü. NN: 97 m

		J	F	M	A	M	J	J	A	S	O	N	D	Jahr
t	°C	26,6	29,5	30,9	30,0	28,1	27,1	26,3	26,3	26,5	27,1	26,9	25,9	27,6
N	mm	4	2	31	91	166	183	212	218	218	109	2	1	1237
rF	%	50	51	58	67	75	78	80	81	78	78	73	61	69
pV	mm	204	230	227	186	138	119	105	103	114	119	140	170	1855
pLV	mm	142	161	159	130	166	143	126	124	136	84	98	119	1588
N-pLV	mm	−139	−159	−128	−39	0	40	87	94	82	26	−96	−118	

206 Enugu / Nigeria
6° 28′ N / 7° 33′ E · Höhe ü. NN: 137 m

		J	F	M	A	M	J	J	A	S	O	N	D	Jahr
t	°C	26,9	28,9	29,3	28,8	27,6	26,6	25,9	26,0	26,2	26,8	27,1	26,5	27,2
N	mm	19	15	70	130	217	252	242	237	292	201	12	8	1695
rF	%	58	62	66	72	77	80	80	79	80	79	75	64	73
pV	mm	188	193	185	155	125	109	102	107	105	113	130	168	1678
pLV	mm	131	135	130	108	150	130	122	129	126	135	91	117	1505
N-pLV	mm	−113	−119	−59	22	67	121	119	108	166	66	−79	−110	

207 Port Harcourt / Nigeria
4° 51′ N / 7° 01′ E · Höhe ü. NN: 18 m

		J	F	M	A	M	J	J	A	S	O	N	D	Jahr
t	°C	26,8	28,0	28,0	27,7	27,2	26,3	25,5	25,6	25,8	26,3	26,8	26,6	26,7
N	mm	29	62	136	188	235	288	345	302	367	246	76	20	2294
rF	%	78	80	82	84	85	86	88	88	87	87	86	81	84
pV	mm	115	118	105	96	87	78	65	68	72	75	79	104	1060
pLV	mm	92	94	84	77	130	116	97	102	108	112	63	83	1158
N-pLV	mm	−63	−32	52	111	105	171	248	200	259	133	13	−63	

208 Maroua / Kamerun
10° 27′ N / 14° 15′ E · Höhe ü. NN: 421 m

		J	F	M	A	M	J	J	A	S	O	N	D	Jahr
t	°C	24,5	27,3	30,8	32,6	31,3	28,9	26,8	26,0	26,7	28,3	27,2	25,0	28,0
N	mm	0	0	17	19	63	103	197	235	131	26	0	0	790
rF	%	24	20	20	32	47	60	72	78	74	53	30	27	45
pV	mm	207	233	270	293	259	202	143	115	135	213	233	211	2513
pLV	mm	103	117	135	146	129	101	143	115	135	107	116	106	1453
N-pLV	mm	−103	−117	−118	−128	−67	2	55	121	−4	−81	−116	−106	

t Mitteltemperatur
N Niederschlag
rF relative Feuchte

pV potenzielle Verdunstung
pLV potenzielle Landschaftsverdunstung
N-pLV Klimatische Wasserbilanz. Positive Werte = humide Monate; negative Werte = aride Monate

209 Ngaoundéré / Kamerun
7° 21′ N / 13° 13′ E · Höhe ü. NN: 1114 m

		J	F	M	A	M	J	J	A	S	O	N	D	Jahr
t	°C	20,5	22,2	24,1	24,1	23,1	22,1	21,5	21,5	21,7	22,1	20,9	20,4	22,0
N	mm	1	1	39	137	184	227	269	280	237	118	6	0	1497
rF	%	36	34	46	65	75	78	81	81	79	74	57	43	62
pV	mm	165	182	187	145	107	90	79	79	87	104	140	157	1521
pLV	mm	115	127	131	101	75	63	55	55	61	73	98	110	1064
N-pLV	mm	-115	-126	-92	35	109	163	213	224	176	45	-92	-110	

210 Batouri / Kamerun
4° 28′ N / 14° 22′ E · Höhe ü. NN: 653 m

		J	F	M	A	M	J	J	A	S	O	N	D	Jahr
t	°C	23,7	25,4	25,8	25,5	24,9	23,8	23,1	23,2	23,6	23,9	23,9	23,1	24,2
N	mm	17	33	101	122	173	154	135	165	222	241	92	26	1479
rF	%	73	66	70	76	78	82	84	83	81	80	79	77	77
pV	mm	118	152	143	119	105	85	75	79	87	93	98	102	1258
pLV	mm	94	122	114	96	84	68	60	63	131	140	79	81	1132
N-pLV	mm	-77	-89	-13	26	89	86	75	102	91	101	13	-55	

211 Birao / Zentralafrikan. Republik
10° 17′ N / 22° 47′ E · Höhe ü. NN: 465 m

		J	F	M	A	M	J	J	A	S	O	N	D	Jahr
t	°C	23,6	26,7	29,0	29,6	30,0	28,0	25,9	25,4	26,2	26,6	24,5	22,2	26,5
N	mm	0	0	3	22	70	105	192	213	158	38	0	0	801
rF	%	40	34	38	41	53	72	81	82	81	73	59	47	59
pV	mm	189	226	247	250	231	150	99	93	101	136	164	168	2054
pLV	mm	95	113	123	125	116	130	99	93	101	68	82	84	1592
N-pLV	mm	-95	-113	-120	-103	-46	29	93	120	57	-30	-82	-84	

212 Ndélé / Zentralafrikan. Republik
8° 24′ N / 20° 39′ E · Höhe ü. NN: 510 m

		J	F	M	A	M	J	J	A	S	O	N	D	Jahr
t	°C	27,7	28,7	29,6	29,5	27,6	25,9	25,0	24,8	25,2	25,9	26,3	26,7	26,9
N	mm	1	8	31	74	144	159	221	245	282	169	13	4	1351
rF	%	37	34	45	62	71	79	83	85	82	78	61	46	64
pV	mm	234	247	244	200	151	108	86	77	92	112	174	212	1936
pLV	mm	164	173	171	140	106	130	104	92	110	135	122	148	1592
N-pLV	mm	-163	-165	-140	-66	38	29	117	153	172	34	-109	-144	

213 Bangui / Zentralafrikan. Republik
4° 23′ N / 18° 34′ E · Höhe ü. NN: 381 m

		J	F	M	A	M	J	J	A	S	O	N	D	Jahr
t	°C	26,0	27,1	27,4	27,1	26,5	25,3	25,1	25,1	25,4	25,5	25,7	25,7	26,0
N	mm	20	39	116	142	167	134	174	240	185	190	89	24	1520
rF	%	70	64	71	76	79	81	83	83	83	83	81	75	77
pV	mm	143	172	150	128	111	96	87	87	88	89	98	123	1372
pLV	mm	100	120	105	89	134	67	104	104	106	106	69	86	1191
N-pLV	mm	-80	-81	11	53	33	67	70	136	79	84	20	-62	

t Mitteltemperatur
N Niederschlag
rF relative Feuchte
pV potenzielle Verdunstung
pLV potenzielle Landschaftsverdunstung
N-pLV Klimatische Wasserbilanz.
Positive Werte = humide Monate;
negative Werte = aride Monate

Afrika

214 Mékambo / Gabun
1° 01′ N / 13° 56′ E · Höhe ü. NN: 501 m

		J	F	M	A	M	J	J	A	S	O	N	D	Jahr
t	°C	23,8	24,4	24,8	25,0	24,7	23,4	22,1	22,5	23,7	24,2	23,9	24,6	23,9
N	mm	69	89	166	168	174	80	26	45	183	295	201	89	1584
rF	%	81	79	79	79	80	84	85	83	82	81	82	83	81
pV	mm	89	100	102	103	97	75	66	76	85	91	86	85	1055
pLV	mm	71	80	82	82	78	60	53	60	68	136	128	68	967
N-pLV	mm	-2	9	85	85	96	20	-27	-15	115	158	72	21	

215 Mayoumba / Gabun
3° 25′ S / 10° 39′ E · Höhe ü. NN: 34 m

		J	F	M	A	M	J	J	A	S	O	N	D	Jahr
t	°C	25,7	26,2	27,0	27,1	26,1	23,4	22,5	22,9	24,0	25,1	25,5	25,1	25,0
N	mm	237	246	219	126	75	6	0	6	45	214	336	164	1673
rF	%	87	85	83	86	87	84	82	83	85	87	88	87	85
pV	mm	71	82	96	81	72	75	79	77	74	69	65	69	911
pLV	mm	106	124	143	65	58	60	64	62	59	103	98	55	997
N-pLV	mm	130	122	76	61	17	-55	-63	-56	-14	111	238	109	

216 Kananga (Luluaborg) / Demokrat. Republik Kongo
5° 53′ S / 22° 25′ E · Höhe ü. NN: 675 m

		J	F	M	A	M	J	J	A	S	O	N	D	Jahr
t	°C	23,3	23,4	23,8	24,1	24,6	24,0	23,5	23,7	23,8	23,6	23,2	23,2	23,7
N	mm	131	129	207	183	93	16	17	45	119	174	233	238	1585
rF	%	85	84	83	82	75	70	75	78	81	83	85	85	80
pV	mm	71	75	81	86	116	129	110	100	89	80	70	70	1079
pLV	mm	50	53	97	104	81	91	77	70	62	96	85	85	950
N-pLV	mm	81	76	110	79	12	-75	-60	-25	57	78	148	153	

217 Cabinda / Angola
5° 33′ S / 12° 11′ E · Höhe ü. NN: 25 m

		J	F	M	A	M	J	J	A	S	O	N	D	Jahr
t	°C	26,3	26,6	26,8	26,6	25,4	23,0	21,4	22,0	25,6	25,3	25,9	26,1	25,1
N	mm	97	127	152	144	52	0	0	1	6	40	126	87	832
rF	%	83	83	83	84	85	80	82	81	81	83	83	84	83
pV	mm	92	94	95	89	79	89	75	81	98	88	90	87	1056
pLV	mm	65	66	114	62	55	62	52	57	68	61	63	61	787
N-pLV	mm	32	61	38	82	-3	-62	-52	-56	-62	-21	63	26	

218 Luena (Luso) / Angola
11° 47′ S / 19° 55′ E · Höhe ü. NN: 1357 m

		J	F	M	A	M	J	J	A	S	O	N	D	Jahr
t	°C	21,8	21,7	21,6	21,4	19,4	17,2	17,4	20,0	22,6	22,9	21,8	21,6	20,8
N	mm	226	192	198	99	6	0	0	2	20	90	169	217	1219
rF	%	77	77	77	71	57	47	42	39	44	61	74	77	62
pV	mm	94	93	93	110	129	127	133	158	175	146	103	93	1453
pLV	mm	112	112	111	77	90	89	93	110	123	103	124	111	1255
N-pLV	mm	114	80	87	22	-84	-89	-93	-108	-103	-13	45	106	

t Mitteltemperatur
N Niederschlag
rF relative Feuchte
pV potenzielle Verdunstung
pLV potenzielle Landschaftsverdunstung
N-pLV Klimatische Wasserbilanz. Positive Werte = humide Monate; negative Werte = aride Monate

219 Keetmannshoop / Namibia
26° 32′ S / 18° 7′ E · Höhe ü. NN: 1067 m

		J	F	M	A	M	J	J	A	S	O	N	D	Jahr
t	°C	26,7	26,1	24,6	21,0	16,9	14,0	13,8	15,3	18,3	21,4	24,2	25,9	20,7
N	mm	23	33	38	15	4	1	1	1	3	5	10	12	146
rF	%	29	35	39	39	36	38	34	29	26	25	24	25	31
pV	mm	228	219	200	167	134	110	111	124	150	178	204	220	2044
pLV	mm	46	87	80	33	27	22	22	25	30	36	41	44	493
N-pLV	mm	−23	−54	−42	−18	−23	−21	−21	−24	−27	−31	−31	−32	

220 Mwinilunga / Sambia
11° 45′ S / 24° 26′ E · Höhe ü. NN: 1363 m

		J	F	M	A	M	J	J	A	S	O	N	D	Jahr
t	°C	19,9	19,9	20,1	19,9	18,2	15,9	16,1	18,9	21,7	21,3	20,3	19,8	19,3
N	mm	242	200	267	90	12	1	0	3	19	92	222	266	1413
rF	%	83	85	84	78	70	65	59	51	49	68	78	84	71
pV	mm	67	60	62	82	93	92	103	135	160	118	82	63	1118
pLV	mm	67	60	62	41	47	46	51	67	80	59	82	63	726
N-pLV	mm	175	140	204	48	−35	−45	−51	−64	−62	33	140	203	

221 Maramba (Livingstone) / Sambia
17° 49′ S / 25° 49′ E · Höhe ü. NN: 986 m

		J	F	M	A	M	J	J	A	S	O	N	D	Jahr
t	°C	23,6	23,2	23,1	21,9	18,9	16,0	16,1	19,3	23,9	26,2	25,1	23,6	21,8
N	mm	174	141	80	24	6	1	0	1	2	25	70	169	692
rF	%	75	77	72	65	58	55	52	43	35	42	55	71	58
pV	mm	111	100	117	129	124	108	113	148	197	213	178	124	1660
pLV	mm	111	100	58	64	62	54	56	74	98	106	89	124	997
N-pLV	mm	63	41	21	−40	−56	−53	−56	−73	−97	−82	−19	46	

222 Karonga / Malawi
9° 57′ S / 33° 53′ E · Höhe ü. NN: 529 m

		J	F	M	A	M	J	J	A	S	O	N	D	Jahr
t	°C	24,9	25,0	24,7	24,6	23,6	22,2	21,7	22,4	24,3	26,4	27,0	25,7	24,4
N	mm	132	120	206	130	19	1	1	0	0	1	39	149	799
rF	%	79	80	82	80	74	66	65	64	60	56	62	75	70
pV	mm	103	99	89	97	114	129	128	135	160	188	177	123	1542
pLV	mm	103	50	89	97	57	64	64	68	80	94	89	123	977
N-pLV	mm	30	70	117	33	−37	−64	−63	−67	−80	−93	−49	26	

223 Makhanga / Malawi
16° 31′ S / 35° 10′ E · Höhe ü. NN: 52 m

		J	F	M	A	M	J	J	A	S	O	N	D	Jahr
t	°C	27,3	27,0	26,6	25,4	22,9	20,7	20,6	22,8	25,9	28,2	28,7	27,6	25,3
N	mm	157	127	111	38	15	17	17	7	5	29	61	167	751
rF	%	77	79	77	76	73	72	70	62	56	54	59	71	69
pV	mm	125	114	120	117	113	103	108	143	184	210	202	151	1690
pLV	mm	125	114	60	59	56	51	54	72	92	105	101	151	1040
N-pLV	mm	33	13	50	−21	−42	−35	−37	−65	−87	−76	−40	16	

t Mitteltemperatur
N Niederschlag
rF relative Feuchte
pV potenzielle Verdunstung
pLV potenzielle Landschaftsverdunstung
N-pLV Klimatische Wasserbilanz. Positive Werte = humide Monate; negative Werte = aride Monate

224 Pemba (Porto Amélia) / Mosambik
12° 58′ S / 40° 30′ E · Höhe ü. NN: 49 m

		J	F	M	A	M	J	J	A	S	O	N	D	Jahr
t	°C	27,1	26,9	27,0	26,7	25,5	24,1	23,6	24,1	25,0	26,1	27,1	27,6	25,9
N	mm	155	165	192	127	24	16	16	5	5	10	34	127	876
Nd	Tage	11	10	12	10	3	2	2	1	1	2	3	8	65
pV	mm	110	100	105	125	125	123	124	127	129	133	136	127	1465
pLV	mm	132	120	126	88	88	86	86	89	91	93	95	89	1183
N-pLV	mm	23	45	66	39	-64	-70	-70	-84	-86	-83	-61	38	

225 Tete / Mosambik
16° 11′ S / 33° 35′ E · Höhe ü. NN: 149 m

		J	F	M	A	M	J	J	A	S	O	N	D	Jahr
t	°C	28,0	28,0	27,9	27,0	24,5	22,0	21,8	23,7	26,8	30,1	30,4	28,8	26,6
N	mm	146	161	105	19	2	4	2	2	2	3	48	126	620
rF	%	69	73	67	61	60	61	59	54	47	43	51	62	59
pV	mm	162	146	169	180	162	140	143	169	211	253	240	193	2167
pLV	mm	113	102	118	72	65	56	57	67	84	101	96	135	1068
N-pLV	mm	33	59	-13	-53	-63	-52	-55	-65	-82	-98	-48	-9	

226 Beira / Mosambik
19° 50′ S / 34° 51′ E · Höhe ü. NN: 7 m

		J	F	M	A	M	J	J	A	S	O	N	D	Jahr
t	°C	27,6	27,8	27,0	25,7	23,4	21,2	20,6	21,4	23,2	25,0	26,2	27,0	24,7
N	mm	250	292	273	132	84	43	33	40	27	41	112	246	1573
rF	%	76	78	77	77	77	76	78	77	76	74	74	76	76
pV	mm	131	123	123	115	102	94	85	92	104	122	130	127	1348
pLV	mm	131	123	123	115	51	47	42	46	52	61	65	127	984
N-pLV	mm	119	169	150	17	33	-4	-9	-6	-25	-20	47	119	

227 Maputo (Lourenço Marques) / Mosambik
25° 58′ S / 32° 36′ E · Höhe ü. NN: 59 m

		J	F	M	A	M	J	J	A	S	O	N	D	Jahr
t	°C	26,0	26,2	25,4	23,9	21,7	19,5	19,3	20,4	21,7	23,0	24,1	25,3	23,0
N	mm	141	128	93	63	27	28	16	14	35	53	82	90	770
rF	%	72	74	75	74	71	71	70	70	70	72	72	72	72
pV	mm	136	130	121	115	112	99	100	107	114	117	123	131	1405
pLV	mm	95	91	85	81	45	39	40	43	80	82	86	92	859
N-pLV	mm	46	37	8	-18	-18	-11	-24	-29	-45	-29	-4	-2	

228 Antalaha / Madagaskar
14° 53′ S / 50° 15′ E · Höhe ü. NN: 88 m

		J	F	M	A	M	J	J	A	S	O	N	D	Jahr
t	°C	25,9	26,1	25,8	25,1	23,7	22,1	21,4	21,2	21,9	23,0	24,4	25,5	23,8
N	mm	358	246	306	226	165	177	170	189	91	92	144	213	2376
rF	%	85	85	88	88	87	84	87	87	85	85	86	87	86
pV	mm	82	83	67	65	64	70	56	56	67	70	71	71	823
pLV	mm	65	67	101	98	51	56	45	45	53	56	57	106	801
N-pLV	mm	293	179	205	128	114	121	125	144	38	36	87	107	

t Mitteltemperatur
N Niederschlag
rF relative Feuchte
pV potenzielle Verdunstung
pLV potenzielle Landschaftsverdunstung
N-pLV Klimatische Wasserbilanz. Positive Werte = humide Monate; negative Werte = aride Monate

229 Maintirano / Madagaskar
18° 03′ S / 44° 02′ E · Höhe ü. NN: 23 m

		J	F	M	A	M	J	J	A	S	O	N	D	Jahr
t	°C	26,9	26,8	27,0	26,5	24,7	22,9	22,6	23,2	24,5	25,9	26,9	27,1	25,4
N	mm	306	288	122	31	9	3	5	4	6	15	49	195	1033
rF	%	84	85	83	80	78	76	77	77	78	77	77	81	79
pV	mm	91	85	96	107	106	104	98	101	105	117	123	107	1239
pLV	mm	91	85	48	54	53	52	49	51	52	59	61	107	761
N-pLV	mm	216	203	74	−23	−44	−49	−44	−47	−46	−44	−12	88	

230 Fianarantsoa / Madagaskar
21° 27′ S / 47° 06′ E · Höhe ü. NN: 1109 m

		J	F	M	A	M	J	J	A	S	O	N	D	Jahr
t	°C	20,8	20,8	20,0	18,9	16,7	14,5	14,0	14,4	16,2	18,3	19,7	20,4	17,9
N	mm	228	221	138	46	27	17	25	21	18	62	125	241	1168
rF	%	83	84	85	84	84	84	85	82	79	78	80	83	82
pV	mm	69	66	59	60	51	44	41	50	64	74	74	68	721
pLV	mm	83	80	41	42	36	31	29	35	45	52	52	81	606
N-pLV	mm	145	141	96	5	−9	−15	−4	−14	−27	9	73	160	

231 Toliara (Tulear) / Madagaskar
23° 23′ S / 43° 44′ E · Höhe ü. NN: 8 m

		J	F	M	A	M	J	J	A	S	O	N	D	Jahr
t	°C	27,5	27,5	26,8	25,0	22,7	20,7	20,3	21,0	22,3	23,9	25,3	26,6	24,1
N	mm	95	89	36	18	16	15	6	6	8	12	22	97	418
rF	%	50	51	53	55	55	54	53	50	49	50	55	55	53
pV	mm	212	211	198	177	159	144	142	153	165	177	180	192	2111
pLV	mm	64	106	59	53	48	43	43	46	49	53	54	96	714
N-pLV	mm	31	−17	−24	−36	−32	−28	−36	−40	−42	−41	−32	1	

232 Bulawayo / Südafrika
20° 9′ S / 28° 37′ E · Höhe ü. NN: 1343 m

		J	F	M	A	M	J	J	A	S	O	N	D	Jahr
t	°C	21,8	21,2	20,6	18,7	16,0	13,7	13,8	16,4	19,9	21,6	21,7	21,4	18,9
N	mm	118	105	52	33	7	2	1	1	7	39	91	120	576
rF	%	69	71	70	62	56	54	48	43	41	43	55	63	56
pV	mm	118	109	108	114	106	94	101	125	155	168	150	131	1477
pLV	mm	83	76	43	46	43	38	40	50	62	67	60	91	698
N-pLV	mm	35	29	9	−13	−36	−36	−39	−49	−55	−28	31	29	

233 Newcastle / Südafrika
27° 44′ S / 29° 55′ E) Höhe ü. NN: 1235 m

		J	F	M	A	M	J	J	A	S	O	N	D	Jahr
t	°C	22,1	21,6	20,3	17,4	14,0	10,8	11,1	14,1	17,3	19,5	20,5	21,8	17,5
N	mm	158	130	107	47	22	10	15	19	37	81	119	133	878
rF	%	50	59	62	63	60	59	54	47	41	42	43	46	52
pV	mm	162	141	125	104	88	71	77	104	134	151	158	166	1480
pLV	mm	114	99	88	73	35	28	31	42	93	105	111	116	934
N-pLV	mm	44	31	19	−26	−13	−18	−16	−23	−56	−24	8	17	

t Mitteltemperatur
N Niederschlag
rF relative Feuchte

pV potenzielle Verdunstung
pLV potenzielle Landschaftsverdunstung
N-pLV Klimatische Wasserbilanz. Positive Werte = humide Monate; negative Werte = aride Monate

Afrika

234 Alexander Bay / Südafrika
28° 34′ S / 16° 32′ E · Höhe ü. NN: 21 m

		J	F	M	A	M	J	J	A	S	O	N	D	Jahr
t	°C	19,1	18,8	18,3	17,0	15,7	14,8	13,8	13,7	14,5	15,7	17,1	18,2	16,4
N	mm	1	2	2	4	4	8	5	6	3	0	0	2	43
rF	%	77	79	78	78	73	70	73	75	75	75	75	77	75
pV	mm	79	72	73	68	74	75	64	60	64	69	75	76	851
pLV	mm	16	14	15	14	15	15	13	12	13	14	15	15	170
N-pLV	mm	−15	−12	−13	−10	−11	−7	-8	-6	−10	−14	−15	−13	

235 Kimberley / Südafrika
28° 48′ S / 24° 46′ E · Höhe ü. NN: 1198 m

		J	F	M	A	M	J	J	A	S	O	N	D	Jahr
t	°C	25,1	23,7	21,5	17,3	13,5	10,2	10,4	12,8	17,1	19,7	22,2	24,2	18,1
N	mm	57	76	64	51	16	7	7	7	12	3	4	46	415
rF	%	45	53	57	59	54	53	48	41	36	40	42	42	47
pV	mm	193	167	142	109	91	71	76	97	133	151	170	189	1589
pLV	mm	97	83	71	22	18	14	15	19	27	30	85	94	576
N-pLV	mm	−40	-7	-7	29	−2	−7	-8	−12	−15	−27	−81	−48	

236 Durban / Südafrika
29° 58′ S / 30° 57′ E · Höhe ü. NN: 8 m

		J	F	M	A	M	J	J	A	S	O	N	D	Jahr
t	°C	24,1	24,3	23,7	21,6	19,1	16,6	16,5	17,7	19,2	20,1	21,4	23,1	20,6
N	mm	134	113	126	73	59	28	39	62	73	9	10	102	1015
rF	%	80	80	80	78	76	72	72	75	77	78	79	79	77
pV	mm	94	95	92	89	83	80	80	79	80	82	85	93	1031
pLV	mm	66	66	64	62	58	56	56	55	56	57	68	65	730
N-pLV	mm	68	47	62	11	1	−28	−17	7	17	−48	−58	37	

t Mitteltemperatur
N Niederschlag
rF relative Feuchte
pV potenzielle Verdunstung
pLV potenzielle Landschaftsverdunstung
N-pLV Klimatische Wasserbilanz. Positive Werte = humide Monate; negative Werte = aride Monate

237 Kap Tscheljuskin [Taimyr-Halbinsel] / Russland
77° 43′ N / 104° 18′ E · Höhe ü. NN: 15 m

		J	F	M	A	M	J	J	A	S	O	N	D	Jahr
t	°C	-29,2	-29,5	-28,3	-21,1	-11,3	-1,7	1,3	0,5	-2,7	-13,1	-22,7	-26,1	-15,3
tmax	°C	-26,5	-26,9	-25,5	-18,5	-9,4	-0,5	2,8	1,9	-1,3	-10,8	-20,1	-23,6	-13,3
tmin	°C	-31,6	-32,1	-30,9	-23,9	-13,5	-3,2	0,0	-0,9	-4,2	-15,6	-25,2	-28,7	-17,5
N	mm	17	18	17	13	15	23	31	30	28	24	13	19	247
Nd	Tage	4	5	4	4	4	5	6	7	8	7	3	5	61
So	h	0	4	113	252	216	145	161	95	43	15	0	0	1044
rF	%	84	86	85	85	88	91	94	95	91	87	86	84	88
pV	mm	–	–	–	–	–	4	5	4	3	–	–	–	17
pLV	mm	1	1	1	1	2	13	2	2	12	2	1	1	39
N-pLV	mm	16	17	16	12	13	10	28	29	16	22	12	18	

238 Archangelsk / Russland
64° 30′ N / 40° 44′ E · Höhe ü. NN: 8 m

		J	F	M	A	M	J	J	A	S	O	N	D	Jahr
t	°C	-14,6	-12,2	-6,0	-0,4	6,5	12,5	15,7	13,2	7,8	1,5	-4,6	-10,5	0,7
tmax	°C	-9,2	-8,8	-3,7	3,7	10,3	17,2	20,8	18,3	11,5	3,7	-2,3	-6,9	4,6
tmin	°C	-16,0	-16,1	-12,6	-4,8	1,7	8,0	11,1	9,9	5,3	-0,6	-6,8	-12,9	-2,8
N	mm	34	28	27	32	41	55	62	65	61	59	54	43	560
Nd	Tage	10	9	8	7	8	10	9	11	13	13	13	12	123
So	h	13	56	117	193	262	298	301	203	116	59	19	6	1643
rF	%	88	86	82	76	68	69	74	79	86	88	89	89	81
pV	mm	–	–	–	12	41	67	71	51	24	10	1	–	277
pLV	mm	1	1	5	2	41	67	71	51	24	2	8	2	275
N-pLV	mm	33	27	22	29	0	-12	-9	13	38	57	46	41	

239 Jakutsk [Rep. Sacha / Jakutien] / Russland
62° 01′ N / 129° 43′ E · Höhe ü. NN: 101 m

		J	F	M	A	M	J	J	A	S	O	N	D	Jahr
t	°C	-40,9	-35,9	-21,6	-6,1	6,7	15,4	18,7	14,9	5,7	-8,5	-29,2	-38,8	-10,0
tmax	°C	-36,0	-30,4	-13,8	0,7	12,9	21,7	25,2	21,7	11,6	-4,1	-25,0	-34,6	-4,2
tmin	°C	-44,9	-41,7	-29,5	-13,5	0,4	8,1	11,7	8,6	0,2	-12,9	-33,8	-42,8	-15,8
N	mm	9	7	6	10	18	37	39	37	29	20	16	12	239
Nd	Tage	2	2	2	3	4	7	7	6	5	6	6	4	54
So	h	19	97	234	274	303	333	347	273	174	106	59	12	2231
rF	%	74	74	70	61	51	55	58	65	71	78	78	75	67
pV	mm	–	–	–	–	54	104	122	85	35	–	–	–	400
pLV	mm	1	1	1	7	64	83	98	68	42	4	1	1	371
N-pLV	mm	8	6	5	3	-46	-46	-58	-31	-13	16	15	11	

t	Mitteltemperatur
tmax	mittleres Maximum der Temperatur
tmin	mittleres Minimum der Temperatur
N	mittlerer Niederschlag
Nd	Tage mit Niederschlag > 0,1 mm
So	Monatssummen der tatsächlichen Sonnenscheindauer
rF	relative Feuchte
pV	potenzielle Verdunstung
pLV	potenzielle Landschaftsverdunstung
N-pLV	Klimatische Wasserbilanz. Positive Werte = humide Monate; negative Werte = aride Monate

Asien

240 Moskau / Russland
55° 50′ N / 37° 37′ E · Höhe ü. NN: 156 m

		J	F	M	A	M	J	J	A	S	O	N	D	Jahr
t	°C	-9,3	-7,7	-2,2	5,8	13,1	16,6	18,2	16,4	11,0	5,1	-1,2	-6,1	5,0
tmax	°C	-6,2	-3,9	2,4	10,6	18,6	22,4	23,8	22,0	15,8	8,4	1,3	-3,4	9,4
tmin	°C	-12,7	-11,6	-5,9	1,8	7,6	11,4	13,1	11,7	7,0	2,1	-3,4	-8,9	1,1
N	mm	42	36	34	44	51	75	94	77	65	59	58	56	689
Nd	Tage	11	8	8	9	8	11	12	10	11	10	12	12	121
So	h	32	71	128	170	265	276	272	235	144	77	32	19	1721
rF	%	85	82	77	69	63	68	71	74	79	83	85	86	77
pV	mm	–	–	7	37	79	90	91	74	44	21	7	–	450
pLV	mm	4	4	13	22	102	117	118	97	57	17	14	6	571
N-pLV	mm	38	32	21	22	-51	-42	-25	-20	8	42	44	50	

241 Omsk / Russland
55° 01′ N / 73° 23′ E · Höhe ü. NN: 122 m

		J	F	M	A	M	J	J	A	S	O	N	D	Jahr
t	°C	-17,3	-16,9	-8,2	3,4	11,8	17,7	19,7	16,1	10,5	1,7	-7,5	-14,4	1,4
tmax	°C	-12,3	-11,4	-2,7	8,8	18,8	24,5	25,9	22,3	16,8	6,1	-3,2	-9,6	7,0
tmin	°C	-21,2	-21,0	-12,8	-1,3	5,4	11,1	13,8	10,2	5,4	-2,1	-10,9	-18,1	-3,5
N	mm	22	14	14	21	34	54	61	54	33	34	28	22	390
Nd	Tage	7	5	4	5	6	8	9	9	7	9	8	6	81
So	h	68	125	184	235	284	319	321	248	180	105	71	61	2201
rF	%	80	80	80	68	51	56	64	69	68	78	82	81	71
pV	mm	–	–	–	28	84	118	117	85	58	17	–	–	507
pLV	mm	1	1	4	6	84	118	117	85	58	3	4	1	482
N-pLV	mm	21	13	10	16	-51	-64	-56	-31	-25	30	24	21	

242 Petropawlowsk-Kamtschatskij / Russland
53° 05′ N / 158° 35′ E · Höhe ü. NN: 84 m

		J	F	M	A	M	J	J	A	S	O	N	D	Jahr
t	°C	-8,1	-7,6	-5,1	-0,1	3,1	7,7	11,1	12,3	9,4	4,4	-2,1	-5,9	1,6
tmax	°C	-5,0	-5,0	-2,8	1,7	6,1	10,6	13,3	16,7	13,3	7,8	0,6	-2,8	4,4
tmin	°C	-11,7	-12,2	-8,9	-3,9	0,0	4,4	8,3	9,4	6,1	1,1	-5,0	-9,4	-1,7
N	mm	81	70	62	51	67	65	81	98	102	139	95	86	996
Nd	Tage	9	9	9	8	8	8	10	11	9	10	8	9	106
So	h	105	114	176	192	193	193	169	178	178	157	122	93	1870
rF	%	64	65	67	74	79	83	88	84	81	75	68	67	75
pV	mm	–	–	–	13	20	28	28	37	35	27	9	–	198
pLV	mm	4	5	8	10	16	34	22	30	42	21	13	7	213
N-pLV	mm	77	65	54	40	51	31	59	68	60	118	82	79	

t Mitteltemperatur
tmax mittleres Maximum der Temperatur
tmin mittleres Minimum der Temperatur
N mittlerer Niederschlag
Nd Tage mit Niederschlag > 0,1 mm
So Monatssummen der tatsächlichen Sonnenscheindauer
rF relative Feuchte
pV potenzielle Verdunstung
pLV potenzielle Landschaftsverdunstung
N-pLV Klimatische Wasserbilanz. Positive Werte = humide Monate; negative Werte = aride Monate

243 Irkutsk / Russland
52° 16' N / 104° 19' E · Höhe ü. NN: 485 m

		J	F	M	A	M	J	J	A	S	O	N	D	Jahr
t	°C	-18,8	-16,7	-7,4	1,4	9,3	15,0	17,5	15,1	8,7	0,9	-8,4	-16,0	0,0
tmax	°C	-14,3	-10,6	-0,1	8,0	16,9	22,8	24,7	22,1	15,7	7,5	-2,9	-11,1	6,6
tmin	°C	-24,3	-22,8	-14,8	-5,3	1,9	7,6	11,0	9,1	2,7	-4,4	-13,7	-21,2	-6,2
N	mm	12	9	13	19	33	62	120	83	50	30	18	19	468
Nd	Tage	4	3	3	5	7	8	11	10	8	6	6	5	76
So	h	3	5	7	7	9	9	8	7	6	5	3	2	6
rF	%	84	79	72	64	58	67	78	80	78	76	82	86	75
pV	mm	–	–	–	22	63	82	71	56	38	16	–	–	348
pLV	mm	1	1	5	17	61	89	63	48	21	7	4	1	320
N-pLV	mm	11	8	8	2	-28	-27	57	35	29	23	14	18	

244 Almaty (Alma-Ata) / Kasachstan
50° 25' N / 80° 18' E · Höhe ü. NN: 195 m

		J	F	M	A	M	J	J	A	S	O	N	D	Jahr
t	°C	-15,0	-15,1	-7,2	5,7	14,0	19,6	21,7	18,7	12,5	4,2	-4,9	-12,5	3,5
tmax	°C	-10,1	-9,6	-1,3	12,2	21,4	27,0	28,8	25,9	20,0	10,0	-0,1	-7,6	9,7
tmin	°C	-19,8	-20,4	-12,3	-0,8	6,4	12,3	14,7	11,3	4,9	-1,6	-9,0	-16,8	-2,6
N	mm	16	16	17	18	27	28	37	28	19	27	26	20	277
Nd	Tage	5	5	4	4	6	5	6	5	4	6	7	6	62
So	h	108	139	199	243	303	335	342	307	242	144	111	94	2567
rF	%	77	77	78	60	47	50	54	55	56	68	76	77	65
pV	mm	–	–	–	43	103	142	151	127	83	31	1	–	682
pLV	mm	1	1	5	9	21	71	76	25	17	6	8	1	240
N-pLV	mm	15	15	12	9	7	-43	-39	3	2	21	18	19	

245 Ankara / Türkei
39° 57' N / 32° 53' E · Höhe ü. NN: 891 m

		J	F	M	A	M	J	J	A	S	O	N	D	Jahr
t	°C	0,1	1,9	6,1	11,2	15,5	19,6	22,9	22,6	18,3	12,6	7,1	2,6	11,7
tmax	°C	4,1	6,4	11,9	17,2	21,0	26,2	29,8	29,8	25,8	19,6	12,9	6,4	17,6
tmin	°C	-3,3	-2,3	0,8	5,4	8,9	12,5	15,3	15,1	10,9	6,8	2,5	-0,7	6,0
N	mm	47	36	36	48	55	37	14	12	19	27	33	49	415
Nd	Tage	8	7	8	8	9	6	3	2	2	5	6	8	72
So	h	90	107	171	201	273	318	366	347	288	214	141	78	2593
rF	%	80	74	63	56	56	50	43	41	46	57	70	79	60
pV	mm	12	20	43	76	103	142	180	179	137	83	41	19	1033
pLV	mm	5	8	17	53	72	57	72	72	55	33	16	8	467
N-pLV	mm	42	28	19	-5	-17	-19	-58	-59	-35	-6	17	41	

t	Mitteltemperatur
tmax	mittleres Maximum der Temperatur
tmin	mittleres Minimum der Temperatur
N	mittlerer Niederschlag
Nd	Tage mit Niederschlag > 0,1 mm
So	Monatssummen der tatsächlichen Sonnenscheindauer
rF	relative Feuchte
pV	potenzielle Verdunstung
pLV	potenzielle Landschaftsverdunstung
N-pLV	Klimatische Wasserbilanz. Positive Werte = humide Monate; negative Werte = aride Monate

Asien

246 Jerusalem / Israel

31° 47′ N / 35° 13′ E · Höhe ü. NN: 754 m

		J	F	M	A	M	J	J	A	S	O	N	D	Jahr
t	°C	8,0	9,0	11,1	15,2	18,8	21,4	23,0	22,6	22,1	19,2	14,2	9,7	16,2
tmax	°C	11,9	13,3	15,9	21,0	25,2	27,5	28,8	28,8	27,9	24,8	18,9	13,7	21,5
tmin	°C	4,1	4,6	6,3	9,5	12,4	15,2	17,2	17,3	16,3	13,7	9,5	5,7	11,0
N	mm	143	113	98	32	2	0	0	0	0	24	68	110	590
Nd	Tage	10	8	7	3	1	0	0	0	0	2	5	8	44
So	h	193	244	226	267	332	381	384	366	309	276	228	192	3397
rF	%	69	65	62	50	44	46	52	58	57	53	57	69	57
pV	mm	46	55	69	108	143	162	166	150	150	134	93	53	1328
pLV	mm	18	22	48	43	57	65	67	60	60	54	37	21	552
N-pLV	mm	125	91	50	-12	-55	-65	-67	-60	-60	-30	31	89	

247 Bagdad / Irak

33° 14′ N / 44° 14′ E · Höhe ü. NN: 34 m

		J	F	M	A	M	J	J	A	S	O	N	D	Jahr
t	°C	10,0	12,3	16,0	22,0	28,4	33,0	34,8	34,4	30,6	24,6	17,1	11,0	22,9
tmax	°C	16,0	18,7	22,7	28,7	35,8	41,0	43,4	43,3	39,8	33,4	24,6	17,6	30,4
tmin	°C	4,3	5,9	9,6	14,6	20,0	23,4	25,3	24,6	21,0	16,2	10,3	5,2	15,0
N	mm	25	24	23	22	8	0	0	0	0	4	17	23	147
Nd	Tage	4	4	3	3	1	<1	0	0	<1	<1	2	4	22
So	h	195	209	242	255	313	357	369	360	318	279	216	195	3308
rF	%	70	61	52	45	33	23	23	24	28	37	56	70	44
pV	mm	54	77	112	169	244	296	318	314	270	202	114	58	2227
pLV	mm	21	31	45	67	98	119	127	125	108	81	46	23	891
N-pLV	mm	4	-6	-22	-45	-90	-119	-127	-125	-108	-77	-28	0	

248 Riad (Ar-Riyad) / Saudi-Arabien

24° 43′ N / 46° 44′ E · Höhe ü. NN: 620 m

		J	F	M	A	M	J	J	A	S	O	N	D	Jahr
t	°C	14,0	16,4	21,1	25,7	31,5	34,2	35,0	35,1	31,9	26,8	20,7	15,4	25,7
tmax	°C	20,2	22,9	27,6	32,3	38,7	41,5	42,8	42,5	40,1	34,6	27,4	21,7	32,7
tmin	°C	8,2	10,3	14,4	18,9	24,2	26,2	27,4	27,0	24,1	19,2	14,3	9,4	18,6
N	mm	11	10	24	29	8	0	0	1	0	1	6	11	101
Nd	Tage	2	1	4	5	1	<1	<1	<1	<1	<1	1	3	18
So	h	226	240	242	261	288	333	332	329	300	282	240	220	3293
rF	%	50	40	35	33	22	14	15	14	18	24	37	46	29
pV	mm	97	124	168	204	271	289	289	299	264	218	159	114	2496
pLV	mm	19	25	34	82	54	58	58	60	53	44	32	23	540
N-pLV	mm	-8	-15	-10	-52	-46	-58	-57	-59	-53	-42	-26	-12	

t	Mitteltemperatur
tmax	mittleres Maximum der Temperatur
tmin	mittleres Minimum der Temperatur
N	mittlerer Niederschlag
Nd	Tage mit Niederschlag > 0,1 mm
So	Monatssummen der tatsächlichen Sonnenscheindauer
rF	relative Feuchte
pV	potenzielle Verdunstung
pLV	potenzielle Landschaftsverdunstung
N-pLV	Klimatische Wasserbilanz. Positive Werte = humide Monate; negative Werte = aride Monate

249 Riyan [bei Al-Mukalla] / Jemen
14° 39′ N / 49° 24′ E · Höhe ü. NN: 25 m

		J	F	M	A	M	J	J	A	S	O	N	D	Jahr
t	°C	23,6	24,1	25,5	27,2	29,1	30,6	29,3	28,7	28,9	26,8	25,3	24,3	27,0
tmax	°C	27,8	28,3	29,4	31,1	32,8	34,4	33,3	32,8	32,2	31,1	30,0	28,3	31,0
tmin	°C	19,4	20,0	21,1	23,3	25,0	26,7	25,0	24,4	25,6	22,2	20,6	20,0	22,8
N	mm	8	2	19	3	2	2	3	4	0	1	12	8	64
Nd	Tage	1	1	1	0	0	0	1	0	0	0	1	1	7
So	h	– Werte liegen nicht vor –												
rF	%	74	72	79	81	82	80	78	79	83	81	75	73	78
pV	mm	114	123	106	106	111	131	133	124	105	104	120	121	1399
pLV	mm	23	25	21	21	22	26	27	25	21	21	24	24	280
N-pLV	mm	–15	–23	–2	–18	–20	–24	–24	–21	–21	–20	–12	–16	

250 Teheran / Iran
35° 42′ N / 51° 21′ E · Höhe ü. NN: 1191 m

		J	F	M	A	M	J	J	A	S	O	N	D	Jahr
t	°C	2,5	4,9	10,1	16,4	22,2	27,9	30,8	29,5	25,4	18,2	11,1	5,0	17,0
tmax	°C	7,2	9,9	15,4	21,9	28,0	34,1	36,8	35,4	31,5	24,0	16,5	9,8	22,5
tmin	°C	–1,1	0,7	5,2	10,9	16,1	20,9	24,0	23,0	19,2	12,9	6,7	1,3	11,6
N	mm	37	34	37	28	15	3	3	1	1	14	21	36	230
Nd	Tage	6	5	6	5	4	1	1	0	0	3	3	6	41
So	h	169	180	203	221	287	346	346	334	303	250	203	169	3010
rF	%	65	57	47	39	33	24	24	24	25	36	47	61	40
pV	mm	26	40	75	124	176	235	266	254	212	141	82	39	1671
pLV	mm	5	8	15	62	35	47	53	51	42	28	16	8	372
N-pLV	mm	32	26	22	–34	–20	–44	–51	–49	–41	–15	4	29	

251 Kabul / Afghanistan
34° 33′ N / 69° 13′ E · Höhe ü. NN: 1791 m

		J	F	M	A	M	J	J	A	S	O	N	D	Jahr
t	°C	–2,3	–0,7	6,3	12,8	17,3	22,8	25,0	24,1	19,7	13,1	5,9	0,6	12,0
tmax	°C	4,5	5,5	12,5	19,2	24,4	30,2	32,1	32,0	28,5	22,4	15,0	8,3	19,5
tmin	°C	–7,1	–5,7	0,7	6,0	8,8	12,4	15,3	14,3	9,4	3,9	–1,2	–4,7	4,2
N	mm	34	60	68	72	23	1	6	2	2	4	19	22	312
Nd	Tage	4	5	8	7	3	1	1	0	0	2	3	4	38
So	h	177	179	205	233	310	353	357	340	304	283	253	182	3175
rF	%	68	70	65	61	48	36	37	38	39	42	52	63	52
pV	mm	7	12	41	76	123	180	199	188	146	98	46	22	1141
pLV	mm	13	7	24	46	49	72	80	75	59	39	19	9	492
N-pLV	mm	21	53	43	26	–26	–71	–73	–74	–57	–36	0	13	

t Mitteltemperatur
tmax mittleres Maximum der Temperatur
tmin mittleres Minimum der Temperatur
N mittlerer Niederschlag
Nd Tage mit Niederschlag > 0,1 mm
So Monatssummen der tatsächlichen Sonnenscheindauer
rF relative Feuchte
pV potenzielle Verdunstung
pLV potenzielle Landschaftsverdunstung
N-pLV Klimatische Wasserbilanz. Positive Werte = humide Monate; negative Werte = aride Monate

252 Jodhpur / Indien
26° 18′ N / 73° 1′ E · Höhe ü. NN: 224 m

		J	F	M	A	M	J	J	A	S	O	N	D	Jahr
t	°C	17,1	19,9	25,4	30,7	34,0	34,0	31,4	29,8	29,4	28,0	23,0	18,4	26,8
tmax	°C	24,9	27,8	33,2	38,3	41,8	40,3	35,9	33,3	34,8	36,2	31,7	26,7	33,7
tmin	°C	9,5	12,3	17,1	22,5	27,3	28,5	26,7	25,1	24,1	19,4	13,8	10,9	19,8
N	mm	2	3	6	1	7	41	129	130	55	8	5	1	388
Nd	Tage	<1	1	<1	1	1	3	7	8	3	1	1	<1	26
So	h	273	271	282	303	329	297	211	189	255	310	294	288	3302
rF	%	40	29	25	22	28	45	63	70	62	37	34	38	41
pV	mm	133	163	215	270	310	296	215	173	199	237	189	145	2545
pLV	mm	27	33	43	54	62	59	107	86	99	47	38	29	685
N-pLV	mm	−25	−30	−37	−53	−55	−18	22	44	−44	−39	−33	−28	

253 Kalkutta (Kolkata) / Indien
22° 32′ N / 88° 20′ E · Höhe ü. NN: 6 m

		J	F	M	A	M	J	J	A	S	O	N	D	Jahr
t	°C	20,1	23,0	27,6	30,2	30,7	30,3	29,2	29,1	29,1	28,2	24,9	20,8	26,9
tmax	°C	26,4	29,1	33,5	35,3	35,4	34,0	32,3	32,1	32,4	32,3	30,3	27,0	31,7
tmin	°C	13,8	16,9	21,7	25,1	26,0	26,5	26,1	26,1	25,8	23,9	19,6	14,5	22,2
N	mm	11	30	35	60	142	288	411	349	288	143	26	17	1800
Nd	Tage	1	2	3	5	9	15	21	20	16	8	2	1	102
So	h	204	201	226	235	227	123	93	105	116	183	191	203	2108
rF	%	66	58	58	66	70	77	83	83	81	73	67	68	71
pV	mm	114	158	197	194	182	145	106	106	116	149	145	112	1724
pLV	mm	80	110	138	136	128	174	128	127	140	104	102	79	1444
N-pLV	mm	−69	−80	−103	−76	14	114	283	222	148	39	−76	−62	

254 Madras (Chennai) / Indien
13° 00′ N / 80° 11′ E · Höhe ü. NN: 16 m

		J	F	M	A	M	J	J	A	S	O	N	D	Jahr
t	°C	24,6	26,2	28,4	30,9	32,9	32,4	30,7	30,1	29,7	28,2	26,1	25,0	28,8
tmax	°C	28,8	30,7	33,2	35,6	38,0	37,4	35,3	34,5	34,0	31,9	29,5	28,4	33,1
tmin	°C	20,4	21,6	23,5	26,2	27,7	27,4	26,0	25,6	25,3	24,4	22,7	21,5	24,4
N	mm	27	34	4	12	39	71	121	138	161	373	409	152	1541
Nd	Tage	2	1	0	1	2	8	10	11	10	12	12	7	76
So	h	268	268	294	290	280	203	185	194	199	195	183	204	2762
rF	%	73	72	70	69	62	57	64	66	72	77	78	77	70
pV	mm	123	136	160	184	226	239	200	188	160	129	113	111	1969
pLV	mm	86	96	112	129	158	168	140	132	192	155	136	133	1634
N-pLV	mm	−59	−62	−108	−117	−119	−97	−19	6	−31	218	273	19	

t Mitteltemperatur
tmax mittleres Maximum der Temperatur
tmin mittleres Minimum der Temperatur
N mittlerer Niederschlag
Nd Tage mit Niederschlag > 0,1 mm
So Monatssummen der tatsächlichen Sonnenscheindauer
rF relative Feuchte
pV potenzielle Verdunstung
pLV potenzielle Landschaftsverdunstung
N-pLV Klimatische Wasserbilanz. Positive Werte = humide Monate; negative Werte = aride Monate

255 Tsingtao (Qingdao) / China

36° 04′ N / 120° 20′ E · Höhe ü. NN: 76 m

		J	F	M	A	M	J	J	A	S	O	N	D	Jahr
t	°C	-0,9	0,2	4,8	10,4	15,8	19,9	23,8	25,3	21,5	16,1	9,0	2,0	12,3
tmax	°C	2,6	3,8	8,7	14,4	19,7	23,3	26,7	28,3	24,9	19,7	12,4	5,3	15,8
tmin	°C	-3,7	-2,5	2,0	7,5	12,9	17,6	21,9	23,0	18,6	13,2	6,0	-0,8	9,7
N	mm	11	12	21	36	51	83	177	156	90	47	27	10	720
Nd	Tage	2	2	3	5	5	6	10	8	6	4	3	2	56
So	h	185	180	222	224	245	219	183	223	220	220	189	182	2491
rF	%	66	68	67	69	72	83	89	83	71	68	67	65	72
pV	mm	13	16	34	57	76	66	53	88	110	87	53	24	677
pLV	mm	14	7	14	40	53	46	37	61	77	61	37	10	456
N-pLV	mm	-4	6	7	-3	-2	37	140	95	13	-15	-10	0	

256 Xi'an / China

34° 18′ N / 108° 56′ E · Höhe ü. NN: 397 m

		J	F	M	A	M	J	J	A	S	O	N	D	Jahr
t	°C	-0,5	2,2	7,9	14,1	19,4	24,8	26,3	25,3	19,4	13,8	6,8	0,9	13,4
tmax	°C	4,8	7,7	14,0	20,4	25,8	31,6	32,0	31,1	24,7	19,3	12,1	6,1	19,1
tmin	°C	-4,2	-1,8	3,2	8,9	13,8	18,8	21,6	20,8	15,5	9,8	2,8	-2,9	8,8
N	mm	6	11	26	50	65	51	93	67	108	66	26	6	573
Nd	Tage	2	3	4	7	7	6	8	7	9	8	4	1	66
So	h	130	121	150	164	188	212	208	223	136	132	120	123	1907
rF	%	65	64	66	70	69	57	70	73	79	78	77	69	70
pV	mm	14	25	49	73	103	171	145	128	75	55	33	18	889
pLV	mm	6	10	20	51	72	119	102	89	52	38	13	7	580
N-pLV	mm	1	1	7	-2	-7	-68	-9	-23	55	27	12	-2	

257 Sapporo / Japan

43° 03′ N / 141° 20′ E · Höhe ü. NN: 17 m

		J	F	M	A	M	J	J	A	S	O	N	D	Jahr
t	°C	-4,6	-4,0	-0,1	6,4	12,0	16,1	20,2	21,7	17,2	10,8	4,3	-1,4	8,2
tmax	°C	-1,1	-0,5	3,5	11,1	17,3	21,2	24,8	26,1	21,8	15,7	8,2	2,0	12,5
tmin	°C	-8,4	-8,0	-3,9	2,2	7,4	12,0	16,6	18,2	12,9	6,0	0,5	-4,9	4,2
N	mm	108	94	82	62	55	66	69	142	138	116	99	100	1130
Nd	Tage	17	15	14	9	8	8	8	10	10	12	13	15	138
So	h	99	112	159	183	202	192	179	169	167	156	100	86	1805
rF	%	72	71	69	64	67	75	78	78	74	69	68	71	71
pV	mm	1	2	15	44	66	71	83	90	80	60	33	11	555
pLV	mm	9	10	3	9	66	71	83	90	80	60	7	14	501
N-pLV	mm	99	84	79	54	-11	-5	-14	52	58	56	92	86	

t	Mitteltemperatur
tmax	mittleres Maximum der Temperatur
tmin	mittleres Minimum der Temperatur
N	mittlerer Niederschlag
Nd	Tage mit Niederschlag > 0,1 mm
So	Monatssummen der tatsächlichen Sonnenscheindauer
rF	relative Feuchte
pV	potenzielle Verdunstung
pLV	potenzielle Landschaftsverdunstung
N-pLV	Klimatische Wasserbilanz. Positive Werte = humide Monate; negative Werte = aride Monate

258 Tokio / Japan
35° 41′ N / 139° 46′ E · Höhe ü. NN: 5 m

		J	F	M	A	M	J	J	A	S	O	N	D	Jahr
t	°C	5,2	5,6	8,5	14,1	18,6	21,7	25,2	27,1	23,2	17,6	12,6	7,9	15,6
tmax	°C	9,5	9,7	12,7	18,3	22,8	25,2	28,8	30,9	26,7	21,2	16,6	12,1	19,5
tmin	°C	1,2	1,7	4,4	10,0	14,8	18,6	22,3	24,0	20,2	14,2	8,9	3,9	12,0
N	mm	45	60	100	125	138	185	126	148	180	164	89	46	1405
Nd	Tage	4	6	9	10	10	12	10	8	11	9	6	4	99
So	h	175	150	165	161	182	123	137	177	110	129	137	166	1811
rF	%	50	52	56	63	66	73	76	73	73	67	61	54	64
pV	mm	46	48	62	85	105	105	115	139	115	97	80	59	1056
pLV	mm	37	38	49	102	126	127	139	167	138	117	64	47	1149
N-pLV	mm	8	22	50	23	12	59	−12	−19	42	47	25	−1	

259 Bangkok / Thailand
13° 44′ N / 100° 34′ E · Höhe ü. NN: 20 m

		J	F	M	A	M	J	J	A	S	O	N	D	Jahr
t	°C	25,9	27,4	28,7	29,7	29,2	28,7	28,3	28,1	27,8	27,6	26,9	25,6	27,8
tmax	°C	32,0	32,7	33,7	34,9	34,0	33,1	32,7	32,5	32,3	32,0	31,6	31,3	32,7
tmin	°C	21,0	23,3	24,9	26,1	25,6	25,4	25,0	24,9	24,6	24,3	23,1	20,8	24,1
N	mm	9	30	29	65	220	149	155	197	344	242	48	10	1498
Nd	Tage	1	2	2	4	13	12	13	15	18	14	5	1	100
So	h	273	250	269	257	216	178	172	160	155	198	234	262	2624
rF	%	71	75	75	75	78	77	78	79	82	81	76	71	76
pV	mm	139	134	142	150	133	132	128	123	107	108	127	138	1561
pLV	mm	97	94	100	105	159	92	154	147	128	129	89	97	1392
N-pLV	mm	−88	−64	−71	−40	61	57	1	50	216	113	−41	−87	

260 Singapur / Singapur
1° 22′ N / 103° 59′ E · Höhe ü. NN: 16 m

		J	F	M	A	M	J	J	A	S	O	N	D	Jahr
t	°C	25,8	26,4	26,8	27,2	27,5	27,4	27,1	27,0	26,8	26,8	26,3	25,7	26,7
tmax	°C	29,9	31,0	31,4	31,7	31,6	31,2	30,8	30,8	30,7	31,1	30,5	29,6	30,9
tmin	°C	23,1	23,5	23,9	24,3	24,6	24,5	24,2	24,2	23,9	23,9	23,6	23,3	23,9
N	mm	198	154	171	141	158	140	145	143	177	167	252	304	2150
Nd	Tage	12	10	13	14	14	13	14	13	14	15	19	19	170
So	h	172	183	193	174	180	178	188	181	156	155	130	134	2022
rF	%	83	82	83	84	84	83	83	83	84	84	86	87	84
pV	mm	89	100	96	91	93	98	96	95	91	91	79	72	1090
pLV	mm	107	120	115	64	112	69	67	66	109	109	95	86	1117
N-pLV	mm	91	34	56	77	46	71	78	77	68	58	157	218	

t Mitteltemperatur
tmax mittleres Maximum der Temperatur
tmin mittleres Minimum der Temperatur
N mittlerer Niederschlag
Nd Tage mit Niederschlag > 0,1 mm
So Monatssummen der tatsächlichen Sonnenscheindauer

rF relative Feuchte
pV potenzielle Verdunstung
pLV potenzielle Landschaftsverdunstung
N-pLV Klimatische Wasserbilanz. Positive Werte = humide Monate; negative Werte = aride Monate

261 Murmansk / Russland
68° 58′ N / 33° 03′ E · Höhe ü. NN: 51 m

		J	F	M	A	M	J	J	A	S	O	N	D	Jahr
t	°C	-11,3	-10,9	-6,5	-1,6	3,6	9,2	12,6	10,8	6,7	0,9	-5,0	-9,1	-0,1
N	mm	31	22	19	20	31	54	61	79	54	43	41	37	491
rF	%	73	73	73	73	72	69	73	79	81	83	84	84	76
pV	mm	–	–	–	10	26	52	61	44	27	12	1	–	233
pLV	mm	2	2	5	13	8	26	31	22	14	4	8	4	137
N-pLV	mm	29	20	14	7	23	28	31	57	40	39	33	33	

262 Salechard / Russland
66° 32′ N / 66° 40′ E · Höhe ü. NN: 16 m

		J	F	M	A	M	J	J	A	S	O	N	D	Jahr
t	°C	-24,8	-23,6	-16,4	-9,9	-1,8	7,8	14,4	10,8	5,1	-4,9	-15,5	-20,7	-6,6
N	mm	22	18	19	24	32	52	70	62	50	39	28	25	438
rF	%	84	84	81	80	77	74	73	80	85	85	85	84	81
pV	mm	–	–	–	–	9	40	68	41	19	1	–	–	178
pLV	mm	1	1	1	1	13	48	55	33	23	8	1	1	185
N-pLV	mm	21	17	18	23	19	3	15	29	27	31	27	24	

263 Syrjanka / Russland
65° 44′ N / 150° 54′ E · Höhe ü. NN: 43 m

		J	F	M	A	M	J	J	A	S	O	N	D	Jahr
t	°C	-36,2	-33,5	-25,6	-12,0	3,2	13,3	15,3	11,8	3,7	-11,1	-28,3	-35,3	-11,2
N	mm	22	15	10	7	12	29	47	37	28	21	21	18	266
rF	%	77	77	72	69	60	58	66	73	78	83	81	78	73
pV	mm	–	–	–	–	31	86	86	57	23	–	–	–	283
pLV	mm	1	1	1	1	25	103	69	68	18	1	1	1	291
N-pLV	mm	21	14	9	6	-14	-74	-21	-31	9	20	20	17	

264 Oimjakon / Russland
63° 15′ N / 143° 09′ E · Höhe ü. NN: 741 m

		J	F	M	A	M	J	J	A	S	O	N	D	Jahr
t	°C	-47,0	-42,9	-32,4	-14,4	1,9	11,6	13,8	10,1	1,7	-16,1	-37,2	-45,6	-16,4
N	mm	9	8	5	7	12	31	51	39	22	17	12	10	221
rF	%	74	74	72	67	60	56	60	69	72	78	77	76	70
pV	mm	–	–	–	–	25	78	87	56	20	–	–	–	266
pLV	mm	1	1	1	1	20	94	69	67	16	1	1	1	273
N-pLV	mm	8	7	4	6	-9	-63	-19	-28	6	16	11	9	

265 Sejmtschan / Russland
62° 55′ N / 152° 25′ E · Höhe ü. NN: 205 m

		J	F	M	A	M	J	J	A	S	O	N	D	Jahr
t	°C	-36,9	-33,7	-25,4	-10,9	4,2	13,7	15,4	11,9	3,8	-11,2	-29,2	-36,8	-11,3
N	mm	30	22	12	9	15	32	45	42	28	22	28	25	311
rF	%	73	75	69	66	58	57	63	70	71	80	80	78	70
pV	mm	–	–	–	–	37	91	92	62	28	–	–	–	309
pLV	mm	1	1	1	1	44	72	74	49	33	1	1	1	280
N-pLV	mm	29	21	11	8	-29	-41	-28	-8	-6	21	27	24	

t Mitteltemperatur
N Niederschlag
rF relative Feuchte
pV potenzielle Verdunstung
pLV potenzielle Landschaftsverdunstung
N-pLV Klimatische Wasserbilanz. Positive Werte = humide Monate; negative Werte = aride Monate

266 Petrosawodsk / Russland
61° 49′ N / 34° 16′ E · Höhe ü. NN: 110 m

		J	F	M	A	M	J	J	A	S	O	N	D	Jahr
t	°C	-11,5	-9,9	-4,4	1,4	8,3	13,5	16,0	14,0	8,8	3,3	-2,5	-7,6	2,5
N	mm	30	23	32	35	41	60	71	83	70	54	45	41	585
rF	%	86	84	76	75	65	68	72	80	86	88	88	88	80
pV	mm	–	–	2	17	52	72	77	52	27	13	4	–	317
pLV	mm	2	3	10	14	62	58	61	42	32	10	13	5	313
N-pLV	mm	28	20	22	21	−22	2	9	42	38	44	32	36	

267 Jerbogatschen / Russland
61° 16′ N / 108° 01′ E · Höhe ü. NN: 291 m

		J	F	M	A	M	J	J	A	S	O	N	D	Jahr
t	°C	-31,3	-28,6	-16,6	-5,6	4,7	13,4	17,0	13,1	5,3	-5,9	-21,1	-29,0	-7,1
N	mm	17	10	11	17	31	44	45	51	34	29	25	19	333
rF	%	78	78	66	59	56	58	64	73	76	79	80	80	71
pV	mm	–	–	–	–	40	86	100	63	29	–	–	–	318
pLV	mm	1	1	1	8	32	104	80	50	35	8	1	1	321
N-pLV	mm	16	9	10	9	−1	−59	−35	1	−1	21	24	18	

268 Kotlas / Russland
61° 14′ N / 46° 43′ E · Höhe ü. NN: 56 m

		J	F	M	A	M	J	J	A	S	O	N	D	Jahr
t	°C	-15,1	-12,3	-5,3	1,8	8,8	14,4	17,2	14,2	8,2	1,5	-5,1	-10,9	1,5
N	mm	32	23	23	33	46	56	71	65	54	52	42	38	537
rF	%	86	84	76	72	66	68	72	79	85	85	88	88	79
pV	mm	–	–	0	20	53	78	83	55	25	13	1	–	329
pLV	mm	1	1	8	16	63	63	67	44	31	10	8	2	314
N-pLV	mm	31	22	15	17	−17	−6	5	21	23	42	34	36	

269 Alexandrowskoje / Russland
60° 26′ N / 77° 52′ E · Höhe ü. NN: 48 m

		J	F	M	A	M	J	J	A	S	O	N	D	Jahr
t	°C	-21,5	-20,1	-10,4	-2,4	5,3	13,8	18,1	13,8	7,7	-1,8	-11,8	-18,1	-2,3
N	mm	21	16	15	28	41	81	63	73	53	42	35	24	492
rF	%	79	78	74	69	68	70	72	80	83	83	82	81	77
pV	mm	–	–	–	8	35	72	88	52	28	7	–	–	291
pLV	mm	1	1	1	13	28	86	71	42	34	14	1	1	293
N-pLV	mm	20	15	14	15	12	−5	−8	31	19	28	34	23	

270 Ochotsk / Russland
59° 22′ N / 143° 12′ E · Höhe ü. NN: 6 m

		J	F	M	A	M	J	J	A	S	O	N	D	Jahr
t	°C	-21,6	-18,8	-13,4	-5,0	1,4	7,2	12,0	13,2	8,3	-2,2	-14,6	-20,0	-4,5
N	mm	11	9	11	27	50	52	76	82	78	51	25	18	489
rF	%	65	63	67	74	83	88	89	84	80	66	64	63	74
pV	mm	–	–	–	0	13	20	27	40	33	9	–	–	143
pLV	mm	1	1	1	8	11	24	21	32	40	13	1	1	155
N-pLV	mm	10	8	10	19	39	28	54	49	38	38	24	17	

t Mitteltemperatur
N Niederschlag
rF relative Feuchte
pV potenzielle Verdunstung
pLV potenzielle Landschaftsverdunstung
N-pLV Klimatische Wasserbilanz. Positive Werte = humide Monate; negative Werte = aride Monate

271 Kirensk / Russland
57° 46′ N / 108° 04′ E · Höhe ü. NN: 259 m

		J	F	M	A	M	J	J	A	S	O	N	D	Jahr
t	°C	-27,1	-25,6	-13,9	-2,4	6,6	14,7	17,7	14,6	6,8	-3,1	-15,8	-24,5	-4,3
N	mm	19	13	10	15	34	43	70	63	40	25	27	27	387
rF	%	78	77	71	65	57	62	71	78	79	79	80	79	73
pV	mm	–	–	–	7	49	89	89	58	31	5	–	–	327
pLV	mm	1	1	1	13	59	71	71	47	37	12	1	1	315
N-pLV	mm	18	12	9	2	-26	-28	-1	16	3	13	26	26	

272 Ufa / Russland
54° 43′ N / 55° 50′ E · Höhe ü. NN: 104 m

		J	F	M	A	M	J	J	A	S	O	N	D	Jahr
t	°C	-14,8	-13,2	-6,0	4,7	13,2	17,2	19,3	16,5	11,0	3,2	-4,2	-10,8	3,0
N	mm	42	32	28	37	38	65	64	58	55	61	55	47	581
rF	%	81	80	78	71	57	66	70	73	75	81	83	85	75
pV	mm	–	–	–	31	87	98	99	78	51	19	3	–	465
pLV	mm	1	1	7	6	87	98	99	78	51	4	10	2	444
N-pLV	mm	41	31	21	31	-49	-33	-35	-20	3	57	45	45	

273 Barnaul / Russland
53° 26′ N / 83° 31′ E · Höhe ü. NN: 184 m

		J	F	M	A	M	J	J	A	S	O	N	D	Jahr
t	°C	-15,8	-15,1	-7,3	3,1	11,8	17,7	19,9	16,7	11,0	2,5	-6,8	-13,9	2,0
N	mm	24	20	19	25	40	45	61	50	29	51	35	26	423
rF	%	80	78	78	65	53	57	65	69	68	77	82	82	71
pV	mm	–	–	–	28	82	116	115	87	61	20	–	–	510
pLV	mm	1	1	5	23	99	93	92	70	73	16	5	1	479
N-pLV	mm	23	19	14	2	-59	-48	-32	-20	-45	35	30	25	

274 Samara / Russland
53° 15′ N / 50° 27′ E · Höhe ü. NN: 40 m

		J	F	M	A	M	J	J	A	S	O	N	D	Jahr
t	°C	-12,5	-11,3	-4,5	6,4	14,9	18,5	20,6	18,6	12,8	4,4	-2,5	-8,7	4,7
N	mm	47	35	33	39	33	58	64	52	45	53	54	51	563
rF	%	85	82	82	65	51	60	63	62	66	78	84	86	72
pV	mm	–	–	2	42	106	118	126	113	72	25	6	–	609
pLV	mm	1	1	10	25	137	153	164	147	94	20	12	3	767
N-pLV	mm	46	34	23	13	-104	-95	-100	-94	-49	33	42	48	

275 Tambow / Russland
52° 48′ N / 41° 20′ E · Höhe ü. NN: 128 m

		J	F	M	A	M	J	J	A	S	O	N	D	Jahr
t	°C	-10,0	-9,1	-3,3	7,0	14,5	18,1	19,4	18,1	12,3	5,1	-1,3	-6,5	5,4
N	mm	36	31	31	32	47	53	80	42	51	43	54	51	550
rF	%	80	80	80	68	56	62	67	65	71	82	84	87	74
pV	mm	–	–	4	43	96	111	108	103	62	23	8	–	559
pLV	mm	2	3	11	9	96	111	108	103	62	5	14	6	530
N-pLV	mm	34	28	20	23	-49	-58	-29	-61	-11	39	40	45	

t Mitteltemperatur
N Niederschlag
rF relative Feuchte

pV potenzielle Verdunstung
pLV potenzielle Landschaftsverdunstung
N-pLV Klimatische Wasserbilanz. Positive Werte = humide Monate; negative Werte = aride Monate

276 Ulan-Ude / Russland
51° 50′ N / 107° 36′ E · Höhe ü. NN: 515 m

		J	F	M	A	M	J	J	A	S	O	N	D	Jahr
t	°C	-24,0	-20,1	-8,6	1,4	9,7	16,3	18,9	16,5	9,1	-0,1	-11,2	-19,8	-1,0
N	mm	5	3	2	7	13	40	72	59	27	8	10	12	257
rF	%	75	72	64	53	46	53	63	67	67	69	75	78	65
pV	mm	–	–	–	25	75	113	114	91	53	15	–	–	484
pLV	mm	1	1	3	5	75	113	114	91	53	15	1	1	472
N-pLV	mm	4	2	-1	2	-62	-73	-42	-32	-26	-7	9	11	

277 Rostow [Don] / Russland
47° 16′ N / 39° 49′ E · Höhe ü. NN: 75 m

		J	F	M	A	M	J	J	A	S	O	N	D	Jahr
t	°C	-4,6	-3,4	1,7	10,7	17,1	21,1	23,0	22,1	16,6	9,2	3,7	-1,0	9,7
N	mm	56	44	38	47	55	59	56	38	38	33	55	77	595
rF	%	87	85	80	64	60	60	59	58	64	76	88	87	72
pV	mm	2	3	16	64	108	135	153	147	96	42	14	7	787
pLV	mm	9	11	3	13	54	68	76	74	48	8	3	14	381
N-pLV	mm	47	33	35	34	1	-8	-20	-36	-10	25	52	63	

278 Jushno-Sachalinsk / Russland
46° 55′ N / 142° 43′ E · Höhe ü. NN: 24 m

		J	F	M	A	M	J	J	A	S	O	N	D	Jahr
t	°C	-13,5	-12,6	-6,3	1,7	6,9	11,3	15,4	16,7	12,7	5,9	-2,0	-8,7	2,3
N	mm	48	44	42	58	70	54	87	105	107	98	81	63	857
rF	%	72	70	72	75	76	82	87	86	82	81	69	71	77
pV	mm	–	–	–	18	34	39	39	45	43	26	11	–	255
pLV	mm	1	1	7	15	41	31	31	36	34	31	13	3	244
N-pLV	mm	47	43	35	43	29	23	56	69	72	67	68	60	

279 Elista / Russland
46° 22′ N / 44° 20′ E · Höhe ü. NN: 155 m

		J	F	M	A	M	J	J	A	S	O	N	D	Jahr
t	°C	-6,1	-5,7	0,4	10,3	17,1	21,7	24,5	22,9	17,0	8,7	2,9	-2,1	9,3
N	mm	25	19	17	22	37	50	40	31	30	24	29	30	354
rF	%	85	85	84	62	49	49	45	47	55	72	82	86	67
pV	mm	0	0	10	64	123	161	191	174	115	46	18	6	909
pLV	mm	6	8	6	64	123	161	191	174	115	46	11	13	919
N-pLV	mm	19	11	11	-42	-86	-110	-151	-143	-86	-22	18	17	

280 Krasnodar / Russland
45° 02′ N / 39° 09′ E · Höhe ü. NN: 34 m

		J	F	M	A	M	J	J	A	S	O	N	D	Jahr
t	°C	-1,0	0,5	4,7	12,1	17,2	20,9	23,3	22,6	17,8	11,1	6,6	2,3	11,5
N	mm	61	42	46	60	64	78	53	53	41	47	68	82	695
rF	%	88	84	75	62	66	65	62	63	67	76	81	86	73
pV	mm	6	11	28	75	97	123	146	140	99	49	28	13	814
pLV	mm	14	2	6	75	97	123	146	140	99	49	6	3	758
N-pLV	mm	47	39	40	-15	-32	-45	-93	-87	-58	-2	63	79	

t Mitteltemperatur
N Niederschlag
rF relative Feuchte
pV potenzielle Verdunstung
pLV potenzielle Landschaftsverdunstung
N-pLV Klimatische Wasserbilanz. Positive Werte = humide Monate; negative Werte = aride Monate

281 Kustanai / Kasachstan
53° 12′ N / 63° 42′ E · Höhe ü. NN: 151 m

		J	F	M	A	M	J	J	A	S	O	N	D	Jahr
t	°C	-16,5	-15,5	-8,0	5,3	13,6	18,9	21,0	17,8	12,1	3,1	-5,5	-12,7	2,8
N	mm	18	12	13	24	27	39	58	34	27	29	24	20	325
rF	%	81	81	82	66	51	52	58	60	59	73	81	81	69
pV	mm	–	–	–	37	96	133	138	112	78	24	0	–	618
pLV	mm	1	1	4	7	96	133	138	112	78	5	8	1	584
N-pLV	mm	17	11	9	16	-69	-94	-80	-78	-51	24	16	19	

282 Semey (Semipalatinsk) / Kasachstan
50° 25′ N / 80° 18′ E · Höhe ü. NN: 195 m

		J	F	M	A	M	J	J	A	S	O	N	D	Jahr
t	°C	-15,0	-15,1	-7,2	5,7	14,0	19,6	21,7	18,7	12,5	4,2	-4,9	-12,5	3,5
N	mm	16	16	17	18	27	28	37	28	19	27	26	20	277
rF	%	77	77	78	60	47	50	54	55	56	68	76	77	65
pV	mm	–	–	–	43	103	142	151	127	83	31	1	–	682
pLV	mm	1	1	5	9	21	71	76	25	17	6	8	1	240
N-pLV	mm	15	15	12	9	7	-43	-39	3	2	21	18	19	

283 Karaganda / Kasachstan
49° 48′ N / 73° 08′ E · Höhe ü. NN: 554 m

		J	F	M	A	M	J	J	A	S	O	N	D	Jahr
t	°C	-13,6	-13,9	-6,5	5,3	13,1	18,8	20,8	17,7	12,2	3,0	-5,1	-11,1	3,4
N	mm	21	19	18	22	36	36	41	33	22	35	27	22	332
rF	%	80	79	81	61	49	45	49	50	50	69	81	81	64
pV	mm	–	–	–	41	95	141	153	127	88	26	0	–	672
pLV	mm	1	1	6	8	95	141	153	127	88	5	8	1	635
N-pLV	mm	20	18	12	14	-60	-105	-112	-94	-66	30	19	21	

284 Duschanbe / Tadschikistan
38° 33′ N / 68° 47′ E · Höhe ü. NN: 800 m

		J	F	M	A	M	J	J	A	S	O	N	D	Jahr
t	°C	2,1	3,8	9,2	15,4	20,0	25,3	27,1	24,9	20,1	14,3	8,9	4,8	14,7
N	mm	66	75	108	105	66	6	3	1	3	31	45	60	568
rF	%	70	67	64	59	53	41	41	44	46	55	60	69	56
pV	mm	22	30	57	98	140	204	223	197	151	97	60	33	1314
pLV	mm	9	12	23	68	98	82	89	79	61	39	24	13	597
N-pLV	mm	57	63	85	37	-32	-76	-86	-78	-57	-8	21	46	

285 Taschkent / Usbekistan
41° 16′ N / 69° 16′ E · Höhe ü. NN: 488 m

		J	F	M	A	M	J	J	A	S	O	N	D	Jahr
t	°C	0,5	2,4	8,6	15,4	20,4	25,6	27,6	25,4	20,1	13,3	7,8	3,2	14,2
N	mm	55	47	72	64	32	7	4	2	5	34	45	53	419
rF	%	70	68	63	60	53	41	40	43	46	58	66	71	57
pV	mm	17	25	53	94	140	199	222	197	146	85	47	26	1249
pLV	mm	7	10	21	66	98	80	89	79	59	34	19	10	570
N-pLV	mm	48	37	51	-2	-66	-73	-85	-77	-54	0	26	43	

t Mitteltemperatur
N Niederschlag
rF relative Feuchte
pV potenzielle Verdunstung
pLV potenzielle Landschaftsverdunstung
N-pLV Klimatische Wasserbilanz. Positive Werte = humide Monate; negative Werte = aride Monate

Asien

286 Ulan Bator / Mongolei
47° 55′ N / 106° 52′ E · Höhe ü. NN: 1306 m

		J	F	M	A	M	J	J	A	S	O	N	D	Jahr
t	°C	-24,6	-20,6	-9,8	0,3	8,9	14,6	16,6	14,7	7,3	-1,1	-13,2	-21,9	-2,4
N	mm	1	2	3	8	13	42	58	52	26	6	3	3	216
Nd	Tage	0	1	1	2	3	10	11	14	5	2	1	2	51
pV	mm	–	–	–	19	69	99	102	89	48	12	–	–	439
pLV	mm	1	1	3	4	69	99	102	89	48	14	1	1	432
N-pLV	mm	0	1	0	4	-56	-57	-44	-37	-22	-8	2	2	

287 Jerewan (Eriwan) / Armenien
40° 08′ N / 44° 28′ E · Höhe ü. NN: 907 m

		J	F	M	A	M	J	J	A	S	O	N	D	Jahr
t	°C	-3,5	-1,0	5,8	12,7	17,5	21,9	26,0	25,2	20,7	13,2	6,5	0,2	12,1
N	mm	26	27	34	49	52	26	8	11	15	22	23	29	322
rF	%	85	76	60	54	53	48	42	42	47	61	72	81	60
pV	mm	3	10	44	88	121	164	210	202	155	82	37	12	1127
pLV	mm	11	14	9	44	60	33	42	40	31	16	7	2	310
N-pLV	mm	15	13	25	5	-8	-7	-34	-29	-16	6	16	27	

288 Giresun / Türkei
40° 55′ N / 38° 24′ E · Höhe ü. NN: 38 m

		J	F	M	A	M	J	J	A	S	O	N	D	Jahr
t	°C	7,1	7,3	8,1	11,5	15,4	19,9	22,4	22,4	19,7	15,9	12,6	9,5	14,3
N	mm	122	89	89	81	66	78	75	90	113	160	143	131	1236
rF	%	68	69	73	76	80	77	77	77	78	77	71	67	74
pV	mm	43	43	42	51	57	83	95	97	81	67	63	55	777
pLV	mm	17	17	17	36	40	58	67	68	56	47	44	22	489
N-pLV	mm	104	72	72	45	26	20	8	22	56	113	98	109	

289 Bursa / Türkei
40° 11′ N / 29° 04′ E · Höhe ü. NN: 100 m

		J	F	M	A	M	J	J	A	S	O	N	D	Jahr
t	°C	5,2	6,3	8,4	12,9	17,3	21,9	24,1	23,5	19,9	15,0	10,9	7,6	14,4
N	mm	90	86	64	62	46	30	16	20	35	58	81	118	706
rF	%	75	72	72	68	68	60	58	59	64	71	74	74	68
pV	mm	30	36	45	69	93	141	163	155	119	74	51	39	1015
pLV	mm	12	14	18	48	65	99	114	109	83	52	36	16	666
N-pLV	mm	78	71	46	14	-19	-69	-98	-88	-48	6	45	103	

290 İzmir / Türkei
38° 26′ N / 27° 10′ E · Höhe ü. NN: 25 m

		J	F	M	A	M	J	J	A	S	O	N	D	Jahr
t	°C	8,6	9,3	11,6	15,8	20,6	25,2	27,5	26,9	23,4	18,4	14,0	10,5	17,7
N	mm	132	99	76	45	24	10	8	4	15	40	87	153	692
rF	%	73	71	67	63	59	53	51	52	56	64	71	75	63
pV	mm	44	50	65	94	134	185	211	202	161	109	71	49	1373
pLV	mm	17	20	45	66	94	129	148	141	113	76	50	34	934
N-pLV	mm	115	79	31	-22	-70	-119	-140	-138	-98	-36	37	119	

t Mitteltemperatur
N Niederschlag
rF relative Feuchte
pV potenzielle Verdunstung
pLV potenzielle Landschaftsverdunstung
N-pLV Klimatische Wasserbilanz.
Positive Werte = humide Monate;
negative Werte = aride Monate

291 Urfa / Türkei
37° 08′ N / 38° 46′ E · Höhe ü. NN: 547 m

		J	F	M	A	M	J	J	A	S	O	N	D	Jahr
t	°C	5,3	6,8	10,7	15,8	21,8	27,7	31,5	30,9	26,7	19,7	12,5	7,2	18,1
N	mm	85	74	71	51	30	3	2	3	1	33	43	87	482
rF	%	72	69	61	55	42	30	27	28	31	43	60	73	49
pV	mm	33	41	68	107	170	238	281	274	227	152	79	39	1709
pLV	mm	13	17	82	75	68	95	112	109	91	61	55	27	806
N-pLV	mm	71	57	−11	−24	−38	−92	−110	−107	−90	−28	−13	60	

292 Adana / Türkei
36° 59′ N / 35° 18′ E · Höhe ü. NN: 20 m

		J	F	M	A	M	J	J	A	S	O	N	D	Jahr
t	°C	9,7	10,8	13,6	17,5	21,5	25,3	27,9	28,0	25,7	21,2	15,6	11,3	19,0
N	mm	118	92	68	59	46	25	10	9	14	47	75	138	698
rF	%	66	66	66	66	66	66	67	68	62	59	63	67	65
pV	mm	58	62	77	99	124	152	167	165	165	139	93	63	1364
pLV	mm	23	43	54	69	87	61	67	66	66	97	65	44	743
N-pLV	mm	95	48	14	−11	−41	−36	−57	−57	−53	−50	10	94	

293 Antalya / Türkei
36° 42′ N / 30° 44′ E · Höhe ü. NN: 57 m

		J	F	M	A	M	J	J	A	S	O	N	D	Jahr
t	°C	9,9	10,3	12,7	16,1	20,3	25,0	28,1	27,7	24,5	19,7	14,8	11,4	18,4
N	mm	238	191	102	48	28	9	5	2	13	70	150	223	1078
rF	%	69	69	68	68	67	59	56	58	59	61	68	70	64
pV	mm	55	56	69	87	114	168	205	194	165	122	80	60	1375
pLV	mm	22	39	48	61	80	67	82	78	66	86	56	42	727
N-pLV	mm	216	152	53	−13	−53	−58	−77	−75	−53	−15	93	181	

294 Tartus / Syrien
34° 53′ N / 35° 53′ E · Höhe ü. NN: 5 m

		J	F	M	A	M	J	J	A	S	O	N	D	Jahr
t	°C	12,0	12,8	14,7	17,6	20,3	23,9	26,0	26,7	25,1	21,9	17,7	13,7	19,2
N	mm	178	142	105	57	20	12	1	4	8	68	105	185	892
rF	%	67	65	67	67	71	68	74	73	70	67	61	66	68
pV	mm	67	74	80	96	103	134	130	137	136	124	109	77	1268
pLV	mm	47	52	56	67	41	54	52	55	55	87	77	54	695
N-pLV	mm	131	90	49	−10	−21	−41	−51	−51	−46	−19	28	131	

295 Damaskus / Syrien
33° 25′ N / 36° 31′ E · Höhe ü. NN: 611 m

		J	F	M	A	M	J	J	A	S	O	N	D	Jahr
t	°C	5,9	7,8	11,0	15,5	20,2	24,4	26,3	26,0	23,2	18,1	11,8	7,2	16,6
N	mm	29	24	17	11	4	1	0	0	0	10	21	26	144
rF	%	75	65	57	48	39	34	39	42	39	46	60	73	51
pV	mm	32	49	74	113	160	202	218	211	187	135	75	39	1493
pLV	mm	6	10	15	23	32	40	44	42	37	27	30	8	314
N-pLV	mm	23	14	3	−11	−28	−40	−44	−42	−37	−17	−9	18	

t Mitteltemperatur
N Niederschlag
rF relative Feuchte
pV potenzielle Verdunstung
pLV potenzielle Landschaftsverdunstung
N-pLV Klimatische Wasserbilanz. Positive Werte = humide Monate; negative Werte = aride Monate

Asien

296 Jiddah (Dschidda) / Saudi-Arabien
21° 41′ N / 39° 09′ E · Höhe ü. NN: 4 m

		J	F	M	A	M	J	J	A	S	O	N	D	Jahr
t	°C	25,0	23,5	25,1	27,6	29,6	30,8	32,4	32,1	30,7	29,1	27,0	24,7	28,1
N	mm	14	6	1	5	2	0	0	0	0	2	12	12	54
rF	%	73	61	60	60	60	61	57	62	69	67	64	59	63
pV	mm	106	147	163	180	198	207	232	215	181	177	168	167	2140
pLV	mm	21	29	33	36	40	41	46	43	36	35	34	33	428
N-pLV	mm	-7	-24	-32	-31	-38	-41	-46	-43	-36	-33	-22	-21	

297 Salalah / Oman
17° 02′ N / 54° 05′ E · Höhe ü. NN: 17 m

		J	F	M	A	M	J	J	A	S	O	N	D	Jahr
t	°C	22,9	23,7	25,5	27,6	29,0	29,0	26,4	25,2	26,3	26,3	25,9	23,9	26,0
N	mm	2	7	6	20	17	11	25	25	4	4	10	1	131
rF	%	50	58	62	68	75	80	89	90	81	67	55	50	69
pV	mm	167	159	164	163	145	123	62	54	101	157	184	181	1661
pLV	mm	33	32	33	33	29	25	12	11	20	31	37	36	332
N-pLV	mm	-31	-25	-26	-13	-12	-14	12	14	-16	-27	-27	-35	

298 Ash-Shariqa (Sharjah) / Vereinigte Arabische Emirate
25° 20′ N / 55° 31′ E · Höhe ü. NN: 33 m

		J	F	M	A	M	J	J	A	S	O	N	D	Jahr
t	°C	17,6	18,5	21,5	25,7	29,7	32,1	34,2	33,8	31,2	27,8	23,1	19,4	26,2
N	mm	10	35	33	8	1	0	0	0	0	0	5	16	107
rF	%	69	68	64	56	51	56	54	57	62	64	64	69	61
pV	mm	90	97	123	173	224	235	268	254	211	171	137	99	2084
pLV	mm	18	19	25	35	45	47	54	51	42	34	27	40	437
N-pLV	mm	-9	15	8	-27	-43	-47	-53	-51	-42	-34	-22	-24	

299 Doha / Katar
25° 15′ N / 51° 34′ E · Höhe ü. NN: 10 m

		J	F	M	A	M	J	J	A	S	O	N	D	Jahr
t	°C	17,0	17,9	21,2	25,7	31,0	33,9	34,7	34,3	32,2	28,9	24,2	19,2	26,7
N	mm	13	17	16	9	4	0	0	0	0	1	3	12	75
rF	%	71	70	63	52	44	41	49	55	62	63	66	71	59
pV	mm	84	92	127	189	256	293	288	268	223	187	142	98	2247
pLV	mm	17	18	25	38	51	59	58	54	45	37	28	20	449
N-pLV	mm	-4	-1	-9	-29	-48	-59	-58	-54	-45	-36	-25	-7	

300 Abadan / Iran
30° 22′ N / 48° 15′ E · Höhe ü. NN: 7 m

		J	F	M	A	M	J	J	A	S	O	N	D	Jahr
t	°C	12,3	14,7	19,3	24,8	31,2	35,3	36,8	36,1	32,8	26,9	19,5	13,8	25,3
N	mm	35	23	18	15	4	0	0	0	0	3	20	30	149
rF	%	68	60	50	44	33	27	27	30	34	45	57	67	45
pV	mm	67	91	136	189	265	312	335	326	282	208	128	76	2415
pLV	mm	13	18	55	38	53	62	67	65	56	42	26	30	526
N-pLV	mm	21	5	-36	-23	-49	-62	-67	-65	-56	-38	-5	0	

t Mitteltemperatur
N Niederschlag
rF relative Feuchte
pV potenzielle Verdunstung
pLV potenzielle Landschaftsverdunstung
N-pLV Klimatische Wasserbilanz. Positive Werte = humide Monate; negative Werte = aride Monate

301 Bandar-e Abbas / Iran
27° 13′ N / 56° 22′ E · Höhe ü. NN: 10 m

		J	F	M	A	M	J	J	A	S	O	N	D	Jahr
t	°C	18,1	19,4	23,1	26,8	31,2	33,7	34,4	34,0	32,5	29,6	24,3	19,7	27,2
N	mm	40	48	35	11	5	0	1	2	1	1	5	24	171
rF	%	64	68	67	64	61	64	68	69	67	64	61	63	65
pV	mm	106	106	131	168	217	231	222	214	208	193	157	119	2070
pLV	mm	53	21	26	34	43	46	44	43	42	39	31	59	481
N-pLV	mm	−13	26	9	−23	−39	−46	−44	−41	−41	−37	−26	−35	

302 Farah / Afghanistan
32° 22′ N / 62° 11′ E · Höhe ü. NN: 700 m

		J	F	M	A	M	J	J	A	S	O	N	D	Jahr
t	°C	7,2	9,9	15,6	21,7	27,0	32,2	34,3	31,9	26,7	20,2	12,9	8,8	20,5
N	mm	24	23	23	9	2	0	0	0	0	1	3	10	95
rF	%	60	58	53	50	38	30	29	31	32	38	43	50	43
pV	mm	47	65	105	151	219	286	306	273	220	156	97	68	1994
pLV	mm	9	13	21	30	44	57	61	55	44	31	19	14	399
N-pLV	mm	15	10	2	−22	−42	−57	−61	−55	−44	−30	−16	−3	

303 Lahore / Pakistan
31° 33′ N / 74° 20′ E · Höhe ü. NN: 213 m

		J	F	M	A	M	J	J	A	S	O	N	D	Jahr
t	°C	12,8	15,4	20,5	26,8	31,2	33,9	31,5	30,7	29,7	25,6	19,5	14,2	24,3
N	mm	23	29	41	20	22	36	202	164	61	12	4	14	628
rF	%	66	58	53	42	36	42	66	70	63	58	63	67	57
pV	mm	72	100	144	219	274	300	204	180	198	176	117	78	2062
pLV	mm	29	40	58	87	109	210	143	126	139	70	47	31	1090
N-pLV	mm	−6	−11	−17	−67	−87	−174	59	38	−78	−58	−43	−17	

304 Multan / Pakistan
30° 12′ N / 71° 26′ E · Höhe ü. NN: 122 m

		J	F	M	A	M	J	J	A	S	O	N	D	Jahr
t	°C	12,7	15,4	21,0	27,5	32,4	35,5	33,9	33,0	31,0	26,4	19,7	14,1	25,2
N	mm	7	10	20	13	10	12	61	33	11	2	2	7	188
rF	%	58	52	48	39	33	39	55	58	55	49	56	61	50
pV	mm	83	108	156	229	290	325	270	249	237	203	133	87	2369
pLV	mm	33	43	62	92	116	130	189	175	95	81	53	35	1103
N-pLV	mm	−26	−33	−42	−79	−106	−118	−128	−142	−84	−79	−51	−28	

305 Hyderabad (Haidarabad) / Pakistan
25° 23′ N / 68° 25′ E · Höhe ü. NN: 29 m

		J	F	M	A	M	J	J	A	S	O	N	D	Jahr
t	°C	18,1	20,9	26,2	31,0	33,9	34,1	32,6	31,5	31,1	29,7	24,6	19,4	27,8
N	mm	1	4	5	6	4	14	57	61	21	2	2	2	179
rF	%	45	41	39	38	44	54	62	63	59	44	44	46	48
pV	mm	136	164	216	269	296	275	231	216	226	247	194	145	2615
pLV	mm	54	65	86	108	119	110	92	86	90	99	78	58	1046
N-pLV	mm	−53	−61	−81	−102	−115	−96	−35	−25	−69	−97	−76	−56	

t Mitteltemperatur
N Niederschlag
rF relative Feuchte
pV potenzielle Verdunstung
pLV potenzielle Landschaftsverdunstung
N-pLV Klimatische Wasserbilanz. Positive Werte = humide Monate; negative Werte = aride Monate

306 Karachi (Karatschi) / Pakistan
24° 54′ N / 67° 8′ E · Höhe ü. NN: 21 m

		J	F	M	A	M	J	J	A	S	O	N	D	Jahr
t	°C	18,1	20,2	24,5	28,3	30,5	31,4	30,3	28,9	28,9	27,9	23,9	19,5	26,0
N	mm	6	10	12	4	0	6	86	67	20	1	2	4	218
rF	%	49	52	55	59	65	67	74	75	69	56	50	49	60
pV	mm	131	143	173	198	199	199	159	144	169	202	178	142	2038
pLV	mm	26	29	35	40	40	40	64	58	34	40	36	28	468
N-pLV	mm	−20	−19	−23	−36	−40	−34	22	9	−14	−39	−34	−24	

307 Amritsar / Indien
31° 38′ N / 74° 52′ E · Höhe ü. NN: 234 m

		J	F	M	A	M	J	J	A	S	O	N	D	Jahr
t	°C	11,6	13,9	18,7	25,1	29,9	32,1	30,2	29,7	28,3	23,8	17,9	12,9	22,8
N	mm	24	33	48	29	25	62	231	187	79	18	6	18	759
rF	%	74	70	64	47	38	48	72	77	69	67	73	76	65
pV	mm	53	71	113	201	266	273	170	142	168	138	83	54	1732
pLV	mm	21	28	45	80	107	191	119	99	118	55	33	22	919
N-pLV	mm	3	5	3	−51	−82	−129	112	88	−39	−37	−27	−4	

308 Mukteswar / Indien
29° 28′ N / 79° 39′ E · Höhe ü. NN: 2311 m

		J	F	M	A	M	J	J	A	S	O	N	D	Jahr
t	°C	6,4	7,1	10,9	15,4	17,7	18,3	17,2	16,9	16,1	14,3	11,2	8,4	13,3
N	mm	44	57	66	40	70	151	313	281	197	43	10	29	1327
rF	%	60	59	54	46	52	72	91	93	85	68	59	52	66
pV	mm	44	49	75	114	126	90	32	25	47	76	71	59	807
pLV	mm	35	39	91	137	151	108	38	30	56	92	57	48	880
N-pLV	mm	9	18	−25	−97	−81	43	275	251	141	−49	−47	−19	

309 Bikaner / Indien
28° 00′ N / 73° 18′ E · Höhe ü. NN: 224 m

		J	F	M	A	M	J	J	A	S	O	N	D	Jahr
t	°C	14,3	17,1	23,4	30,2	34,3	35,2	32,8	31,7	30,7	27,7	21,5	16,1	26,3
N	mm	5	7	10	7	31	46	106	71	34	4	3	1	309
rF	%	49	43	34	25	27	39	58	61	52	36	40	48	43
pV	mm	101	129	193	263	307	314	241	221	238	235	170	115	2525
pLV	mm	20	26	39	53	61	125	96	88	48	47	34	23	660
N-pLV	mm	−15	−19	−29	−46	−30	−79	10	−17	−14	−43	−31	−22	

310 Dibrugarh / Indien
27° 29′ N / 95° 01′ E · Höhe ü. NN: 111 m

		J	F	M	A	M	J	J	A	S	O	N	D	Jahr
t	°C	15,9	17,9	21,3	23,0	25,8	27,8	27,7	28,4	27,1	25,1	20,8	16,8	23,1
N	mm	29	52	87	247	247	392	546	429	354	143	19	24	2650
rF	%	80	74	68	75	76	81	85	82	85	83	81	82	79
pV	mm	59	83	118	108	122	110	89	108	86	86	75	56	1099
pLV	mm	47	66	95	161	182	165	133	162	129	69	60	45	1314
N-pLV	mm	−18	−14	−8	86	65	227	413	267	225	74	−41	−21	

t Mitteltemperatur
N Niederschlag
rF relative Feuchte
pV potenzielle Verdunstung
pLV potenzielle Landschaftsverdunstung
N-pLV Klimatische Wasserbilanz. Positive Werte = humide Monate; negative Werte = aride Monate

311 Allahabad / Indien

25° 27′ N / 81° 44′ E · Höhe ü. NN: 98 m

		J	F	M	A	M	J	J	A	S	O	N	D	Jahr
t	°C	15,9	18,4	24,5	30,7	34,0	33,6	29,9	29,2	28,7	26,4	21,7	17,3	25,9
N	mm	18	18	8	6	12	113	265	266	199	34	9	10	958
rF	%	69	57	39	29	33	50	77	81	78	67	61	68	59
pV	mm	84	124	204	276	309	275	141	117	129	160	139	93	2051
pLV	mm	34	50	82	110	124	192	98	82	91	64	56	37	1019
N-pLV	mm	-16	-32	-74	-104	-112	-79	167	184	108	-30	-47	-27	

312 Ahmadabad / Indien

23° 04′ N / 72° 38′ E · Höhe ü. NN: 55 m

		J	F	M	A	M	J	J	A	S	O	N	D	Jahr
t	°C	20,1	22,2	27,3	31,7	33,9	32,8	29,5	28,2	29,1	28,5	24,7	21,3	27,4
N	mm	2	1	0	3	20	103	247	288	83	23	14	5	783
rF	%	49	43	37	41	47	62	77	81	71	53	48	50	55
pV	mm	147	173	226	267	280	226	137	111	163	219	191	156	2294
pLV	mm	59	69	90	107	112	158	96	77	65	87	76	62	1060
N-pLV	mm	-57	-68	-90	-104	-92	-55	151	211	18	-64	-62	-57	

313 Dwarka / Indien

22° 22′ N / 69° 5′ E · Höhe ü. NN: 11 m

		J	F	M	A	M	J	J	A	S	O	N	D	Jahr
t	°C	21,0	22,3	25,1	27,5	29,4	30,2	29,2	28,1	28,1	27,8	26,3	22,8	26,5
N	mm	1	4	0	0	1	60	97	78	21	10	2	1	243
rF	%	65	70	79	81	83	84	86	86	83	79	66	61	77
pV	mm	121	117	102	108	107	107	89	84	100	117	157	141	1352
pLV	mm	36	35	31	32	32	53	45	42	30	35	47	42	462
N-pLV	mm	-35	-31	-31	-32	-31	7	52	36	-9	-25	-45	-41	

314 Nagpur / Indien

21° 06′ N / 79° 03′ E · Höhe ü. NN: 310 m

		J	F	M	A	M	J	J	A	S	O	N	D	Jahr
t	°C	20,8	23,2	27,7	32,5	35,1	31,9	27,9	27,1	27,7	26,4	23,0	20,4	27,0
N	mm	16	22	15	8	18	168	290	291	157	73	17	19	1077
rF	%	54	43	30	24	27	55	77	80	74	61	55	56	53
pV	mm	145	184	242	300	324	235	126	109	138	177	163	138	2283
pLV	mm	102	129	169	210	227	283	152	131	166	124	114	97	1903
N-pLV	mm	-86	-107	-154	-202	-209	-115	138	160	-9	-51	-97	-78	

315 Jagdalpur / Indien

19° 05′ N / 82° 02′ E · Höhe ü. NN: 553 m

		J	F	M	A	M	J	J	A	S	O	N	D	Jahr
t	°C	19,9	23,0	26,9	30,0	31,2	28,5	25,7	25,4	25,9	24,7	21,7	19,5	25,2
N	mm	7	11	12	44	90	295	352	367	200	87	26	4	1505
rF	%	59	51	42	43	47	69	84	86	82	74	68	65	64
pV	mm	130	170	223	252	257	161	84	73	94	122	122	113	1802
pLV	mm	91	119	156	177	180	193	101	88	113	85	86	79	1468
N-pLV	mm	-84	-108	-144	-133	-90	102	251	279	87	2	-60	-75	

t — Mitteltemperatur
N — Niederschlag
rF — relative Feuchte
pV — potenzielle Verdunstung
pLV — potenzielle Landschaftsverdunstung
N-pLV — Klimatische Wasserbilanz. Positive Werte = humide Monate; negative Werte = aride Monate

Asien

316 Pune (Poona) / Indien
18° 32′ N / 73° 51′ E · Höhe ü. NN: 559 m

		J	F	M	A	M	J	J	A	S	O	N	D	Jahr
t	°C	20,5	22,0	25,6	28,8	29,7	27,4	25,3	24,5	25,1	25,0	22,3	20,2	24,7
N	mm	0	3	2	11	40	138	163	129	155	68	28	4	741
rF	%	56	46	36	36	48	70	79	82	78	64	58	58	59
pV	mm	134	164	213	248	236	149	103	86	105	155	151	132	1876
pLV	mm	94	115	149	174	165	104	123	60	126	108	106	93	1417
N-pLV	mm	-94	-112	-147	-163	-125	34	40	69	29	-40	-78	-89	

317 Hyderabad / Indien
17° 27′ N / 78° 28′ E · Höhe ü. NN: 545 m

		J	F	M	A	M	J	J	A	S	O	N	D	Jahr
t	°C	22,2	25,1	28,4	31,5	33,0	29,3	27,0	26,2	26,6	25,7	23,2	21,6	26,7
N	mm	6	9	16	17	40	116	155	163	152	97	29	3	802
rF	%	56	49	39	37	39	61	71	74	72	63	58	57	56
pV	mm	150	187	238	275	285	195	144	128	138	165	160	147	2213
pLV	mm	105	131	167	192	200	136	173	154	166	115	112	103	1755
N-pLV	mm	-99	-122	-151	-175	-160	-20	-18	9	-14	-18	-83	-100	

318 Machilipatnam / Indien
16° 12′ N / 81° 09′ E · Höhe ü. NN: 3 m

		J	F	M	A	M	J	J	A	S	O	N	D	Jahr
t	°C	23,8	25,5	27,5	30,2	32,4	31,8	29,7	29,0	28,9	27,8	25,8	24,3	28,1
N	mm	6	9	7	9	20	86	171	181	156	177	116	21	956
rF	%	76	75	73	73	66	62	72	74	78	79	75	75	73
pV	mm	109	124	145	162	210	220	162	150	130	119	125	115	1770
pLV	mm	76	87	102	113	147	154	194	180	156	143	88	80	1519
N-pLV	mm	-70	-78	-95	-104	-127	-68	-23	1	0	34	28	-59	

319 Port Blair / Indien
11° 40′ N / 92° 43′ E · Höhe ü. NN: 79 m

		J	F	M	A	M	J	J	A	S	O	N	D	Jahr
t	°C	25,2	25,6	26,5	27,9	27,2	26,3	26,1	26,0	25,8	25,9	25,9	25,7	26,2
N	mm	36	21	9	70	346	456	400	425	403	295	254	157	2800
rF	%	74	72	71	72	80	84	84	85	85	83	80	75	79
pV	mm	128	140	151	157	114	91	90	84	83	94	108	127	1366
pLV	mm	102	112	121	125	171	137	135	126	125	141	162	101	1646
N-pLV	mm	-66	-91	-112	-55	175	319	265	299	278	154	92	56	

320 Kozhikode / Indien
11° 15′ N / 75° 47′ E · Höhe ü. NN: 5 m

		J	F	M	A	M	J	J	A	S	O	N	D	Jahr
t	°C	26,8	27,7	28,9	29,6	29,1	26,7	26,0	25,9	26,8	27,3	27,5	27,2	27,5
N	mm	2	2	11	84	242	815	770	472	238	230	172	25	3063
rF	%	70	72	73	74	78	88	90	90	86	82	77	71	79
pV	mm	149	148	153	155	132	69	57	56	79	102	125	148	1373
pLV	mm	104	104	107	108	158	83	68	67	95	122	150	104	1271
N-pLV	mm	-102	-102	-96	-24	84	732	702	405	143	108	22	-79	

t Mitteltemperatur
N Niederschlag
rF relative Feuchte
pV potenzielle Verdunstung
pLV potenzielle Landschaftsverdunstung
N-pLV Klimatische Wasserbilanz. Positive Werte = humide Monate; negative Werte = aride Monate

321 Trivandrum / Indien

8° 29′ N / 76° 57′ E · Höhe ü. NN: 64 m

		J	F	M	A	M	J	J	A	S	O	N	D	Jahr
t	°C	26,9	27,4	28,5	29,1	28,5	26,8	26,5	26,4	26,9	26,9	26,8	27,1	27,3
N	mm	26	21	33	125	202	306	175	152	179	223	206	65	1712
rF	%	69	70	72	77	79	85	84	83	82	83	82	74	78
pV	mm	153	153	154	135	123	84	88	93	99	95	99	136	1413
pLV	mm	107	107	108	95	148	101	106	111	119	114	119	95	1329
N-pLV	mm	-81	-86	-75	30	54	205	69	41	60	109	87	-30	

322 Trincomalee / Sri Lanka

8° 35′ N / 81° 15′ E · Höhe ü. NN: 7 m

		J	F	M	A	M	J	J	A	S	O	N	D	Jahr
t	°C	26,1	26,9	28,0	29,4	30,5	30,6	30,1	29,9	29,6	28,2	26,7	26,1	28,5
N	mm	132	100	54	50	52	26	70	89	104	217	334	341	1569
rF	%	75	74	75	74	67	62	63	64	67	73	80	81	71
pV	mm	124	134	138	153	189	212	202	198	184	147	106	102	1890
pLV	mm	149	94	96	107	132	148	142	139	129	177	128	123	1501
N-pLV	mm	-17	6	-42	-57	-80	-122	-72	-50	-25	40	206	218	

323 Chittagong (Chattagam) / Bangladesch

22° 21′ N / 91° 49′ E · Höhe ü. NN: 33 m

		J	F	M	A	M	J	J	A	S	O	N	D	Jahr
t	°C	20,0	21,7	25,6	27,8	28,4	27,9	27,6	27,7	27,9	27,4	24,2	20,8	25,6
N	mm	8	28	64	150	264	533	597	518	320	180	56	15	2733
rF	%	73	68	74	77	82	87	88	86	86	85	79	77	80
pV	mm	96	120	126	128	108	79	73	84	85	88	99	89	1173
pLV	mm	77	96	101	102	162	119	109	126	127	70	79	71	1238
N-pLV	mm	-69	-68	-37	48	102	414	488	392	193	110	-23	-56	

324 Akyab (Sittwe) / Myanmar (Birma)

20° 8′ N / 92° 55′ E · Höhe ü. NN: 9 m

		J	F	M	A	M	J	J	A	S	O	N	D	Jahr
t	°C	21,0	22,5	25,6	28,4	28,8	27,5	27,0	26,9	27,6	27,5	25,4	22,0	25,9
N	mm	2	4	11	50	391	1151	1399	1134	577	286	130	19	5154
rF	%	74	69	70	72	74	89	92	92	88	84	80	79	80
pV	mm	99	122	140	153	148	67	49	49	73	93	101	88	1182
pLV	mm	79	98	112	123	222	100	73	73	109	140	81	70	1280
N-pLV	mm	-77	-94	-101	-73	169	1051	1326	1061	468	146	49	-51	

325 Rangun (Yangon) / Myanmar (Birma)

16° 46′ N / 96° 10′ E · Höhe ü. NN: 14 m

		J	F	M	A	M	J	J	A	S	O	N	D	Jahr
t	°C	25,0	26,3	28,6	30,6	29,6	27,4	26,9	26,9	27,4	27,9	27,4	25,4	27,5
N	mm	5	2	7	15	303	547	559	602	368	206	60	7	2681
rF	%	65	62	65	66	79	90	91	92	89	84	78	70	77
pV	mm	152	171	182	196	130	61	54	49	67	95	121	139	1415
pLV	mm	106	120	127	137	156	73	65	58	80	114	85	97	1218
N-pLV	mm	-101	-118	-120	-122	147	474	494	544	288	92	-25	-90	

t Mitteltemperatur
N Niederschlag
rF relative Feuchte

pV potenzielle Verdunstung
pLV potenzielle Landschaftsverdunstung
N-pLV Klimatische Wasserbilanz.
Positive Werte = humide Monate;
negative Werte = aride Monate

326 Altaj / China

47° 44′ N / 88° 05′ E · Höhe ü. NN: 735 m

		J	F	M	A	M	J	J	A	S	O	N	D	Jahr
t	°C	-16,1	-14,7	-5,4	7,5	15,4	20,3	22,0	20,3	14,4	5,8	-4,8	-13,4	4,3
N	mm	12	10	9	11	18	14	22	14	15	17	19	16	175
rF	%	81	82	76	44	39	44	47	44	44	53	73	88	60
pV	mm	–	–	–	62	120	156	166	155	108	48	0	–	814
pLV	mm	1	1	8	12	24	78	83	31	22	10	9	1	279
N-pLV	mm	11	9	1	-1	-6	-64	-61	-17	-6	7	10	15	

327 Qiqihar / China

47° 23′ N / 123° 55′ E · Höhe ü. NN: 146 m

		J	F	M	A	M	J	J	A	S	O	N	D	Jahr
t	°C	-19,2	-14,8	-4,5	6,1	14,4	20,3	22,8	20,9	14,0	4,8	-7,1	-16,2	3,5
N	mm	1	2	5	15	31	64	138	94	45	19	4	3	420
rF	%	75	67	50	44	44	59	72	73	67	58	67	70	62
pV	mm	–	–	–	53	108	131	115	102	77	40	–	–	627
pLV	mm	1	1	10	11	108	131	115	102	77	8	5	1	571
N-pLV	mm	0	1	-5	4	-78	-67	22	-8	-33	11	-1	2	

328 Erenhot (Erlian) / China

43° 39′ N / 111° 58′ E · Höhe ü. NN: 965 m

		J	F	M	A	M	J	J	A	S	O	N	D	Jahr
t	°C	-18,5	-14,8	-4,6	6,1	14,6	20,5	23,0	20,8	13,5	4,6	-6,6	-15,7	3,6
N	mm	1	1	2	5	8	17	37	40	18	8	2	1	140
rF	%	71	62	39	29	28	35	44	48	46	44	56	67	47
pV	mm	–	–	–	55	119	165	179	154	101	44	–	–	817
pLV	mm	1	1	9	11	60	83	89	77	50	9	6	1	397
N-pLV	mm	0	0	-7	-6	-51	-66	-53	-37	-32	-1	-4	0	

329 Peking (Beijing) / China

39° 48′ N / 116° 28′ E · Höhe ü. NN: 54 m

		J	F	M	A	M	J	J	A	S	O	N	D	Jahr
t	°C	-4,3	-1,9	5,1	13,6	20,0	24,2	25,9	24,6	19,6	12,7	4,3	-2,2	11,8
N	mm	3	6	9	26	29	71	176	182	49	19	6	2	577
rF	%	43	47	47	47	51	59	75	78	69	64	59	50	57
pV	mm	–	8	46	101	143	163	124	106	105	75	37	7	913
pLV	mm	10	13	18	40	100	114	87	74	73	53	15	3	600
N-pLV	mm	-7	-7	-9	-14	-71	-43	89	108	-25	-34	-9	0	

330 Kashi (Kashgar) / China

39° 28′ N / 75° 59′ E · Höhe ü. NN: 1289 m

		J	F	M	A	M	J	J	A	S	O	N	D	Jahr
t	°C	-5,6	-1,2	7,7	15,5	19,9	23,6	25,7	24,4	19,4	12,3	3,7	-3,9	11,8
N	mm	3	6	6	6	11	7	8	8	6	3	2	1	64
rF	%	65	57	45	35	37	35	37	42	46	50	59	70	48
pV	mm	–	12	63	123	159	194	213	194	146	89	34	2	1229
pLV	mm	8	2	13	25	32	39	85	39	29	18	7	11	307
N-pLV	mm	-6	3	-7	-19	-20	-32	-78	-31	-23	-15	-5	-10	

t Mitteltemperatur
N Niederschlag
rF relative Feuchte
pV potenzielle Verdunstung
pLV potenzielle Landschaftsverdunstung
N-pLV Klimatische Wasserbilanz. Positive Werte = humide Monate; negative Werte = aride Monate

331 Ruoqiang (Qarkilik) / China
39° 02′ N / 88° 10′ E · Höhe ü. NN: 888 m

		J	F	M	A	M	J	J	A	S	O	N	D	Jahr
t	°C	-7,8	-2,3	7,0	15,3	21,2	25,1	27,2	26,0	20,0	11,2	1,7	-6,2	11,5
N	mm	1	1	1	1	2	4	11	3	1	0	1	0	25
rF	%	53	41	29	24	27	31	33	31	33	38	48	57	37
pV	mm	–	4	62	125	175	211	232	220	162	89	27	–	1307
pLV	mm	5	13	12	25	35	42	93	44	32	18	5	6	331
N-pLV	mm	-4	-12	-11	-24	-33	-38	-82	-41	-32	-18	-5	-6	

332 Shanghai / China
31° 10′ N / 121° 26′ E · Höhe ü. NN: 3 m

		J	F	M	A	M	J	J	A	S	O	N	D	Jahr
t	°C	3,7	4,6	8,5	14,2	19,2	23,4	27,8	27,7	23,6	18,3	12,4	6,1	15,8
N	mm	39	59	81	102	115	152	128	133	156	61	51	35	1111
rF	%	77	78	77	79	79	83	82	81	81	77	78	76	79
pV	mm	24	25	38	55	74	81	106	108	89	76	50	31	756
pLV	mm	9	10	15	39	52	57	74	76	62	53	35	12	494
N-pLV	mm	30	49	66	64	63	95	54	57	94	7	16	22	

333 Yichang / China
30° 42′ N / 111° 18′ E · Höhe ü. NN: 133 m

		J	F	M	A	M	J	J	A	S	O	N	D	Jahr
t	°C	4,8	6,2	10,9	16,8	21,7	25,3	27,9	27,6	23,1	18,0	12,4	6,9	16,8
N	mm	19	29	57	96	124	152	210	186	127	87	48	21	1155
rF	%	72	73	74	76	74	75	79	77	75	75	76	73	75
pV	mm	31	35	52	73	102	121	121	127	107	79	55	37	941
pLV	mm	12	14	37	51	71	84	85	89	75	56	38	15	628
N-pLV	mm	7	15	20	45	52	67	125	97	52	31	10	7	

334 Chengdu / China
30° 40′ N / 104° 01′ E · Höhe ü. NN: 506 m

		J	F	M	A	M	J	J	A	S	O	N	D	Jahr
t	°C	5,5	7,2	11,6	16,5	21,0	23,5	25,2	24,9	21,0	16,9	11,8	7,1	16,0
N	mm	7	10	21	47	87	103	231	224	132	39	17	5	921
rF	%	82	81	78	78	76	81	86	85	86	86	84	84	82
pV	mm	24	30	47	66	93	89	75	76	61	48	36	25	668
pLV	mm	9	12	33	46	65	62	53	53	42	33	25	10	444
N-pLV	mm	-2	-2	-13	0	22	41	178	171	89	6	-9	-5	

335 Kunming / China
25° 01′ N / 102° 41′ E · Höhe ü. NN: 1891 m

		J	F	M	A	M	J	J	A	S	O	N	D	Jahr
t	°C	7,6	9,5	12,6	16,1	18,9	19,6	19,7	19,1	17,5	15,0	11,3	7,9	14,6
N	mm	12	12	16	27	92	173	205	206	122	89	40	14	1007
rF	%	65	59	55	56	65	78	83	83	83	80	76	71	71
pV	mm	48	64	86	108	109	80	66	62	57	55	50	43	828
pLV	mm	34	45	60	75	77	96	79	75	40	39	35	30	684
N-pLV	mm	-22	-32	-44	-48	15	77	126	131	82	50	5	-17	

t Mitteltemperatur
N Niederschlag
rF relative Feuchte
pV potenzielle Verdunstung
pLV potenzielle Landschaftsverdunstung
N-pLV Klimatische Wasserbilanz. Positive Werte = humide Monate; negative Werte = aride Monate

Asien

336 Shantou / China
23° 24′ N / 116° 41′ E · Höhe ü. NN: 1 m

		J	F	M	A	M	J	J	A	S	O	N	D	Jahr
t	°C	13,2	13,8	16,2	20,4	24,2	26,5	28,2	28,0	26,5	23,3	19,3	15,1	21,2
N	mm	30	56	82	155	210	303	206	215	145	62	39	29	1531
rF	%	80	83	85	85	86	87	83	83	83	80	78	78	83
pV	mm	50	45	48	60	70	75	100	100	94	92	77	61	873
pLV	mm	35	32	34	42	84	90	120	119	66	111	54	43	813
N-pLV	mm	−5	25	49	113	126	213	86	95	79	−49	−15	−14	

337 Nanning / China
22° 49′ N / 108° 21′ E · Höhe ü. NN: 72 m

		J	F	M	A	M	J	J	A	S	O	N	D	Jahr
t	°C	12,7	13,8	17,6	22,1	26,0	27,6	28,4	28,0	26,8	23,4	18,6	14,6	21,6
N	mm	35	46	50	107	188	216	201	214	125	72	45	23	1321
rF	%	78	84	83	82	80	81	80	81	77	76	76	76	80
pV	mm	51	44	56	77	105	109	116	110	120	106	80	64	1037
pLV	mm	36	31	39	54	126	131	140	132	84	74	56	45	946
N-pLV	mm	−1	15	10	53	62	85	62	82	40	−2	−11	−22	

338 Haikou [Hainan] / China
20° 02′ N / 110° 21′ E · Höhe ü. NN: 14 m

		J	F	M	A	M	J	J	A	S	O	N	D	Jahr
t	°C	17,2	18,2	21,3	24,8	27,3	28,1	28,4	27,8	26,9	25,0	22,0	18,7	23,8
N	mm	22	34	51	106	183	211	210	225	251	201	97	34	1625
rF	%	86	89	87	84	83	83	82	85	85	84	82	83	84
pV	mm	46	39	57	80	98	100	110	89	84	83	77	60	923
pLV	mm	32	27	40	56	118	120	132	107	100	99	54	42	928
N-pLV	mm	−10	7	11	50	65	91	78	117	150	102	43	−8	

339 Wonsan / Nordkorea
39° 11′ N / 127° 26′ E · Höhe ü. NN: 35 m

		J	F	M	A	M	J	J	A	S	O	N	D	Jahr
t	°C	−2,7	−1,5	3,2	9,9	16,2	19,1	22,2	23,6	18,3	13,2	6,7	0,0	10,7
N	mm	15	11	22	68	59	70	281	196	84	54	41	17	918
rF	%	52	56	62	60	65	80	84	83	77	66	59	54	67
pV	mm	12	19	38	78	100	74	76	85	87	86	61	27	744
pLV	mm	12	13	23	47	130	96	99	111	113	112	49	16	821
N-pLV	mm	3	−2	−1	21	−71	−26	182	85	−29	−58	−8	1	

340 Kangnung / Südkorea
37° 45′ N / 128° 54′ E · Höhe ü. NN: 27 m

		J	F	M	A	M	J	J	A	S	O	N	D	Jahr
t	°C	−0,4	0,8	5,4	12,0	17,7	20,3	23,9	24,6	19,7	14,8	8,7	2,8	12,5
N	mm	58	61	71	77	74	110	217	262	217	112	78	39	1377
rF	%	52	57	60	61	62	75	80	81	77	67	59	52	65
pV	mm	17	22	42	74	106	90	92	92	83	82	61	34	794
pLV	mm	10	13	25	44	137	117	120	120	108	106	36	20	858
N-pLV	mm	48	48	46	33	−64	−7	98	142	108	6	42	18	

t Mitteltemperatur
N Niederschlag
rF relative Feuchte
pV potenzielle Verdunstung
pLV potenzielle Landschaftsverdunstung
N-pLV Klimatische Wasserbilanz. Positive Werte = humide Monate; negative Werte = aride Monate

341 Seoul / Südkorea
37° 34′ N / 126° 58′ E · Höhe ü. NN: 87 m

		J	F	M	A	M	J	J	A	S	O	N	D	Jahr
t	°C	-3,4	-1,1	4,5	11,8	17,4	21,5	24,6	25,4	20,6	14,3	6,6	-0,4	11,8
N	mm	23	25	47	94	92	134	369	294	169	50	53	21	1371
rF	%	64	64	63	61	65	72	81	79	73	67	66	66	68
pV	mm	4	13	36	74	100	106	91	105	101	78	44	16	768
pLV	mm	10	13	22	44	120	127	110	126	121	94	18	6	811
N-pLV	mm	13	12	25	50	-28	7	260	168	48	-45	36	15	

342 Pusan / Südkorea
35° 06′ N / 129° 02′ E · Höhe ü. NN: 71 m

		J	F	M	A	M	J	J	A	S	O	N	D	Jahr
t	°C	2,2	3,7	7,8	12,9	17,3	20,3	24,0	25,9	21,9	17,1	11,0	5,0	14,1
N	mm	32	43	79	149	148	224	257	204	187	62	65	24	1472
rF	%	51	55	59	67	70	79	85	81	75	65	59	54	67
pV	mm	31	37	56	73	89	81	73	101	102	98	74	45	861
pLV	mm	12	15	22	51	63	57	51	71	71	69	52	18	552
N-pLV	mm	19	28	57	98	86	167	206	133	115	-7	13	5	

343 Niigata / Japan
37° 55′ N / 139° 03′ E · Höhe ü. NN: 2 m

		J	F	M	A	M	J	J	A	S	O	N	D	Jahr
t	°C	2,1	2,2	5,0	10,9	16,1	20,2	24,3	26,2	21,6	15,5	9,9	4,9	13,2
N	mm	191	129	103	92	98	117	182	134	157	159	197	219	1778
rF	%	75	73	69	68	70	76	78	75	75	73	73	75	73
pV	mm	20	21	34	61	82	89	103	126	99	74	50	29	788
pLV	mm	8	9	14	42	57	62	72	88	70	52	20	12	505
N-pLV	mm	183	121	89	50	41	55	109	46	88	107	177	208	

344 Osaka / Japan
34° 41′ N / 135° 31′ E · Höhe ü. NN: 23 m

		J	F	M	A	M	J	J	A	S	O	N	D	Jahr
t	°C	5,5	5,8	8,6	14,6	19,2	23,0	27,0	28,2	24,2	18,3	12,9	7,9	16,3
N	mm	46	60	102	134	139	206	157	95	172	108	65	34	1318
rF	%	62	62	61	62	64	69	71	68	69	67	66	63	65
pV	mm	41	43	57	89	113	125	147	167	134	101	73	52	1143
pLV	mm	16	17	23	63	79	88	103	117	94	71	51	21	742
N-pLV	mm	29	43	79	71	60	119	54	-22	77	37	14	14	

345 Hiroshima / Japan
34° 24′ N / 132° 28′ E · Höhe ü. NN: 4 m

		J	F	M	A	M	J	J	A	S	O	N	D	Jahr
t	°C	4,0	4,5	7,7	13,4	17,8	21,4	25,7	26,9	22,8	17,0	11,4	6,5	15,0
N	mm	45	59	109	164	154	272	246	117	175	103	73	39	1555
rF	%	69	69	67	69	71	78	80	77	76	72	72	71	73
pV	mm	30	32	47	72	90	88	103	122	103	84	57	38	865
pLV	mm	12	13	19	50	63	62	72	85	72	59	40	15	562
N-pLV	mm	33	46	90	114	91	210	174	32	103	44	32	24	

t Mitteltemperatur
N Niederschlag
rF relative Feuchte
pV potenzielle Verdunstung
pLV potenzielle Landschaftsverdunstung
N-pLV Klimatische Wasserbilanz.
Positive Werte = humide Monate;
negative Werte = aride Monate

Asien

346 Nagasaki / Japan
32° 44′ N / 129° 52′ E · Höhe ü. NN: 27 m

		J	F	M	A	M	J	J	A	S	O	N	D	Jahr
t	°C	6,4	7,0	10,1	15,2	19,0	22,3	26,6	27,6	24,3	19,0	13,7	8,8	16,7
N	mm	78	86	116	174	193	332	334	187	190	104	85	66	1945
rF	%	68	67	67	71	73	80	81	77	75	69	69	69	72
pV	mm	41	45	59	77	92	86	103	126	115	102	74	50	968
pLV	mm	16	18	41	54	64	60	72	88	80	71	51	20	637
N-pLV	mm	61	68	75	121	129	272	262	99	110	33	34	46	

347 Kagoshima / Japan
31° 34′ N / 130° 33′ E · Höhe ü. NN: 4 m

		J	F	M	A	M	J	J	A	S	O	N	D	Jahr
t	°C	7,2	8,3	11,4	16,4	20,1	23,4	27,4	27,9	25,1	20,0	14,5	9,2	17,6
N	mm	87	103	161	230	259	400	304	213	216	106	88	71	2237
rF	%	71	70	69	73	74	79	78	77	76	71	72	72	74
pV	mm	41	47	63	78	94	95	121	128	116	102	72	48	1004
pLV	mm	16	19	44	55	66	66	85	89	81	71	50	19	662
N-pLV	mm	71	84	117	175	193	333	219	124	136	35	37	52	

348 Chiang Mai / Thailand
18° 47′ N / 98° 59′ E · Höhe ü. NN: 314 m

		J	F	M	A	M	J	J	A	S	O	N	D	Jahr
t	°C	20,5	22,9	26,4	28,7	28,1	27,3	27,0	26,6	26,5	25,8	23,8	21,0	25,4
N	mm	7	5	13	50	158	132	161	236	228	122	53	20	1185
rF	%	71	62	55	59	71	78	78	80	81	79	76	74	72
pV	mm	104	143	191	203	155	122	118	106	104	108	107	99	1561
pLV	mm	73	100	134	142	187	85	142	127	124	76	75	69	1334
N-pLV	mm	−66	−95	−121	−92	−29	47	19	109	104	46	−22	−49	

349 Khon Kaen / Thailand
16° 26′ N / 102° 50′ E · Höhe ü. NN: 166 m

		J	F	M	A	M	J	J	A	S	O	N	D	Jahr
t	°C	22,8	25,5	28,4	29,9	29,0	28,5	28,0	27,5	27,0	26,4	24,7	22,6	26,7
N	mm	4	15	35	66	174	179	166	196	246	107	16	3	1207
rF	%	64	62	59	63	72	75	77	80	82	78	71	66	71
pV	mm	137	163	199	200	157	139	130	114	101	116	132	132	1721
pLV	mm	96	114	140	140	188	167	156	137	122	81	93	92	1525
N-pLV	mm	−92	−99	−105	−74	−14	12	10	59	124	26	−77	−89	

350 Phuket / Thailand
8° 07′ N / 98° 19′ E · Höhe ü. NN: 10 m

		J	F	M	A	M	J	J	A	S	O	N	D	Jahr
t	°C	26,7	27,4	28,2	28,5	28,0	27,9	27,5	27,6	27,0	26,8	26,6	26,5	27,4
N	mm	42	30	60	157	345	286	284	272	417	351	188	71	2503
rF	%	74	73	74	78	82	82	82	81	84	85	83	78	80
pV	mm	132	142	144	126	103	106	102	106	89	85	94	117	1348
pLV	mm	92	99	101	152	124	127	123	128	107	102	113	82	1350
N-pLV	mm	−50	−69	−41	5	221	159	161	144	310	249	75	−11	

t Mitteltemperatur
N Niederschlag
rF relative Feuchte
pV potenzielle Verdunstung
pLV potenzielle Landschaftsverdunstung
N-pLV Klimatische Wasserbilanz. Positive Werte = humide Monate; negative Werte = aride Monate

351 Vientiane (Viangchan) / Laos
17° 57′ N / 102° 34′ E · Höhe ü. NN: 171 m

		J	F	M	A	M	J	J	A	S	O	N	D	Jahr
t	°C	21,7	24,0	26,7	28,5	27,7	27,7	27,5	27,2	27,0	26,4	24,3	21,7	25,9
N	mm	6	12	36	85	255	273	266	323	295	87	10	3	1649
rF	%	70	68	66	69	78	82	82	84	83	78	72	70	75
pV	mm	113	134	160	164	123	104	103	92	94	114	125	114	1439
pLV	mm	79	94	112	114	148	124	123	110	113	80	87	80	1265
N-pLV	mm	−74	−81	−76	−30	107	149	142	212	182	7	−77	−77	

352 Pakse / Laos
15° 07′ N / 105° 10′ E · Höhe ü. NN: 102 m

		J	F	M	A	M	J	J	A	S	O	N	D	Jahr
t	°C	23,4	27,0	29,7	29,3	28,1	26,7	26,7	26,5	27,3	26,3	25,5	22,4	26,6
N	mm	2	8	20	76	223	420	383	524	298	100	19	3	2075
rF	%	62	60	59	65	75	82	83	85	84	79	72	67	73
pV	mm	153	179	207	190	138	101	95	84	90	110	130	130	1607
pLV	mm	107	125	145	133	165	121	114	101	108	77	91	91	1379
N-pLV	mm	−105	−117	−125	−57	58	299	269	423	189	22	−71	−88	

353 Phnom Penh / Kambodscha
11° 33′ N / 104° 51′ E · Höhe ü. NN: 10 m

		J	F	M	A	M	J	J	A	S	O	N	D	Jahr
t	°C	26,0	27,6	29,1	29,6	28,8	28,3	27,7	27,6	27,3	27,2	26,7	25,7	27,6
N	mm	8	9	32	73	148	148	153	155	232	255	128	37	1378
rF	%	69	67	64	70	78	79	80	81	84	82	78	75	76
pV	mm	147	166	189	171	130	122	114	108	92	101	117	123	1580
pLV	mm	103	116	133	120	91	85	136	130	111	122	82	86	1314
N-pLV	mm	−95	−107	−100	−47	57	63	16	25	122	133	46	−49	

354 Ho-Chi-Minh-Stadt (Saigon) / Vietnam
10° 49′ N / 106° 40′ E · Höhe ü. NN: 19 m

		J	F	M	A	M	J	J	A	S	O	N	D	Jahr
t	°C	25,7	26,6	27,8	29,0	28,5	27,6	27,3	27,2	27,0	26,8	26,4	25,8	27,1
N	mm	11	4	10	46	214	297	285	275	303	270	112	34	1861
rF	%	70	68	69	71	76	81	81	82	83	83	79	74	76
pV	mm	141	155	160	162	137	108	107	101	96	95	111	127	1500
pLV	mm	99	108	112	113	164	130	128	122	115	114	78	89	1372
N-pLV	mm	−88	−104	−102	−67	50	167	157	153	188	156	34	−55	

355 Kota Baharu / Malaysia
6° 10′ N / 102° 17′ E · Höhe ü. NN: 5 m

		J	F	M	A	M	J	J	A	S	O	N	D	Jahr
t	°C	25,6	26,1	26,9	27,8	28,0	27,5	27,1	26,9	26,7	26,6	25,9	25,6	26,7
N	mm	127	50	90	86	99	123	155	172	202	269	656	571	2599
rF	%	81	81	80	80	81	80	82	83	83	85	85	85	82
pV	mm	97	102	108	113	113	111	103	97	93	86	83	81	1188
pLV	mm	78	82	86	91	90	89	82	78	140	129	125	121	1190
N-pLV	mm	49	−32	4	−5	9	34	72	94	62	139	531	450	

t Mitteltemperatur
N Niederschlag
rF relative Feuchte
pV potenzielle Verdunstung
pLV potenzielle Landschaftsverdunstung
N-pLV Klimatische Wasserbilanz. Positive Werte = humide Monate; negative Werte = aride Monate

356 Sandakan / Malaysia
5° 54′ N / 118° 04′ E · Höhe ü. NN: 10 m

		J	F	M	A	M	J	J	A	S	O	N	D	Jahr
t	°C	26,2	26,4	27,0	27,6	27,7	27,3	27,1	27,2	27,0	26,9	26,8	26,5	27,0
N	mm	437	268	158	107	138	200	195	213	237	253	344	462	3010
rF	%	85	83	83	82	83	84	83	83	84	85	86	86	84
pV	mm	83	93	97	103	99	94	95	98	89	86	82	79	1099
pLV	mm	125	139	78	82	79	141	76	147	134	130	123	119	1372
N-pLV	mm	312	128	80	25	59	59	119	66	103	123	221	343	

357 Geogetown (Pinang) / Malaysia
5° 18′ N / 100° 16′ E · Höhe ü. NN: 3 m

		J	F	M	A	M	J	J	A	S	O	N	D	Jahr
t	°C	26,9	27,4	27,6	27,7	27,6	27,3	26,9	26,8	26,5	26,4	26,5	26,7	27,0
N	mm	69	72	146	221	203	178	192	242	356	383	232	114	2408
rF	%	75	76	80	84	85	84	84	85	86	86	85	79	82
pV	mm	131	128	113	95	90	91	89	86	81	76	86	113	1179
pLV	mm	105	103	90	142	136	73	71	130	121	114	129	90	1303
N-pLV	mm	–36	–31	56	78	68	105	121	113	235	269	103	23	

Asien

358 Labuan / Malaysia
5° 18′ N / 115° 15′ E · Höhe ü. NN: 29 m

		J	F	M	A	M	J	J	A	S	O	N	D	Jahr
t	°C	26,8	26,9	27,5	28,2	28,0	27,8	27,4	27,6	27,4	27,3	27,2	27,2	27,4
N	mm	253	123	110	196	298	288	285	284	351	391	378	310	3265
rF	%	85	85	83	82	84	82	82	82	83	84	84	84	83
pV	mm	86	88	96	107	95	103	101	101	98	94	90	94	1152
pLV	mm	104	62	67	128	115	124	121	121	118	113	108	112	1291
N-pLV	mm	149	61	43	68	183	164	164	162	234	278	270	197	

359 Kuching / Malaysia
1° 29′ N / 110° 20′ E · Höhe ü. NN: 22 m

		J	F	M	A	M	J	J	A	S	O	N	D	Jahr
t	°C	25,3	25,6	26,1	26,5	26,8	26,7	26,5	26,4	25,7	26,0	25,8	25,6	26,1
N	mm	692	537	362	265	238	202	185	211	274	343	367	479	4154
rF	%	88	88	86	85	85	83	82	83	86	86	87	87	86
pV	mm	63	68	78	82	86	93	96	93	75	79	73	69	955
pLV	mm	95	101	116	123	130	140	77	139	112	119	110	104	1366
N-pLV	mm	597	436	245	142	109	62	108	72	162	225	257	375	

360 Medan [Sumatra] / Indonesien
3° 34′ N / 98° 41′ E · Höhe ü. NN: 25 m

		J	F	M	A	M	J	J	A	S	O	N	D	Jahr
t	°C	25,4	25,8	26,3	26,6	26,8	26,6	26,2	26,3	26,0	25,9	25,7	25,5	26,1
N	mm	137	91	104	132	175	132	135	178	211	259	246	229	2029
rF	%	81	80	80	81	81	80	80	80	83	84	84	84	81
pV	mm	97	103	106	103	104	107	105	106	91	86	85	84	1177
pLV	mm	68	72	74	72	125	75	74	127	109	103	102	101	1102
N-pLV	mm	69	19	30	60	50	57	61	51	102	156	144	128	

t Mitteltemperatur
N Niederschlag
rF relative Feuchte

pV potenzielle Verdunstung
pLV potenzielle Landschaftsverdunstung
N-pLV Klimatische Wasserbilanz.
Positive Werte = humide Monate;
negative Werte = aride Monate

361 Tarakan [Borneo/Kalimantan] / Indonesien
3° 19′ N / 117° 36′ E · Höhe ü. NN: 12 m

		J	F	M	A	M	J	J	A	S	O	N	D	Jahr
t	°C	26,3	26,1	26,6	27,0	27,0	27,2	27,1	27,1	27,1	27,1	27,2	26,6	26,9
N	mm	265	266	331	336	342	306	266	305	290	352	384	331	3774
rF	%	84	84	83	85	84	82	83	82	83	83	84	85	83
pV	mm	88	87	94	86	91	101	96	101	96	96	92	84	1111
pLV	mm	131	130	141	129	136	152	144	151	144	144	138	126	1667
N-pLV	mm	134	136	190	207	206	154	122	154	146	208	246	205	

362 Manado [Celebes/Sulawesi] / Indonesien
1° 32′ N / 124° 55′ E · Höhe ü. NN: 80 m

		J	F	M	A	M	J	J	A	S	O	N	D	Jahr
t	°C	25,3	25,2	25,3	25,9	26,2	26,0	26,0	26,2	26,3	26,4	26,0	25,6	25,9
N	mm	465	358	305	198	160	163	119	97	86	122	218	371	2662
rF	%	86	86	85	85	83	82	78	74	76	80	84	86	82
pV	mm	74	74	79	81	92	95	113	130	123	106	86	75	1128
pLV	mm	89	88	94	97	110	115	79	91	86	74	104	90	1118
N-pLV	mm	376	270	211	101	50	48	40	6	0	48	114	281	

363 Pontianak [Borneo/Kalimantan] / Indonesien
0° 1′ S / 109° 24′ E · Höhe ü. NN: 3 m

		J	F	M	A	M	J	J	A	S	O	N	D	Jahr
t	°C	25,9	26,2	26,6	26,7	27,0	26,7	26,5	26,6	26,5	26,4	25,9	26,0	26,4
N	mm	290	226	234	277	277	259	197	197	290	330	402	319	3298
rF	%	85	84	84	85	85	83	83	82	84	86	87	87	85
pV	mm	81	87	89	85	86	94	93	98	89	78	72	72	1024
pLV	mm	122	131	133	127	129	141	75	79	133	118	107	108	1402
N-pLV	mm	168	95	101	150	148	118	122	118	157	212	295	211	

364 Padang [Sumatra] / Indonesien
0° 56′ S / 100° 22′ E · Höhe ü. NN: 7 m

		J	F	M	A	M	J	J	A	S	O	N	D	Jahr
t	°C	26,1	26,2	26,1	26,4	26,5	26,2	25,8	25,6	25,5	25,5	25,7	25,7	25,9
N	mm	310	244	296	343	296	224	219	304	347	439	474	425	3921
rF	%	80	79	80	81	79	78	77	78	80	81	81	81	80
pV	mm	105	110	105	102	111	114	116	110	102	97	98	98	1268
pLV	mm	157	164	157	153	167	171	173	166	152	146	148	148	1902
N-pLV	mm	153	80	139	190	129	53	46	138	195	293	326	277	

365 Balikpapan [Kalimantan/Borneo] / Indonesien
1° 16′ S / 116° 54′ E · Höhe ü. NN: 3 m

		J	F	M	A	M	J	J	A	S	O	N	D	Jahr
t	°C	26,7	26,6	26,6	27,1	27,2	26,9	26,5	26,6	27,0	27,4	27,3	26,9	26,9
N	mm	234	206	259	218	247	235	270	205	195	142	177	237	2625
rF	%	82	83	83	85	86	86	85	84	83	83	82	83	84
pV	mm	99	94	94	86	82	80	84	89	96	98	102	95	1098
pLV	mm	148	141	141	129	123	121	126	133	77	78	82	143	1440
N-pLV	mm	86	65	118	89	124	114	144	72	118	64	95	94	

t Mitteltemperatur
N Niederschlag
rF relative Feuchte

pV potenzielle Verdunstung
pLV potenzielle Landschaftsverdunstung
N-pLV Klimatische Wasserbilanz.
Positive Werte = humide Monate;
negative Werte = aride Monate

366 Ujung Pandang (Makassar) [Celébes/Sulawesi] / Indonesien
5° 4′ S / 119° 33′ E · Höhe ü. NN: 14 m

		J	F	M	A	M	J	J	A	S	O	N	D	Jahr
t	°C	26,1	25,9	26,3	26,8	26,6	26,4	26,1	26,5	27,2	27,4	26,8	25,9	26,5
N	mm	645	527	402	213	154	74	60	33	39	109	288	568	3112
rF	%	86	87	85	83	81	78	74	68	68	73	81	86	79
pV	mm	77	72	83	95	103	115	129	154	159	142	104	76	1309
pLV	mm	93	86	99	114	124	81	91	108	112	99	125	92	1222
N-pLV	mm	552	441	303	99	30	-7	-31	-75	-73	10	163	476	

367 Surabaya [Java] / Indonesien
7° 13′ S / 112° 43′ E · Höhe ü. NN: 3 m

		J	F	M	A	M	J	J	A	S	O	N	D	Jahr
t	°C	26,9	27,0	27,2	27,6	27,7	27,3	26,6	27,0	27,3	28,3	28,5	27,6	27,4
N	mm	313	292	267	187	110	88	47	13	13	38	118	249	1735
rF	%	84	84	83	84	81	79	76	73	72	70	76	81	79
pV	mm	90	91	97	94	109	116	125	139	145	161	137	108	1411
pLV	mm	108	109	116	112	76	81	87	97	102	112	96	130	1227
N-pLV	mm	205	183	151	75	34	7	-40	-84	-89	-74	22	119	

368 Aparri / Philippinen
18° 22′ N / 121° 38′ E · Höhe ü. NN: 3 m

		J	F	M	A	M	J	J	A	S	O	N	D	Jahr
t	°C	23,3	24,1	25,7	27,6	28,8	29,1	28,7	28,5	28,0	27,0	25,6	23,9	26,7
N	mm	130	59	37	27	123	162	263	316	237	370	326	185	2233
rF	%	85	84	83	82	82	82	83	84	84	85	86	87	86
pV	mm	71	78	89	102	108	109	103	96	95	86	75	64	1076
pLV	mm	57	62	71	82	86	87	154	144	143	128	113	52	1179
N-pLV	mm	73	-3	-35	-55	37	74	109	171	94	241	213	133	

369 Manila / Philippinen
14° 31′ N / 121° 00′ E · Höhe ü. NN: 15 m

		J	F	M	A	M	J	J	A	S	O	N	D	Jahr
t	°C	25,6	26,1	27,6	29,1	29,5	28,4	27,7	27,4	27,6	27,3	26,9	26,0	27,4
N	mm	6	3	7	9	113	273	341	398	326	230	120	49	1877
rF	%	74	71	67	65	69	78	81	82	82	80	78	77	75
pV	mm	124	139	167	186	174	125	108	102	102	110	117	116	1570
pLV	mm	87	97	117	130	122	150	129	122	123	133	82	81	1372
N-pLV	mm	-81	-94	-109	-121	-8	122	212	276	203	97	39	-32	

370 Legaspi / Philippinen
13° 08′ N / 123° 44′ E · Höhe ü. NN: 17 m

		J	F	M	A	M	J	J	A	S	O	N	D	Jahr
t	°C	25,5	25,7	26,5	27,5	28,4	28,2	27,8	27,8	27,7	27,2	26,8	26,1	27,1
N	mm	293	189	158	153	168	255	266	281	271	341	480	475	3330
rF	%	83	82	81	81	81	82	83	83	85	85	85	85	83
pV	mm	88	94	102	108	112	106	99	99	87	86	85	82	1148
pLV	mm	106	112	123	129	135	127	119	119	105	103	102	98	1377
N-pLV	mm	187	76	35	24	33	128	147	162	166	237	378	377	

t Mitteltemperatur
N Niederschlag
rF relative Feuchte
pV potenzielle Verdunstung
pLV potenzielle Landschaftsverdunstung
N-pLV Klimatische Wasserbilanz. Positive Werte = humide Monate; negative Werte = aride Monate

371 Iloilo / Philippinen
10° 42′ N / 122° 34′ E · Höhe ü. NN: 8 m

		J	F	M	A	M	J	J	A	S	O	N	D	Jahr
t	°C	26,2	26,5	27,6	28,9	29,1	28,1	27,6	27,5	27,6	27,7	27,5	26,8	27,6
N	mm	40	19	27	48	118	255	313	364	267	264	175	64	1954
rF	%	82	80	75	73	77	82	85	85	85	84	84	83	81
pV	mm	95	105	134	152	136	106	88	88	88	93	92	94	1271
pLV	mm	67	74	94	107	95	127	106	106	105	112	110	66	1167
N-pLV	mm	-27	-55	-67	-59	23	128	208	258	162	152	65	-2	

372 Surigao / Philippinen
9° 48′ N / 125° 30′ E · Höhe ü. NN: 55 m

		J	F	M	A	M	J	J	A	S	O	N	D	Jahr
t	°C	25,7	25,7	26,4	27,3	28,1	28,1	27,8	28,1	28,1	27,5	26,8	26,3	27,2
N	mm	582	389	284	196	124	114	138	113	122	216	378	429	3086
rF	%	88	88	86	84	83	81	81	80	80	83	86	87	83
pV	mm	66	65	78	92	101	111	110	115	116	98	80	73	1104
pLV	mm	79	79	93	110	70	78	77	81	81	118	96	87	1049
N-pLV	mm	503	311	190	86	53	36	61	32	41	98	283	342	

373 Zamboanga / Philippinen
6° 54′ N / 122° 04′ E · Höhe ü. NN: 6 m

		J	F	M	A	M	J	J	A	S	O	N	D	Jahr
t	°C	27,2	27,3	27,7	28,0	28,1	27,7	27,4	27,5	27,6	27,5	27,5	27,4	27,6
N	mm	32	46	37	53	81	126	136	114	134	157	99	51	1067
rF	%	79	78	78	78	81	82	82	82	82	83	82	81	80
pV	mm	113	119	121	124	110	103	102	102	102	96	102	106	1299
pLV	mm	79	83	85	87	77	72	71	71	71	116	71	74	957
N-pLV	mm	-47	-37	-48	-34	5	54	65	43	63	41	28	-23	

Asien

t	Mitteltemperatur
N	Niederschlag
rF	relative Feuchte
pV	potenzielle Verdunstung
pLV	potenzielle Landschaftsverdunstung
N-pLV	Klimatische Wasserbilanz. Positive Werte = humide Monate; negative Werte = aride Monate

Australien und Ozeanien

374 Darwin / Australien
12° 24′ S / 130° 52′ E · Höhe ü. NN: 31 m

		J	F	M	A	M	J	J	A	S	O	N	D	Jahr
t	°C	28,2	28,1	28,1	28,5	27,2	25,3	24,8	25,9	27,8	29,1	29,4	29,1	27,6
tmax	°C	31,7	31,3	31,8	32,6	31,9	30,5	30,4	31,2	32,4	33,1	33,1	32,6	31,9
tmin	°C	24,7	24,6	24,4	23,9	22,1	19,9	19,3	20,6	23,1	25,0	25,3	25,3	23,2
N	mm	410	360	302	118	24	2	2	3	12	82	136	223	1674
Nd	Tage	20	18	17	7	2	<1	<1	1	2	6	9	13	96
So	h	174	167	205	267	295	297	313	316	294	295	255	223	3099
rF	%	80	80	79	68	60	55	55	61	65	69	71	73	68
pV	mm	116	116	121	170	185	181	176	171	175	171	165	154	1900
pLV	mm	141	139	145	119	130	126	123	119	122	120	116	185	1584
N-pLV	mm	269	221	157	−1	−106	−124	−121	−116	−110	−38	20	38	

375 Kalgoorlie / Australien
30° 45′ S / 121° 30′ E · Höhe ü. NN: 366 m

		J	F	M	A	M	J	J	A	S	O	N	D	Jahr
t	°C	25,7	24,9	23,0	18,7	14,7	12,0	10,8	12,3	15,3	18,2	21,4	24,3	18,4
tmax	°C	33,9	33,3	30,0	25,6	20,6	17,2	16,7	18,3	22,8	25,6	30,6	33,3	25,7
tmin	°C	17,8	17,8	16,1	12,8	9,4	7,2	6,1	6,7	8,9	11,1	14,4	16,7	12,1
N	mm	10	20	23	23	31	31	23	23	13	18	15	18	248
Nd	Tage	2	3	3	3	5	5	4	3	3	3	3	3	41
So	h	– Werte liegen nicht vor –												
rF	%	44	48	54	57	63	69	72	65	56	44	42	41	55
pV	mm	205	191	163	124	88	64	54	71	102	138	167	195	1560
pLV	mm	41	76	33	25	18	26	11	18	20	28	33	39	367
N-pLV	mm	−31	−56	−10	−2	13	5	12	5	−7	−10	−18	−21	

376 Perth / Australien
31° 57′ S / 115° 51′ E · Höhe ü. NN: 59 m

		J	F	M	A	M	J	J	A	S	O	N	D	Jahr
t	°C	23,4	23,9	22,2	19,2	16,1	13,7	13,1	13,5	14,7	16,3	19,2	21,5	18,1
tmax	°C	29,3	29,9	27,7	24,4	20,6	17,8	17,2	17,8	19,2	21,0	24,6	27,2	23,1
tmin	°C	17,5	17,9	16,7	14,0	11,6	9,6	9,0	9,2	10,2	11,6	13,8	15,8	13,1
N	mm	7	12	22	52	125	192	183	135	69	54	23	15	889
Nd	Tage	1	2	2	6	10	15	14	13	10	6	4	2	85
So	h	322	283	273	219	180	144	164	189	213	251	291	322	2851
rF	%	53	52	57	60	68	72	73	71	64	64	57	54	62
pV	mm	168	174	150	122	87	67	62	68	86	95	127	150	1356
pLV	mm	68	70	59	85	60	46	43	48	60	67	51	60	718
N-pLV	mm	−61	−58	−37	−33	65	146	140	87	9	−13	−28	−45	

t	Mitteltemperatur
tmax	mittleres Maximum der Temperatur
tmin	mittleres Minimum der Temperatur
N	mittlerer Niederschlag
Nd	Tage mit Niederschlag > 0,1 mm
So	Monatssummen der tatsächlichen Sonnenscheindauer
rF	relative Feuchte
pV	potenzielle Verdunstung
pLV	potenzielle Landschaftsverdunstung
N-pLV	Klimatische Wasserbilanz. Positive Werte = humide Monate; negative Werte = aride Monate

377 Sydney / Australien

33° 51′ S / 151° 12′ E · Höhe ü. NN: 6 m

		J	F	M	A	M	J	J	A	S	O	N	D	Jahr
t	°C	22,6	22,8	21,6	19,2	16,2	13,6	12,8	13,8	16,0	18,2	19,8	21,8	18,2
tmax	°C	26,0	26,2	25,2	23,2	20,3	17,7	17,1	18,2	20,4	22,2	23,7	25,5	22,1
tmin	°C	19,1	19,3	17,9	15,2	12,0	9,6	8,4	9,4	11,5	14,1	16,0	18,1	14,2
N	mm	131	126	164	133	101	140	56	99	65	88	116	85	1304
Nd	Tage	9	10	10	9	9	8	6	6	7	9	10	7	99
So	h	223	198	202	195	183	168	202	220	216	223	231	239	2499
rF	%	68	71	72	71	70	68	67	64	62	63	65	68	66
pV	mm	126	118	108	97	83	73	71	81	97	109	115	121	1199
pLV	mm	88	83	76	68	58	51	49	56	68	76	80	85	839
N-pLV	mm	43	43	88	65	43	89	7	43	-3	12	36	0	

378 Melbourne / Australien

37° 49′ S / 144° 58′ E · Höhe ü. NN: 35 m

		J	F	M	A	M	J	J	A	S	O	N	D	Jahr
t	°C	20,5	20,8	19,1	16,2	13,3	10,8	10,1	11,2	13,0	15,0	16,9	18,9	15,5
tmax	°C	25,9	26,0	24,1	20,6	17,1	14,3	13,7	15,1	17,2	19,7	21,8	24,1	20,0
tmin	°C	15,1	15,5	14,1	11,7	9,5	7,2	6,5	7,4	8,7	10,3	12,0	13,7	11,0
N	mm	47	46	44	53	68	43	49	57	53	65	57	58	640
Nd	Tage	5	4	6	6	9	8	9	11	10	9	8	6	91
So	h	276	229	226	165	124	105	121	140	177	202	222	233	2218
rF	%	57	60	62	69	73	75	75	71	67	63	61	59	65
pV	mm	137	133	117	85	63	50	47	57	72	89	104	121	1076
pLV	mm	96	93	82	59	44	35	18	40	51	62	74	85	739
N-pLV	mm	-49	-47	-38	-6	24	8	31	17	2	3	-17	-27	

379 Dunedin / Neuseeland

45° 52′ S / 170° 32′ E · Höhe ü. NN: 73 m

		J	F	M	A	M	J	J	A	S	O	N	D	Jahr
t	°C	15,2	15,1	14,0	11,8	9,1	7,1	6,5	7,6	9,3	11,0	12,5	14,0	11,1
tmax	°C	19,0	18,9	17,5	15,4	12,5	10,4	9,9	11,1	13,0	14,9	16,4	17,6	14,7
tmin	°C	11,4	11,3	10,5	8,2	5,7	3,7	3,2	4,0	5,6	7,2	8,6	10,5	7,5
N	mm	74	61	76	74	71	66	56	46	48	58	71	71	772
Nd	Tage	11	9	9	9	10	10	10	9	9	10	11	11	119
So	h	180	158	143	123	109	96	109	130	141	164	171	174	1697
rF	%	74	77	77	78	80	80	80	76	75	70	71	75	76
pV	mm	70	63	58	48	36	30	28	37	44	58	63	63	598
pLV	mm	70	63	58	48	36	6	6	37	44	58	63	63	552
N-pLV	mm	4	-2	18	26	35	60	50	9	4	0	8	8	

t Mitteltemperatur
tmax mittleres Maximum der Temperatur
tmin mittleres Minimum der Temperatur
N mittlerer Niederschlag
Nd Tage mit Niederschlag > 0,1 mm
So Monatssummen der tatsächlichen Sonnenscheindauer
rF relative Feuchte
pV potenzielle Verdunstung
pLV potenzielle Landschaftsverdunstung
N-pLV Klimatische Wasserbilanz. Positive Werte = humide Monate; negative Werte = aride Monate

380 Townsville / Australien
19° 15′ S / 146° 45′ E · Höhe ü. NN: 9 m

		J	F	M	A	M	J	J	A	S	O	N	D	Jahr
t	°C	27,9	27,6	26,8	25,2	22,8	20,0	19,2	20,4	22,6	25,1	26,9	27,8	24,4
N	mm	244	232	176	61	41	21	11	14	10	25	55	148	1038
rF	%	76	76	76	75	68	69	64	65	64	66	70	68	70
pV	mm	133	131	126	120	127	107	113	119	137	150	150	164	1576
pLV	mm	159	157	151	84	89	75	79	84	95	105	105	116	1298
N-pLV	mm	85	75	25	-23	-48	-54	-68	-70	-85	-80	-50	32	

381 Cloncurry / Australien
20° 42′ S / 140° 31′ E · Höhe ü. NN: 200 m

		J	F	M	A	M	J	J	A	S	O	N	D	Jahr
t	°C	31,3	30,2	28,7	26,1	21,8	19,0	18,0	20,0	23,9	28,0	30,3	31,2	25,7
N	mm	108	98	78	27	11	6	2	4	6	8	21	53	422
rF	%	43	51	47	40	39	43	40	32	30	32	33	38	39
pV	mm	266	238	230	214	174	145	140	163	200	240	265	272	2548
pLV	mm	133	119	115	64	52	44	42	49	60	72	80	136	966
N-pLV	mm	-25	-21	-37	-37	-41	-38	-40	-45	-54	-64	-59	-83	

382 Alice Springs / Australien
22° 38′ S / 133° 35′ E · Höhe ü. NN: 579 m

		J	F	M	A	M	J	J	A	S	O	N	D	Jahr
t	°C	28,8	27,9	24,8	20,1	15,6	12,4	11,7	14,1	18,2	22,8	25,7	27,9	20,8
N	mm	42	37	52	17	18	14	16	12	11	19	27	36	301
rF	%	33	36	38	41	49	54	49	40	34	30	31	32	37
pV	mm	249	237	203	157	113	86	86	109	146	189	217	239	2030
pLV	mm	50	48	41	32	23	17	17	22	29	38	43	47	407
N-pLV	mm	-8	-11	11	-15	-5	-3	-1	-10	-18	-19	-16	-11	

383 Adelaide / Australien
34° 56′ S / 138° 35′ E · Höhe ü. NN: 43 m

		J	F	M	A	M	J	J	A	S	O	N	D	Jahr
t	°C	22,7	23,2	21,2	17,6	14,9	12,1	11,5	12,4	14,2	16,7	19,3	21,5	17,3
N	mm	19	19	22	46	62	56	64	53	44	41	29	24	479
rF	%	41	43	45	56	63	71	71	67	61	52	45	43	53
pV	mm	180	182	162	117	89	61	59	69	88	117	146	167	1436
pLV	mm	72	73	65	82	63	43	41	48	62	81	102	67	800
N-pLV	mm	-53	-54	-43	-36	-1	13	23	5	-18	-40	-73	-43	

384 Hobart [Tasmanien] / Australien
42° 53′ S / 147° 20′ E · Höhe ü. NN: 53 m

		J	F	M	A	M	J	J	A	S	O	N	D	Jahr
t	°C	17,0	17,0	15,7	13,5	10,7	8,6	8,0	8,9	10,6	12,3	13,9	15,6	12,7
N	mm	41	39	45	44	46	37	60	60	50	58	53	54	587
rF	%	59	63	67	72	78	80	80	76	67	63	60	58	69
pV	mm	108	101	86	66	44	35	33	41	60	74	87	101	837
pLV	mm	75	72	61	46	31	14	13	17	43	51	61	70	554
N-pLV	mm	-34	-33	-16	-2	15	23	47	43	7	7	-8	-16	

t Mitteltemperatur
N Niederschlag
rF relative Feuchte
pV potenzielle Verdunstung
pLV potenzielle Landschaftsverdunstung
N-pLV Klimatische Wasserbilanz. Positive Werte = humide Monate; negative Werte = aride Monate

385 Nome [Alaska] / USA
64° 30′ N / 165° 26′ W · Höhe ü. NN: 4 m

		J	F	M	A	M	J	J	A	S	O	N	D	Jahr
t	°C	-13,9	-15,6	-13,0	-8,0	2,0	7,7	10,8	10,1	5,8	-2,2	-8,9	-13,7	-3,2
tmax	°C	-9,6	-11,0	-8,1	-3,6	5,6	11,6	14,3	13,4	9,3	0,9	-5,3	-9,4	0,7
tmin	°C	-18,2	-20,3	-17,9	-12,4	-1,6	3,8	7,3	6,7	2,4	-5,4	-12,6	-18,1	-7,2
N	mm	20	15	14	17	16	28	55	69	62	34	26	21	378
Nd	Tage	6	4	4	5	5	6	9	11	10	7	7	6	81
So	h	62	140	205	245	290	275	250	178	154	117	66	53	2036
rF	%	72	69	71	74	74	74	79	80	75	74	75	72	74
pV	mm	–	–	–	–	20	39	44	40	32	7	–	–	182
pLV	mm	1	1	1	4	6	20	22	20	16	14	4	1	109
N-pLV	mm	19	14	13	13	10	9	33	49	46	20	22	20	

386 Edmonton / Kanada
53° 34′ N / 113° 31′ W · Höhe ü. NN: 668 m

		J	F	M	A	M	J	J	A	S	O	N	D	Jahr
t	°C	-12,5	-8,9	-3,6	4,9	11,6	15,6	17,5	16,6	11,1	5,9	-4,2	-10,5	3,6
tmax	°C	-8,2	-4,2	1,1	10,5	17,5	21,3	23,0	22,1	16,6	11,3	-0,1	-6,3	8,7
tmin	°C	-17,0	-13,7	-8,4	-0,7	5,7	9,9	12,0	11,0	5,6	0,6	-8,4	-14,8	-1,5
N	mm	23	17	17	22	44	80	94	67	42	17	16	22	461
Nd	Tage	6	5	5	4	7	10	11	9	7	4	4	6	78
So	h	95	117	170	239	279	283	306	281	184	165	101	78	2297
rF	%	73	72	71	58	53	60	66	68	69	64	74	75	67
pV	mm	–	–	4	39	80	95	97	87	58	40	2	–	503
pLV	mm	1	3	11	8	80	95	97	87	58	8	10	2	460
N-pLV	mm	22	14	6	14	-37	-15	-2	-20	-17	9	6	20	

387 Montreal / Kanada
45° 28′ N / 73° 45′ W · Höhe ü. NN: 31 m

		J	F	M	A	M	J	J	A	S	O	N	D	Jahr
t	°C	-10,3	-8,8	-2,4	5,7	12,9	18,0	20,8	19,4	14,5	8,3	1,6	-6,9	6,1
tmax	°C	-5,8	-4,2	2,0	10,7	18,5	23,4	26,2	24,6	19,8	13,0	5,2	-2,9	10,9
tmin	°C	-14,9	-13,5	-6,9	0,6	7,3	12,5	15,4	14,1	9,3	3,6	-2,0	-11,0	1,2
N	mm	63	56	68	75	68	83	86	100	87	75	93	86	940
Nd	Tage	11	10	10	9	9	10	10	9	9	9	12	13	121
So	h	93	110	155	171	220	240	264	239	180	140	69	78	1957
rF	%	73	71	69	65	64	68	70	73	75	74	77	76	71
pV	mm	–	–	8	40	77	99	109	94	66	43	18	–	555
pLV	mm	2	3	13	8	77	99	109	94	66	43	4	6	524
N-pLV	mm	61	53	55	67	-9	-16	-24	7	20	32	90	80	

t	Mitteltemperatur
tmax	mittleres Maximum der Temperatur
tmin	mittleres Minimum der Temperatur
N	mittlerer Niederschlag
Nd	Tage mit Niederschlag > 0,1 mm
So	Monatssummen der tatsächlichen Sonnenscheindauer
rF	relative Feuchte
pV	potenzielle Verdunstung
pLV	potenzielle Landschaftsverdunstung
N-pLV	Klimatische Wasserbilanz. Positive Werte = humide Monate; negative Werte = aride Monate

388 Seattle / USA

47° 26′ N / 122° 18′ W · Höhe ü. NN: 123 m

		J	F	M	A	M	J	J	A	S	O	N	D	Jahr
t	°C	4,5	6,4	7,6	9,6	12,8	16,1	18,4	18,6	15,9	11,6	7,4	4,7	11,1
tmax	°C	7,2	9,7	11,5	14,0	17,7	21,1	24,0	24,0	20,7	15,4	10,3	7,3	15,2
tmin	°C	1,8	3,0	3,6	5,1	7,9	11,1	12,9	13,2	11,1	7,7	4,5	2,1	7,0
N	mm	137	101	90	59	43	38	19	29	48	82	148	150	945
Nd	Tage	16	13	14	11	8	6	3	5	7	10	15	16	123
So	h	70	109	178	207	254	268	312	281	222	143	73	53	2170
rF	%	78	75	74	71	69	67	65	68	73	79	80	80	73
pV	mm	25	33	39	50	68	88	105	100	75	47	31	23	685
pLV	mm	15	20	24	65	88	115	137	130	97	60	19	14	784
N-pLV	mm	122	81	66	-6	-45	-77	-118	-101	-49	22	129	136	

389 Chicago / USA

41° 59′ N / 87° 54′ W · Höhe ü. NN: 205 m

		J	F	M	A	M	J	J	A	S	O	N	D	Jahr
t	°C	-6,1	-3,7	2,9	9,2	14,9	20,3	22,9	22,1	18,0	11,6	4,4	-3,0	9,5
tmax	°C	-1,7	0,8	7,7	14,8	21,2	26,4	28,7	27,7	23,8	17,4	9,1	1,1	14,7
tmin	°C	-10,6	-8,2	-1,9	3,7	8,7	14,2	17,0	16,4	12,2	5,7	-0,2	-7,2	4,1
N	mm	39	35	68	93	84	96	93	107	97	61	74	63	910
Nd	Tage	7	6	9	10	9	8	8	8	8	7	8	8	94
So	h	136	136	187	215	282	311	318	283	227	193	113	106	2508
rF	%	72	72	70	65	64	66	69	71	71	69	73	76	70
pV	mm	–	3	25	56	87	117	127	115	90	63	29	5	716
pLV	mm	6	11	5	56	87	117	127	115	90	63	6	11	693
N-pLV	mm	33	24	63	37	-3	-21	-34	-8	7	-2	68	52	

390 Denver / USA

39° 46′ N / 104° 52′ W · Höhe ü. NN: 1611 m

		J	F	M	A	M	J	J	A	S	O	N	D	Jahr
t	°C	-1,3	0,8	3,9	9,0	14,0	19,4	23,1	21,9	16,8	10,8	3,9	-0,6	10,1
tmax	°C	6,2	8,1	11,2	16,6	21,6	27,4	31,2	29,9	24,9	19,1	11,4	6,9	17,9
tmin	°C	-8,8	-6,6	-3,4	1,4	6,4	11,3	14,8	13,8	8,7	2,4	-3,7	-8,1	2,3
N	mm	13	15	33	43	61	46	49	38	32	25	22	16	391
Nd	Tage	3	4	6	6	7	6	6	6	5	4	4	4	59
So	h	215	211	256	276	290	315	325	306	272	249	194	196	3107
rF	%	55	56	54	50	52	49	48	49	50	49	56	57	52
pV	mm	11	21	37	68	98	141	174	162	120	80	36	15	964
pLV	mm	5	8	15	27	69	56	122	113	48	32	14	6	516
N-pLV	mm	8	6	18	16	-8	-11	-74	-75	-16	-7	8	10	

Amerika

t	Mitteltemperatur
tmax	mittleres Maximum der Temperatur
tmin	mittleres Minimum der Temperatur
N	mittlerer Niederschlag
Nd	Tage mit Niederschlag > 0,1 mm
So	Monatssummen der tatsächlichen Sonnenscheindauer
rF	relative Feuchte
pV	potenzielle Verdunstung
pLV	potenzielle Landschaftsverdunstung
N-pLV	Klimatische Wasserbilanz. Positive Werte = humide Monate; negative Werte = aride Monate

391 Sacramento / USA

38° 31′ N / 121° 30′ W · Höhe ü. NN: 7 m

		J	F	M	A	M	J	J	A	S	O	N	D	Jahr
t	°C	7,3	10,4	12,0	14,6	18,5	22,0	24,3	23,9	21,9	17,9	11,8	7,4	16,0
tmax	°C	11,5	15,6	17,8	21,7	26,8	31,0	34,0	33,4	30,7	25,5	17,3	11,5	23,1
tmin	°C	3,2	5,2	6,2	7,5	10,2	12,9	14,5	14,4	13,2	10,2	6,3	3,2	8,9
N	mm	95	73	65	30	7	3	1	2	9	27	69	64	445
Nd	Tage	7	7	7	4	1	1	0	0	1	3	6	7	45
So	h	146	201	278	330	406	420	440	407	348	297	195	141	3608
rF	%	83	77	72	65	59	55	53	56	57	63	76	83	66
pV	mm	26	45	60	85	119	152	175	167	148	107	52	27	1164
pLV	mm	11	18	42	59	47	61	70	67	59	43	37	11	525
N-pLV	mm	84	55	23	−30	−41	−58	−69	−65	−50	−15	32	53	

392 San Francisco / USA

37° 37′ N / 122° 23′ W · Höhe ü. NN: 2 m

		J	F	M	A	M	J	J	A	S	O	N	D	Jahr
t	°C	9,3	11,2	11,8	13,1	14,5	16,4	17,1	17,6	18,1	16,1	12,7	9,7	14,0
tmax	°C	13,1	15,2	16,0	17,7	19,2	21,3	22,0	22,4	23,1	21,2	16,9	13,4	18,5
tmin	°C	5,4	7,2	7,7	8,4	9,8	11,4	12,2	12,8	12,9	11,0	8,4	5,9	9,4
N	mm	111	81	78	35	5	3	1	1	5	31	73	79	500
Nd	Tage	8	7	8	5	1	1	0	0	1	3	6	8	48
So	h	186	208	269	309	325	311	313	287	271	247	173	161	3062
rF	%	78	76	73	71	71	71	73	75	72	72	75	78	74
pV	mm	39	50	56	66	72	81	81	80	89	79	57	42	792
pLV	mm	27	35	40	46	29	32	32	32	36	31	40	29	410
N-pLV	mm	83	46	38	−11	−24	−30	−31	−31	−30	0	32	49	

393 Nashville / USA

36° 07′ N / 86° 41′ W · Höhe ü. NN: 177 m

		J	F	M	A	M	J	J	A	S	O	N	D	Jahr
t	°C	2,3	4,7	10,1	15,1	19,8	24,2	26,3	25,6	22,1	15,8	10,0	4,7	15,1
tmax	°C	7,7	10,4	16,2	21,6	26,0	30,3	31,9	31,3	28,1	22,5	15,8	10,1	21,0
tmin	°C	−3,1	−1,2	3,9	8,6	13,7	18,2	20,5	19,8	16,2	9,1	4,2	−0,6	9,1
N	mm	91	97	123	111	124	91	101	88	88	67	105	117	1201
Nd	Tage	8	9	10	9	9	8	8	7	7	6	8	9	98
So	h	140	145	191	232	262	278	279	262	226	217	148	131	2510
rF	%	70	69	65	63	70	70	73	73	74	69	70	71	70
pV	mm	23	33	61	90	104	129	135	129	106	82	53	31	977
pLV	mm	9	13	24	63	73	91	95	91	74	58	21	12	623
N-pLV	mm	82	84	99	48	51	0	6	−3	14	9	83	105	

Amerika

t	Mitteltemperatur
tmax	mittleres Maximum der Temperatur
tmin	mittleres Minimum der Temperatur
N	mittlerer Niederschlag
Nd	Tage mit Niederschlag > 0,1 mm
So	Monatssummen der tatsächlichen Sonnenscheindauer
rF	relative Feuchte
pV	potenzielle Verdunstung
pLV	potenzielle Landschaftsverdunstung
N-pLV	Klimatische Wasserbilanz. Positive Werte = humide Monate; negative Werte = aride Monate

394 San Diego / USA

32° 44′ N / 117° 10′ W · Höhe ü. NN: 9 m

		J	F	M	A	M	J	J	A	S	O	N	D	Jahr
t	°C	14,1	14,8	15,3	16,7	17,8	19,3	21,7	22,6	21,9	19,8	16,7	14,1	17,9
tmax	°C	18,8	19,2	19,1	20,2	20,6	22,0	24,6	25,4	25,1	23,7	21,1	18,9	21,6
tmin	°C	9,4	10,4	11,6	13,1	15,1	16,6	18,7	19,6	18,7	16,1	12,2	9,3	14,2
N	mm	46	39	45	20	5	2	1	3	6	9	37	40	252
Nd	Tage	5	4	5	3	1	0	0	0	1	1	4	5	29
So	h	239	227	261	276	251	242	305	295	253	243	230	231	3055
rF	%	63	66	67	67	71	74	75	74	73	69	66	64	69
pV	mm	84	84	84	92	90	90	101	107	108	104	93	83	1120
pLV	mm	59	59	58	37	36	36	40	43	43	42	37	58	548
N-pLV	mm	−13	−20	−13	−17	−31	−34	−40	−40	−37	−32	−1	−18	

395 El Paso / USA

31° 48′ N / 106° 24′ W · Höhe ü. NN: 1201 m

		J	F	M	A	M	J	J	A	S	O	N	D	Jahr
t	°C	6,0	8,9	12,8	17,4	22,1	26,9	27,9	26,7	23,6	17,8	11,3	6,7	17,3
tmax	°C	13,4	16,8	21,1	25,9	30,6	35,8	35,6	34,2	30,6	25,8	19,1	14,2	25,3
tmin	°C	−1,4	1,1	4,6	8,9	13,6	17,9	20,2	19,2	16,4	9,8	3,6	−0,7	9,4
N	mm	10	10	7	5	6	17	39	40	43	19	11	15	224
Nd	Tage	3	2	2	1	1	2	5	6	5	3	2	3	35
So	h	255	263	326	348	385	384	360	335	304	299	258	246	3763
rF	%	51	42	32	27	27	30	44	48	51	47	46	52	41
pV	mm	50	72	104	142	184	230	227	207	174	131	85	53	1660
pLV	mm	10	14	21	28	37	46	91	83	70	26	17	11	454
N-pLV	mm	0	−4	−13	−23	−30	−29	−52	−43	−27	−7	−6	4	

396 Miami / USA

25° 48′ N / 80° 18′ W · Höhe ü. NN: 4 m

		J	F	M	A	M	J	J	A	S	O	N	D	Jahr
t	°C	19,6	20,3	22,1	24,0	25,9	27,4	28,1	28,2	27,7	25,7	23,1	20,6	24,4
tmax	°C	24,0	24,7	26,2	28,0	29,6	30,9	31,7	31,7	31,0	29,2	26,9	24,8	28,2
tmin	°C	15,1	15,8	17,9	19,9	22,3	23,9	24,6	24,8	24,4	22,3	19,3	16,4	20,6
N	mm	51	53	61	72	158	237	145	193	194	143	68	47	1420
Nd	Tage	5	5	5	5	9	14	13	15	14	11	7	5	107
So	h	220	217	277	294	301	289	309	288	262	260	221	216	3154
rF	%	73	71	70	67	72	76	75	76	78	75	74	73	73
pV	mm	95	104	118	138	137	129	139	134	124	123	111	101	1453
pLV	mm	66	72	83	96	96	90	98	94	87	86	78	71	1017
N-pLV	mm	−15	−20	−22	−24	62	147	47	99	107	57	−10	−24	

t Mitteltemperatur
tmax mittleres Maximum der Temperatur
tmin mittleres Minimum der Temperatur
N mittlerer Niederschlag
Nd Tage mit Niederschlag > 0,1 mm
So Monatssummen der tatsächlichen Sonnenscheindauer
rF relative Feuchte
pV potenzielle Verdunstung
pLV potenzielle Landschaftsverdunstung
N-pLV Klimatische Wasserbilanz. Positive Werte = humide Monate; negative Werte = aride Monate

397 Mexiko-Stadt / Mexiko
19° 24′ N / 99° 12′ W · Höhe ü. NN: 2485 m

		J	F	M	A	M	J	J	A	S	O	N	D	Jahr
t	°C	13,4	14,7	17,0	18,2	18,6	17,4	16,2	16,4	16,3	15,5	14,9	13,5	16,0
tmax	°C	21,3	22,9	25,4	26,5	26,6	24,7	23,2	23,4	22,9	22,6	22,2	21,3	23,6
tmin	°C	6,5	7,4	9,7	11,3	12,2	12,5	11,8	11,9	11,9	10,4	8,4	7,2	10,1
N	mm	9	9	13	27	58	157	183	173	144	61	6	8	848
Nd	Tage	2	2	3	6	13	17	21	18	15	8	3	2	110
So	h	208	212	229	209	197	153	144	158	139	177	199	187	2212
rF	%	54	48	43	46	51	62	70	70	70	66	57	57	58
pV	mm	92	107	129	136	133	105	83	84	84	87	98	88	1227
pLV	mm	64	75	90	95	93	126	100	101	58	61	69	62	995
N-pLV	mm	-55	-66	-77	-68	-35	31	83	72	86	0	-63	-54	

398 Acapulco / Mexiko
16° 50′ N / 99° 56′ W · Höhe ü. NN: 3 m

		J	F	M	A	M	J	J	A	S	O	N	D	Jahr
t	°C	26,4	26,4	26,4	27,1	28,2	28,4	28,5	28,4	28,0	28,0	27,5	26,8	27,5
tmax	°C	31,1	31,4	31,0	31,8	32,4	32,5	32,7	32,5	32,0	32,4	32,0	31,5	31,9
tmin	°C	21,1	21,2	21,2	22,0	23,4	24,4	24,4	24,3	24,1	24,0	23,1	21,8	22,9
N	mm	9	1	2	5	28	271	209	312	341	145	50	14	1387
Nd	Tage	1	<1	<1	<1	2	10	13	11	13	6	2	1	60
So	h	272	249	287	274	252	206	224	231	194	245	257	255	2945
rF	%	79	78	78	78	78	79	80	80	82	81	81	80	80
pV	mm	112	115	114	118	128	124	117	116	106	111	108	106	1375
pLV	mm	79	80	80	83	90	148	140	140	127	134	75	74	1194
N-pLV	mm	-70	-79	-78	-78	-62	123	69	172	214	11	-25	-60	

399 Guatemala / Guatemala
14° 37′ N / 90° 31′ W · Höhe ü. NN: 1502 m

		J	F	M	A	M	J	J	A	S	O	N	D	Jahr
t	°C	16,4	17,2	18,5	19,6	19,7	18,9	18,7	18,8	18,4	17,9	16,9	16,5	18,1
tmax	°C	22,6	25,2	27,3	28,0	28,8	27,3	25,8	26,1	25,9	24,4	23,3	22,3	25,6
tmin	°C	11,8	12,3	13,7	14,2	15,8	16,0	15,5	15,2	15,7	15,3	14,0	12,5	14,3
N	mm	3	3	8	22	134	263	208	188	252	144	25	9	1259
Nd	Tage	2	2	2	5	8	20	17	16	17	13	6	2	110
So	h	214	209	189	207	161	117	186	167	144	130	204	248	2177
rF	%	70	68	69	70	76	83	81	79	83	82	76	73	76
pV	mm	84	93	98	102	86	62	67	73	60	61	73	78	937
pLV	mm	59	65	69	71	60	74	81	88	72	43	51	55	787
N-pLV	mm	-56	-62	-61	-49	74	189	127	100	180	101	-26	-46	

t Mitteltemperatur
tmax mittleres Maximum der Temperatur
tmin mittleres Minimum der Temperatur
N mittlerer Niederschlag
Nd Tage mit Niederschlag > 0,1 mm
So Monatssummen der tatsächlichen Sonnenscheindauer
rF relative Feuchte
pV potenzielle Verdunstung
pLV potenzielle Landschaftsverdunstung
N-pLV Klimatische Wasserbilanz. Positive Werte = humide Monate; negative Werte = aride Monate

400 Bogotá / Kolumbien
4° 43′ N / 74° 09′ W · Höhe ü. NN: 2547 m

		J	F	M	A	M	J	J	A	S	O	N	D	Jahr
t	°C	12,9	13,2	13,6	13,8	13,8	13,5	13,1	13,1	13,1	13,2	13,4	12,9	13,3
tmax	°C	19,6	19,7	19,7	19,3	19,0	18,3	18,1	18,3	18,7	18,8	19,1	19,2	19,0
tmin	°C	5,4	6,1	7,4	8,2	8,4	8,0	7,5	7,0	6,9	7,6	7,7	6,1	7,2
N	mm	33	43	66	111	94	57	41	49	73	115	88	54	824
Nd	Tage	9	7	10	18	16	10	16	10	13	18	16	13	156
So	h	190	150	146	111	116	111	142	139	123	120	134	166	1648
rF	%	77	78	80	82	81	79	77	77	79	83	82	81	80
pV	mm	54	53	52	48	49	53	55	55	51	43	45	47	606
pLV	mm	27	26	26	38	39	27	28	28	26	35	36	24	358
N-pLV	mm	6	17	40	73	55	30	13	21	47	80	52	30	

401 Cuzco / Peru
13° 33′ S / 71° 59′ W · Höhe ü. NN: 3248 m

		J	F	M	A	M	J	J	A	S	O	N	D	Jahr
t	°C	12,9	12,7	12,8	12,7	12,0	11,4	10,8	11,5	12,7	13,6	13,6	13,2	12,5
tmax	°C	18,8	18,8	19,1	19,7	19,7	19,4	19,2	19,9	20,1	20,9	20,6	20,8	19,8
tmin	°C	6,6	6,6	6,3	5,1	2,7	0,5	0,2	1,7	4,0	5,5	6,0	6,5	4,3
N	mm	160	133	108	44	9	2	4	8	22	47	79	120	736
Nd	Tage	19	15	13	9	2	1	1	2	5	9	13	16	106
So	h	143	121	171	210	239	228	257	236	195	198	195	158	2351
rF	%	66	67	66	63	59	55	54	54	56	56	58	62	60
pV	mm	73	70	72	76	77	78	76	80	85	91	88	80	948
pLV	mm	44	42	43	31	31	31	30	32	34	36	53	48	456
N-pLV	mm	116	91	65	13	−22	−29	−26	−24	−12	11	26	72	

402 Tefé / Brasilien
3° 22′ S / 64° 42′ W · Höhe ü. NN: 47 m

		J	F	M	A	M	J	J	A	S	O	N	D	Jahr
t	°C	26,0	26,2	26,2	26,2	26,1	25,8	25,8	26,3	26,4	26,6	26,6	26,2	26,2
tmax	°C	31,1	31,2	31,3	31,3	30,9	30,7	31,1	31,9	32,2	32,4	31,9	31,5	31,5
tmin	°C	22,8	22,9	22,9	22,9	22,9	22,3	21,9	22,3	22,5	22,5	22,9	22,7	22,5
N	mm	260	238	275	287	272	176	129	102	149	169	192	216	2464
Nd	Tage	– Werte liegen nicht vor –												
So	h	148	118	131	127	129	154	184	205	184	165	156	143	1843
rF	%	86	85	88	88	86	87	84	82	83	84	83	87	85
pV	mm	77	82	68	68	77	71	85	97	93	89	94	73	974
pLV	mm	115	124	102	102	116	57	68	78	74	71	75	109	1090
N-pLV	mm	145	114	174	186	156	119	61	24	74	98	117	106	

t	Mitteltemperatur
tmax	mittleres Maximum der Temperatur
tmin	mittleres Minimum der Temperatur
N	mittlerer Niederschlag
Nd	Tage mit Niederschlag > 0,1 mm
So	Monatssummen der tatsächlichen Sonnenscheindauer
rF	relative Feuchte
pV	potenzielle Verdunstung
pLV	potenzielle Landschaftsverdunstung
N-pLV	Klimatische Wasserbilanz. Positive Werte = humide Monate; negative Werte = aride Monate

403 Rio de Janeiro / Brasilien

22° 55′ S / 43° 10′ W · Höhe ü. NN: 5 m

		J	F	M	A	M	J	J	A	S	O	N	D	Jahr
t	°C	26,2	26,5	26,0	24,5	23,0	21,5	21,3	21,8	21,8	22,8	24,2	25,2	23,7
tmax	°C	29,4	30,2	29,4	27,8	26,4	25,2	25,3	25,6	25,0	26,0	27,4	28,6	27,2
tmin	°C	23,3	23,5	23,3	21,9	20,4	18,7	18,4	18,9	19,2	20,2	21,4	22,4	21,0
N	mm	114	105	103	137	86	80	56	51	87	88	96	169	1173
Nd	Tage	11	8	8	9	7	6	5	6	9	9	9	12	98
So	h	196	207	196	166	171	157	183	178	137	159	169	160	2079
rF	%	79	79	80	80	80	79	77	77	79	80	79	80	79
pV	mm	110	111	104	96	89	86	91	94	87	88	99	100	1155
pLV	mm	77	78	73	68	62	60	64	66	61	62	69	70	808
N-pLV	mm	37	27	30	70	23	21	–7	–15	26	26	26	99	

404 Antofagasta / Chile

23° 26′ S / 70° 26′ W · Höhe ü. NN: 120 m

		J	F	M	A	M	J	J	A	S	O	N	D	Jahr
t	°C	20,0	19,9	18,7	16,8	15,2	14,0	13,4	13,7	14,3	15,5	16,9	18,7	16,4
tmax	°C	23,1	23,3	22,1	20,3	18,4	17,0	16,4	16,5	17,1	18,1	19,7	21,7	19,4
tmin	°C	17,8	17,5	16,6	14,2	13,3	12,1	11,7	12,1	12,8	13,9	15,1	16,6	14,5
N	mm	0	0	0	0	0	0	0	1	1	0	0	0	2
Nd	Tage	0	0	0	<1	<1	<1	<1	<1	<1	<1	<1	0	<1
So	h	295	283	285	255	229	180	211	214	228	236	264	304	2983
rF	%	75	76	78	79	79	79	79	78	78	76	75	74	77
pV	mm	90	87	76	65	59	54	52	55	57	67	76	87	824
pLV	mm	18	17	15	13	12	11	10	11	11	13	15	17	165
N-pLV	mm	–18	–17	–15	–13	–12	–11	–10	–10	–11	–13	–15	–17	

405 Asunción / Paraguay

25° 15′ S / 57° 31′ W · Höhe ü. NN: 101 m

		J	F	M	A	M	J	J	A	S	O	N	D	Jahr
t	°C	27,5	26,9	25,9	22,8	19,8	17,6	17,9	18,6	20,5	23,2	24,9	26,5	22,7
tmax	°C	33,1	32,6	31,5	28,1	24,9	22,6	23,4	24,2	26,1	28,9	30,6	32,2	28,2
tmin	°C	22,7	22,4	21,4	18,7	16,0	13,5	13,7	14,2	15,9	18,3	20,0	21,6	18,2
N	mm	158	122	115	157	110	72	42	77	79	116	153	132	1334
Nd	Tage	5	5	5	5	4	4	3	4	3	5	5	5	53
So	h	248	218	223	198	186	156	192	180	168	205	249	254	2477
rF	%	68	71	72	75	76	76	70	70	66	67	67	68	70
pV	mm	160	144	133	105	87	76	93	95	117	131	143	151	1436
pLV	mm	192	101	93	126	61	53	65	67	82	92	172	105	1209
N-pLV	mm	–34	21	21	31	49	19	–23	10	–3	24	–19	27	

Amerika

t	Mitteltemperatur
tmax	mittleres Maximum der Temperatur
tmin	mittleres Minimum der Temperatur
N	mittlerer Niederschlag
Nd	Tage mit Niederschlag > 0,1 mm
So	Monatssummen der tatsächlichen Sonnenscheindauer
rF	relative Feuchte
pV	potenzielle Verdunstung
pLV	potenzielle Landschaftsverdunstung
N-pLV	Klimatische Wasserbilanz. Positive Werte = humide Monate; negative Werte = aride Monate

406 Montevideo / Uruguay

34° 50′ S / 56° 00′ W · Höhe ü. NN: 33 m

		J	F	M	A	M	J	J	A	S	O	N	D	Jahr
t	°C	22,7	22,3	20,5	17,2	13,9	11,0	10,7	11,5	13,2	15,7	18,3	21,1	16,5
tmax	°C	28,1	28,0	25,8	22,0	18,8	15,4	15,2	16,2	18,1	19,6	24,2	27,0	21,6
tmin	°C	17,3	17,3	15,7	12,2	9,5	7,7	6,9	6,9	8,8	10,8	13,5	15,7	11,9
N	mm	92	92	106	87	90	79	89	92	93	107	94	78	1098
Nd	Tage	6	6	7	6	7	7	8	6	6	7	7	6	79
So	h	297	237	238	190	171	142	155	173	208	243	250	292	2596
rF	%	69	72	73	76	79	81	82	77	75	73	70	68	75
pV	mm	123	114	98	75	55	40	38	48	59	74	94	116	933
pLV	mm	86	80	69	52	38	28	27	34	41	51	66	81	653
N-pLV	mm	6	12	37	35	52	51	62	58	52	56	28	-3	

407 Rosario / Argentinien

32° 55′ S / 60° 47′ W · Höhe ü. NN: 27 m

		J	F	M	A	M	J	J	A	S	O	N	D	Jahr
t	°C	24,2	23,1	20,8	17,1	13,7	10,3	10,3	11,5	13,9	17,3	20,3	23,0	17,8
tmax	°C	30,8	29,5	27,0	23,4	20,2	16,5	16,4	18,3	20,7	23,6	26,6	29,5	23,8
tmin	°C	17,7	17,0	15,2	11,7	8,3	5,3	5,3	5,7	7,6	10,9	13,8	16,4	11,8
N	mm	105	116	165	80	47	37	37	37	62	92	98	120	994
Nd	Tage	8	7	8	6	5	4	3	4	5	8	7	7	72
So	h	295	249	233	204	180	150	161	189	207	239	270	282	2658
rF	%	69	72	78	81	82	82	82	77	74	73	70	68	78
pV	mm	132	117	85	61	47	37	37	49	64	82	105	127	942
pLV	mm	92	82	59	43	33	26	26	34	45	57	73	89	660
N-pLV	mm	12	35	105	37	14	11	11	2	17	34	25	31	

408 Buenos Aires / Argentinien

34° 35′ S / 58° 29′ W · Höhe ü. NN: 25 m

		J	F	M	A	M	J	J	A	S	O	N	D	Jahr
t	°C	24,5	23,4	21,3	17,6	14,4	11,2	11,0	12,3	14,4	17,2	20,3	23,0	17,8
tmax	°C	29,9	28,6	26,3	22,8	19,3	15,7	15,4	17,1	19,3	22,1	25,2	28,2	22,8
tmin	°C	19,6	18,9	16,9	13,3	10,4	7,7	7,6	8,3	10,0	12,7	15,4	18,1	13,8
N	mm	119	118	134	97	74	63	66	70	73	119	109	105	1146
Nd	Tage	6	7	8	6	6	5	5	6	7	8	8	7	79
So	h	279	240	229	186	174	132	143	174	189	217	252	267	2481
rF	%	64	68	72	76	77	79	79	74	70	69	66	63	78
pV	mm	150	131	106	76	61	45	44	57	74	91	115	142	1093
pLV	mm	105	92	74	53	43	31	31	40	52	64	81	99	765
N-pLV	mm	14	26	60	44	31	31	35	30	22	55	28	6	

t	Mitteltemperatur
tmax	mittleres Maximum der Temperatur
tmin	mittleres Minimum der Temperatur
N	mittlerer Niederschlag
Nd	Tage mit Niederschlag > 0,1 mm
So	Monatssummen der tatsächlichen Sonnenscheindauer
rF	relative Feuchte
pV	potenzielle Verdunstung
pLV	potenzielle Landschaftsverdunstung
N-pLV	Klimatische Wasserbilanz. Positive Werte = humide Monate; negative Werte = aride Monate

409 Ushuaia [Feuerland] / Argentinien

54° 48′ S / 68° 19′ W · Höhe ü. NN: 14 m

		J	F	M	A	M	J	J	A	S	O	N	D	Jahr
t	°C	9,6	9,3	7,7	5,7	3,2	1,7	1,3	2,2	4,1	6,2	7,8	9,1	5,8
tmax	°C	13,9	13,7	12,2	9,6	6,5	4,6	4,2	5,6	8,2	10,5	12,1	13,4	9,8
tmin	°C	5,4	5,3	3,9	2,3	0,1	-1,4	-1,7	-1,0	0,5	2,3	3,6	4,9	2,8
N	mm	39	45	52	56	53	48	36	45	42	35	35	43	530
Nd	Tage	10	9	9	10	8	10	8	8	7	9	8	9	105
So	h	171	130	124	75	62	33	62	84	117	155	165	180	1357
rF	%	75	76	78	80	81	82	82	80	76	73	72	74	78
pV	mm	45	43	35	26	19	15	14	17	25	35	42	44	359
pLV	mm	23	21	17	5	4	3	3	3	5	7	21	22	134
N-pLV	mm	16	24	35	51	50	45	34	42	37	28	14	20	

Amerika

t	Mitteltemperatur
tmax	mittleres Maximum der Temperatur
tmin	mittleres Minimum der Temperatur
N	mittlerer Niederschlag
Nd	Tage mit Niederschlag > 0,1 mm
So	Monatssummen der tatsächlichen Sonnenscheindauer
rF	relative Feuchte
pV	potenzielle Verdunstung
pLV	potenzielle Landschaftsverdunstung
N-pLV	Klimatische Wasserbilanz. Positive Werte = humide Monate; negative Werte = aride Monate

410 Barrow [Alaska] / USA
71° 18′ N / 156° 47′ W · Höhe ü. NN: 9 m

		J	F	M	A	M	J	J	A	S	O	N	D	Jahr
t	°C	-25,2	-27,7	-26,2	-19,0	-7,1	1,1	4,1	3,3	-0,8	-10,3	-18,7	-24,0	-12,5
N	mm	4	4	4	5	4	7	24	24	15	11	6	4	114
rF	%	73	70	71	77	87	89	88	91	91	86	79	74	81
pV	mm	–	–	–	–	–	9	14	10	5	–	–	–	38
pLV	mm	1	1	1	1	4	3	4	3	4	2	1	1	26
N-pLV	mm	3	3	3	4	0	4	20	21	11	9	5	3	

411 Fairbanks [Alaska] / USA
64° 49′ N / 147° 52′ W · Höhe ü. NN: 133 m

		J	F	M	A	M	J	J	A	S	O	N	D	Jahr
t	°C	-23,4	-19,8	-11,7	-0,7	9,2	15,4	16,9	13,8	7,5	-3,8	-16,3	-21,4	-2,9
N	mm	12	10	9	8	16	35	48	50	24	23	20	22	276
rF	%	69	66	60	56	50	57	64	71	69	74	73	71	65
pV	mm	–	–	–	14	69	102	99	70	44	3	–	–	400
pLV	mm	1	1	1	14	83	81	79	56	53	10	1	1	380
N-pLV	mm	11	9	8	-6	-67	-46	-31	-6	-29	13	19	21	

412 Kodiak [Alaska] / USA
57° 45′ N / 152° 30′ W · Höhe ü. NN: 34 m

		J	F	M	A	M	J	J	A	S	O	N	D	Jahr
t	°C	-1,2	-0,8	0,5	3,1	6,4	9,8	12,4	12,9	10,0	4,8	1,3	-0,7	4,9
N	mm	188	134	118	107	140	121	94	131	178	182	151	173	1717
rF	%	78	77	73	72	76	80	82	82	81	75	75	76	77
pV	mm	9	11	16	25	32	38	42	45	38	28	17	11	311
pLV	mm	14	14	5	7	16	19	21	22	19	14	5	14	171
N-pLV	mm	174	120	113	99	124	103	73	108	159	168	146	159	

413 Juneau [Alaska] / USA
58° 22′ N / 134° 35′ W · Höhe ü. NN: 3 m

		J	F	M	A	M	J	J	A	S	O	N	D	Jahr
t	°C	-4,3	-2,0	0,4	4,3	8,3	11,7	13,3	12,8	9,7	5,7	0,0	-2,7	4,8
N	mm	115	95	83	70	87	80	106	135	171	199	125	113	1380
rF	%	80	81	79	77	76	78	81	84	88	88	85	83	82
pV	mm	2	7	13	25	39	47	47	39	25	17	9	5	274
pLV	mm	10	13	10	20	46	38	38	31	20	21	7	12	266
N-pLV	mm	105	82	73	50	41	42	68	104	151	178	117	101	

414 Whitehorse / Kanada
60° 43′ N / 135° 4′ W · Höhe ü. NN: 698 m

		J	F	M	A	M	J	J	A	S	O	N	D	Jahr
t	°C	6,7	7,9	10,2	13,2	17,1	20,9	23,8	23,2	20,3	16,1	10,7	7,3	14,8
N	mm	47	54	44	48	42	28	14	29	47	78	58	56	544
rF	%	75	72	67	65	64	63	59	62	69	74	75	77	68
pV	mm	35	42	58	76	100	127	158	146	109	74	49	34	1009
pLV	mm	13	16	41	54	71	51	64	102	76	52	34	14	589
N-pLV	mm	34	38	2	-6	-28	-24	-50	-73	-29	26	24	42	

t Mitteltemperatur
N Niederschlag
rF relative Feuchte
pV potenzielle Verdunstung
pLV potenzielle Landschaftsverdunstung
N-pLV Klimatische Wasserbilanz. Positive Werte = humide Monate; negative Werte = aride Monate

Amerika

415 Fort Nelson / Kanada
58° 50′ N / 122° 35′ W · Höhe ü. NN: 375 m

		J	F	M	A	M	J	J	A	S	O	N	D	Jahr
t	°C	6,7	7,9	10,2	13,2	17,1	20,9	23,8	23,2	20,3	16,1	10,7	7,3	14,8
N	mm	47	54	44	48	42	28	14	29	47	78	58	56	544
rF	%	75	72	67	65	64	63	59	62	69	74	75	77	68
pV	mm	35	42	58	76	100	127	158	146	109	74	49	34	1009
pLV	mm	13	16	41	54	71	51	64	102	76	52	34	14	589
N-pLV	mm	34	38	2	-6	-28	-24	-50	-73	-29	26	24	42	

416 Fort St. John / Kanada
56° 14′ N / 120° 44′ W · Höhe ü. NN: 695 m

		J	F	M	A	M	J	J	A	S	O	N	D	Jahr
t	°C	-15,0	-11,0	-5,5	3,5	9,7	13,7	15,8	14,7	9,6	4,3	-7,1	-13,2	1,6
N	mm	31	24	24	21	41	67	74	58	44	27	29	29	468
rF	%	73	71	68	58	55	61	67	68	71	68	77	75	68
pV	mm	–	–	–	33	67	83	85	77	49	32	–	–	426
pLV	mm	1	2	8	26	80	66	68	62	59	25	5	1	404
N-pLV	mm	30	22	16	-5	-40	1	6	-4	-15	2	24	28	

417 Prince Rupert / Kanada
54° 18′ N / 130° 26′ W · Höhe ü. NN: 34 m

		J	F	M	A	M	J	J	A	S	O	N	D	Jahr
t	°C	0,8	2,5	3,7	5,5	8,4	10,9	12,9	13,3	11,3	8,0	3,8	1,7	6,9
N	mm	251	217	188	181	142	120	113	163	245	379	284	270	2552
rF	%	83	81	80	80	81	84	87	88	87	85	84	84	84
pV	mm	13	17	21	26	32	34	33	32	30	26	18	14	296
pLV	mm	10	14	17	31	26	27	26	25	24	21	22	11	254
N-pLV	mm	241	203	171	150	116	92	86	137	221	358	263	259	

418 Saskatoon / Kanada
52° 10′ N / 106° 41′ W · Höhe ü. NN: 501 m

		J	F	M	A	M	J	J	A	S	O	N	D	Jahr
t	°C	-17,5	-13,9	-7,0	3,9	11,5	16,2	18,6	17,4	11,2	4,8	-6,0	-14,7	2,0
N	mm	16	13	16	20	44	63	58	37	32	17	14	17	347
rF	%	76	76	76	64	56	60	63	62	65	67	77	76	68
pV	mm	–	–	–	32	77	100	109	103	64	34	–	–	519
pLV	mm	1	1	5	6	77	100	109	103	64	7	7	1	481
N-pLV	mm	15	12	11	13	-33	-36	-51	-67	-32	10	7	16	

419 Calgary / Kanada
51° 07′ N / 114° 01′ W · Höhe ü. NN: 1077 m

		J	F	M	A	M	J	J	A	S	O	N	D	Jahr
t	°C	-9,6	-6,3	-2,5	4,1	9,7	14,0	16,4	15,7	10,6	5,7	-3,0	-8,3	3,9
N	mm	12	10	15	25	53	77	70	49	48	16	12	13	399
rF	%	65	65	66	58	56	57	60	61	62	58	65	65	62
pV	mm	–	–	7	35	66	91	101	95	65	44	6	–	510
pLV	mm	2	6	13	7	66	91	101	95	65	44	12	4	506
N-pLV	mm	10	4	2	18	-13	-15	-31	-46	-17	-28	0	9	

t Mitteltemperatur
N Niederschlag
rF relative Feuchte
pV potenzielle Verdunstung
pLV potenzielle Landschaftsverdunstung
N-pLV Klimatische Wasserbilanz. Positive Werte = humide Monate; negative Werte = aride Monate

420 Winnipeg / Kanada
49° 54′ N / 97° 14′ W · Höhe ü. NN: 239 m

		J	F	M	A	M	J	J	A	S	O	N	D	Jahr
t	°C	-18,3	-15,1	-7,0	3,8	11,6	16,9	19,8	18,3	12,4	5,7	-4,7	-14,6	2,4
N	mm	19	15	23	36	60	84	72	75	51	30	21	19	504
rF	%	78	78	78	68	60	65	69	69	71	72	80	80	72
pV	mm	–	–	–	30	74	97	105	96	62	34	2	–	499
pLV	mm	1	1	5	6	74	97	105	96	62	7	9	1	463
N-pLV	mm	18	14	18	30	-14	-13	-33	-21	-11	23	12	18	

421 Lethbridge / Kanada
49° 38′ N / 112° 48′ W · Höhe ü. NN: 929 m

		J	F	M	A	M	J	J	A	S	O	N	D	Jahr
t	°C	-8,4	-4,8	-0,8	5,6	11,2	15,8	18,4	17,8	12,5	7,5	-1,2	-6,7	5,6
N	mm	20	13	26	36	51	66	45	43	44	16	16	20	398
rF	%	70	69	68	60	56	56	56	57	60	58	68	70	62
pV	mm	–	0	13	41	74	103	120	113	76	52	12	–	604
pLV	mm	4	9	8	8	37	51	60	57	38	10	14	5	302
N-pLV	mm	16	4	18	28	14	15	-15	-14	6	5	2	15	

422 Ottawa / Kanada
45° 19′ N / 75° 40′ W · Höhe ü. NN: 116 m

		J	F	M	A	M	J	J	A	S	O	N	D	Jahr
t	°C	-10,8	-9,2	-2,7	5,6	12,8	17,9	20,8	19,2	14,3	7,9	1,0	-7,6	5,8
N	mm	58	59	65	69	76	77	88	92	83	75	86	83	911
rF	%	71	68	66	61	61	66	67	71	74	73	77	77	69
pV	mm	–	–	8	43	81	101	116	97	67	43	17	–	573
pLV	mm	2	3	12	26	105	131	151	126	87	26	10	4	684
N-pLV	mm	56	56	53	43	-29	-55	-63	-34	-4	49	76	79	

423 Toronto / Kanada
43° 40′ N / 79° 38′ W · Höhe ü. NN: 173 m

		J	F	M	A	M	J	J	A	S	O	N	D	Jahr
t	°C	-6,7	-6,1	-0,8	6,0	12,3	17,4	20,5	19,5	15,2	8,9	3,2	-3,5	7,2
N	mm	46	46	57	64	66	69	77	84	74	63	70	66	781
rF	%	79	78	76	69	67	69	69	73	76	78	81	82	75
pV	mm	–	–	12	38	70	93	110	94	67	39	20	4	546
pLV	mm	6	7	14	38	70	93	110	94	67	39	4	11	553
N-pLV	mm	40	39	43	26	-4	-24	-34	-10	7	24	66	55	

424 Portland [Oregon] / USA
45° 34′ N / 122° 43′ W · Höhe ü. NN: 12 m

		J	F	M	A	M	J	J	A	S	O	N	D	Jahr
t	°C	4,2	6,4	8,5	10,6	13,9	17,5	20,1	20,3	17,4	12,5	7,8	4,6	12,0
N	mm	136	98	90	61	52	38	16	28	44	68	136	156	922
rF	%	81	78	75	72	69	66	63	65	69	78	82	83	73
pV	mm	21	30	42	54	74	99	122	119	91	51	30	21	753
pLV	mm	4	6	42	54	74	99	122	119	91	51	30	4	695
N-pLV	mm	132	92	49	7	-21	-61	-106	-91	-46	17	105	152	

t Mitteltemperatur
N Niederschlag
rF relative Feuchte
pV potenzielle Verdunstung
pLV potenzielle Landschaftsverdunstung
N-pLV Klimatische Wasserbilanz. Positive Werte = humide Monate; negative Werte = aride Monate

425 Albany / USA
42° 45′ N / 73° 48′ W · Höhe ü. NN: 84 m

		J	F	M	A	M	J	J	A	S	O	N	D	Jahr
t	°C	-6,3	-4,7	1,3	8,0	14,2	19,4	22,1	20,9	16,3	10,1	4,3	-3,1	8,5
N	mm	60	58	74	76	87	92	81	88	75	72	82	74	919
rF	%	71	69	65	61	66	70	71	74	76	72	73	74	70
pV	mm	–	–	21	54	81	102	116	98	71	51	28	5	626
pLV	mm	7	9	4	54	81	102	116	98	71	51	6	14	611
N-pLV	mm	53	49	70	22	6	-10	-35	-10	4	21	76	60	

426 Detroit / USA
42° 14′ N / 83° 20′ W · Höhe ü. NN: 197 m

		J	F	M	A	M	J	J	A	S	O	N	D	Jahr
t	°C	-5,1	-3,7	2,1	8,5	14,7	19,8	22,4	21,4	17,3	10,7	4,6	-2,1	9,2
N	mm	45	44	65	75	74	92	81	87	73	53	68	72	829
rF	%	75	73	70	66	65	67	69	72	73	72	75	77	71
pV	mm	–	3	22	51	84	110	123	108	81	54	28	7	672
pLV	mm	7	11	4	51	84	110	123	108	81	54	6	13	653
N-pLV	mm	38	33	60	23	-10	-18	-42	-21	-8	-1	62	59	

427 Boston / USA
42° 22′ N / 71° 02′ W · Höhe ü. NN: 4 m

		J	F	M	A	M	J	J	A	S	O	N	D	Jahr
t	°C	-1,9	-0,9	3,7	8,9	14,6	19,8	23,1	22,2	18,2	12,7	7,4	0,9	10,7
N	mm	91	92	94	91	83	79	72	82	78	84	107	102	1054
rF	%	62	62	63	63	67	69	68	71	72	69	68	65	67
pV	mm	9	13	32	56	81	107	128	115	90	68	45	20	764
pLV	mm	13	14	19	34	105	139	167	150	116	89	27	12	884
N-pLV	mm	78	78	74	58	-23	-60	-95	-68	-39	-5	80	90	

428 Des Moines / USA
41° 32′ N / 93° 39′ W · Höhe ü. NN: 286 m

		J	F	M	A	M	J	J	A	S	O	N	D	Jahr
t	°C	-7,0	-4,1	2,9	10,5	16,8	22,1	24,8	23,3	18,4	11,9	3,9	-4,2	9,9
N	mm	24	28	59	85	93	113	96	107	90	67	46	34	841
rF	%	71	71	68	63	63	65	68	70	71	67	71	75	69
pV	mm	–	2	26	64	100	131	142	125	93	67	28	2	780
pLV	mm	5	10	5	64	100	131	142	125	93	67	6	10	758
N-pLV	mm	19	18	54	21	-7	-18	-46	-18	-3	-1	40	24	

429 Omaha / USA
41° 18′ N / 95° 54′ W · Höhe ü. NN: 299 m

		J	F	M	A	M	J	J	A	S	O	N	D	Jahr
t	°C	-6,1	-2,8	3,7	11,1	16,9	22,3	24,9	23,4	18,4	11,9	3,9	-3,8	10,3
N	mm	19	20	52	68	115	98	89	82	95	58	38	26	759
rF	%	71	71	66	61	64	66	68	71	72	67	71	74	69
pV	mm	–	6	30	71	99	130	141	123	91	66	28	3	787
pLV	mm	8	12	6	71	99	130	141	123	91	66	6	11	763
N-pLV	mm	11	8	46	-3	16	-32	-52	-40	4	-8	32	15	

t Mitteltemperatur
N Niederschlag
rF relative Feuchte
pV potenzielle Verdunstung
pLV potenzielle Landschaftsverdunstung
N-pLV Klimatische Wasserbilanz.
Positive Werte = humide Monate;
negative Werte = aride Monate

430 Pittsburgh / USA
40° 30′ N / 80° 13′ W · Höhe ü. NN: 369 m

		J	F	M	A	M	J	J	A	S	O	N	D	Jahr
t	°C	−3,3	−1,8	4,1	9,8	15,3	19,9	22,3	21,4	17,7	11,3	5,7	−0,3	10,2
N	mm	65	61	87	80	91	94	95	82	75	60	72	74	936
rF	%	70	67	64	60	63	66	69	71	72	68	70	72	68
pV	mm	4	9	33	64	90	113	122	109	86	62	36	13	742
pLV	mm	1	2	7	64	90	113	122	109	86	62	7	3	666
N-pLV	mm	64	59	80	16	1	−19	−26	−28	−11	−2	65	72	

431 Columbus / USA
40° 00′ N / 82° 53′ W · Höhe ü. NN: 247 m

		J	F	M	A	M	J	J	A	S	O	N	D	Jahr
t	°C	−3,1	−1,3	4,9	10,6	16,2	20,7	22,9	21,9	18,6	12,1	6,1	−0,1	10,8
N	mm	55	57	83	82	100	103	110	95	75	55	82	73	968
rF	%	71	70	65	63	67	69	71	73	73	69	72	74	70
pV	mm	5	11	37	66	90	112	120	107	89	64	36	13	750
pLV	mm	1	2	7	66	90	112	120	107	89	64	7	3	669
N-pLV	mm	54	55	76	16	10	−10	−11	−13	−14	−9	75	70	

432 Indianapolis / USA
39° 44′ N / 86° 16′ W · Höhe ü. NN: 241 m

		J	F	M	A	M	J	J	A	S	O	N	D	Jahr
t	°C	−3,6	−1,3	5,2	11,3	17,1	22,2	24,1	22,9	19,2	12,6	6,1	−0,6	11,3
N	mm	59	63	96	94	102	89	114	93	73	67	82	85	1014
rF	%	75	74	70	66	67	68	73	75	74	72	76	78	72
pV	mm	3	10	34	65	94	122	121	105	88	63	32	11	748
pLV	mm	5	2	7	65	94	122	121	105	88	63	6	2	680
N-pLV	mm	54	61	90	29	8	−34	−7	−12	−15	4	76	83	

433 Cincinnati / USA
39° 03′ N / 84° 40′ W · Höhe ü. NN: 271 m

		J	F	M	A	M	J	J	A	S	O	N	D	Jahr
t	°C	−2,2	−0,1	6,1	11,8	17,2	21,7	23,9	23,1	19,6	12,8	6,8	0,8	11,8
N	mm	66	68	108	95	109	98	108	85	73	73	88	80	1050
rF	%	72	70	67	63	67	69	72	72	73	69	71	74	70
pV	mm	7	15	40	72	95	117	124	116	95	68	39	16	803
pLV	mm	3	6	16	50	66	82	87	81	66	47	16	7	527
N-pLV	mm	63	62	92	45	42	16	21	4	7	25	72	73	

434 St. Louis / USA
38° 45′ N / 90° 22′ W · Höhe ü. NN: 163 m

		J	F	M	A	M	J	J	A	S	O	N	D	Jahr
t	°C	−1,5	1,1	7,3	13,7	18,9	24,1	26,6	25,3	21,2	14,7	7,9	1,1	13,4
N	mm	46	54	91	89	101	95	98	72	79	68	83	77	953
rF	%	73	72	68	64	67	67	68	70	72	69	72	76	70
pV	mm	9	18	44	81	106	139	155	138	107	78	42	16	934
pLV	mm	2	4	9	81	106	139	155	138	107	78	8	3	830
N-pLV	mm	44	50	82	8	−5	−44	−57	−66	−28	−10	75	74	

t Mitteltemperatur
N Niederschlag
rF relative Feuchte
pV potenzielle Verdunstung
pLV potenzielle Landschaftsverdunstung
N-pLV Klimatische Wasserbilanz. Positive Werte = humide Monate; negative Werte = aride Monate

435 Memphis / USA

35° 03′ N / 89° 59′ W · Höhe ü. NN: 86 m

		J	F	M	A	M	J	J	A	S	O	N	D	Jahr
t	°C	4,3	6,8	11,7	17,2	21,8	26,2	28,1	27,2	23,4	17,3	11,4	6,5	16,8
N	mm	95	111	137	139	127	91	96	87	90	77	130	146	1323
rF	%	68	66	63	63	66	67	69	70	71	66	68	69	67
pV	mm	32	43	71	104	125	156	162	154	121	97	63	40	1167
pLV	mm	13	17	49	72	87	109	114	108	85	68	32	16	770
N-pLV	mm	82	93	88	66	39	−18	−17	−20	5	9	98	130	

436 Los Angeles / USA

33° 56′ N / 118° 23′ W · Höhe ü. NN: 30 m

		J	F	M	A	M	J	J	A	S	O	N	D	Jahr
t	°C	13,8	14,2	14,4	15,6	17,1	18,7	20,6	21,4	21,1	19,3	16,4	13,8	17,2
N	mm	61	64	50	18	4	1	0	4	8	9	45	42	305
rF	%	63	68	71	71	74	76	77	77	74	71	66	63	71
pV	mm	82	77	73	78	79	82	89	93	99	99	93	83	1025
pLV	mm	57	54	51	55	31	33	36	37	39	40	37	58	527
N-pLV	mm	4	10	−1	−36	−28	−32	−35	−33	−32	−31	7	−16	

437 Atlanta / USA

33° 39′ N / 84° 26′ W · Höhe ü. NN: 338 m

		J	F	M	A	M	J	J	A	S	O	N	D	Jahr
t	°C	5,0	7,1	11,9	16,4	20,7	24,4	26,0	25,6	22,6	16,8	11,7	6,9	16,3
N	mm	121	122	147	108	109	90	127	93	87	78	98	110	1290
rF	%	68	63	62	61	67	70	74	75	74	69	68	68	68
pV	mm	35	47	73	101	116	133	127	123	108	89	64	42	1058
pLV	mm	14	19	51	71	81	93	89	86	76	63	45	17	703
N-pLV	mm	107	103	96	37	28	−2	38	7	11	15	53	93	

438 Dallas / USA

32° 50′ N / 97° 03′ W · Höhe ü. NN: 175 m

		J	F	M	A	M	J	J	A	S	O	N	D	Jahr
t	°C	6,3	8,8	13,7	18,6	22,7	27,2	29,6	29,4	25,2	19,6	13,4	8,3	18,6
N	mm	47	55	70	89	124	76	59	56	86	89	58	47	856
rF	%	68	66	64	65	70	66	60	60	67	66	67	68	65
pV	mm	40	52	81	107	122	167	208	207	149	112	73	49	1367
pLV	mm	16	21	57	75	85	117	146	145	104	79	51	20	915
N-pLV	mm	30	34	14	14	39	−41	−87	−89	−18	11	7	27	

439 Abilene / USA

32° 25′ N / 99° 41′ W · Höhe ü. NN: 545 m

		J	F	M	A	M	J	J	A	S	O	N	D	Jahr
t	°C	6,0	8,6	13,4	18,6	22,6	26,8	28,9	28,4	24,4	19,1	12,7	7,5	18,1
N	mm	26	30	35	48	75	73	53	71	82	64	38	26	620
rF	%	60	60	55	55	60	59	54	55	62	61	62	61	59
pV	mm	44	58	91	126	146	184	219	211	155	119	78	51	1482
pLV	mm	18	23	37	88	102	129	153	147	109	84	31	20	941
N-pLV	mm	8	6	−2	−40	−27	−56	−100	−76	−27	−20	7	6	

t Mitteltemperatur

N Niederschlag

rF relative Feuchte

pV potenzielle Verdunstung

pLV potenzielle Landschaftsverdunstung

N-pLV Klimatische Wasserbilanz. Positive Werte = humide Monate; negative Werte = aride Monate

440 Mazatlán / Mexiko

23° 12′ N / 106° 25′ W · Höhe ü. NN: 78 m

		J	F	M	A	M	J	J	A	S	O	N	D	Jahr
t	°C	19,7	19,7	20,4	22,5	25,0	27,7	28,7	28,8	28,5	27,3	23,7	21,0	24,4
N	mm	28	4	2	3	2	26	212	216	217	95	23	25	853
rF	%	79	78	79	77	75	74	78	79	80	78	78	79	78
pV	mm	77	79	81	99	117	138	131	126	119	120	101	83	1272
pLV	mm	54	56	57	69	82	97	157	152	143	84	71	58	1078
N-pLV	mm	-26	-52	-55	-66	-80	-71	55	64	74	11	-48	-33	

441 Zacatecas / Mexiko

22° 47′ N / 102° 34′ W · Höhe ü. NN: 2612 m

		J	F	M	A	M	J	J	A	S	O	N	D	Jahr
t	°C	9,6	10,4	12,7	15,5	17,1	16,4	14,6	14,5	14,2	13,2	12,3	10,1	13,4
N	mm	14	7	3	6	16	65	101	86	73	31	11	14	427
rF	%	49	41	34	33	38	56	67	68	71	62	48	53	52
pV	mm	72	82	102	124	134	109	80	77	71	81	90	73	1096
pLV	mm	14	16	20	25	27	44	32	31	29	32	18	15	303
N-pLV	mm	0	-9	-17	-19	-11	21	69	55	44	-1	-7	-1	

442 Guanajuato / Mexiko

21° 01′ N / 101° 15′ W · Höhe ü. NN: 2037 m

		J	F	M	A	M	J	J	A	S	O	N	D	Jahr
t	°C	14,4	15,6	18,1	20,4	21,6	20,7	19,3	19,3	18,9	17,9	16,1	14,7	18,1
N	mm	17	9	10	13	37	118	158	140	127	40	15	14	698
rF	%	55	51	47	46	51	61	68	67	69	66	61	61	58
pV	mm	97	111	134	153	155	130	105	106	101	102	100	91	1387
pLV	mm	39	44	54	61	62	78	63	64	61	41	40	36	643
N-pLV	mm	-22	-35	-44	-48	-25	40	95	76	66	-1	-25	-22	

443 Guadalajara [Jalisco] / Mexiko

20° 40′ N / 103° 23′ W · Höhe ü. NN: 1589 m

		J	F	M	A	M	J	J	A	S	O	N	D	Jahr
t	°C	15,4	16,9	19,2	21,8	23,4	22,6	20,8	20,6	20,3	19,2	17,2	15,5	19,4
N	mm	12	8	5	7	0	167	262	195	154	58	16	13	897
rF	%	58	52	43	38	42	60	73	73	73	68	62	61	59
pV	mm	100	118	147	175	185	147	101	99	98	104	104	96	1473
pLV	mm	70	83	103	122	130	176	121	119	117	73	73	67	1254
N-pLV	mm	-58	-75	-98	-115	-130	-9	141	76	37	-15	-57	-54	

444 Santo Domingo / Dominikanische Republik

18° 29′ N / 69° 55′ W · Höhe ü. NN: 17 m

		J	F	M	A	M	J	J	A	S	O	N	D	Jahr
t	°C	24,4	24,4	24,9	25,6	26,3	26,9	27,0	27,1	27,0	26,7	26,0	24,9	25,9
N	mm	63	57	54	72	188	140	145	177	181	187	100	84	1447
rF	%	83	81	79	79	83	84	84	85	85	86	84	83	83
pV	mm	81	88	97	103	88	88	84	83	76	76	80	80	1025
pLV	mm	56	62	68	124	62	61	101	100	92	54	56	56	891
N-pLV	mm	7	-5	-14	-52	126	79	43	78	89	133	44	28	

t Mitteltemperatur
N Niederschlag
rF relative Feuchte
pV potenzielle Verdunstung
pLV potenzielle Landschaftsverdunstung
N-pLV Klimatische Wasserbilanz. Positive Werte = humide Monate; negative Werte = aride Monate

445 La Ceiba / Honduras
15° 44′ N / 86° 51′ W · Höhe ü. NN: 14 m

		J	F	M	A	M	J	J	A	S	O	N	D	Jahr
t	°C	23,8	24,0	25,6	26,8	28,2	28,0	27,5	27,6	27,4	26,2	25,2	24,3	26,2
N	mm	305	330	225	121	77	155	175	197	203	424	540	479	3230
rF	%	83	83	78	79	79	79	81	80	81	84	84	83	81
pV	mm	83	81	112	114	123	121	109	113	106	87	81	81	1211
pLV	mm	99	97	135	80	86	146	131	135	127	105	97	97	1335
N-pLV	mm	206	233	91	41	-9	9	44	62	76	319	442	381	

446 Tegucigalpa / Honduras
14° 03′ N / 87° 13′ W · Höhe ü. NN: 1000 m

		J	F	M	A	M	J	J	A	S	O	N	D	Jahr
t	°C	19,5	20,4	22,1	23,4	23,6	22,6	22,1	22,4	22,2	21,5	20,4	19,7	21,7
N	mm	5	5	10	43	144	159	82	89	177	109	40	10	872
rF	%	70	64	59	58	64	73	71	71	75	76	76	73	69
pV	mm	102	121	146	158	143	112	113	117	104	94	90	94	1394
pLV	mm	51	60	73	79	143	112	57	58	104	47	45	47	876
N-pLV	mm	-46	-56	-63	-36	1	47	26	30	74	62	-5	-37	

447 Fort-de-France / Martinique
14° 36′ N / 61° 00′ W · Höhe ü. NN: 7 m

		J	F	M	A	M	J	J	A	S	O	N	D	Jahr
t	°C	24,9	24,8	25,2	25,9	26,8	27,3	27,2	27,2	27,0	26,7	26,3	25,4	26,2
N	mm	121	89	88	96	123	170	204	252	236	270	224	159	2030
rF	%	78	77	77	77	78	79	80	81	82	82	82	80	79
pV	mm	105	110	114	118	119	115	110	106	103	99	100	103	1302
pLV	mm	84	88	91	94	95	92	88	85	82	79	80	83	1041
N-pLV	mm	36	1	-4	1	28	77	116	167	154	191	144	76	

448 Curaçao / Niederländische Antillen
12° 12′ N / 68° 58′ W · Höhe ü. NN: 67 m

		J	F	M	A	M	J	J	A	S	O	N	D	Jahr
t	°C	26,3	26,3	26,7	27,3	27,9	28,2	28,1	28,5	28,7	28,3	27,7	26,8	27,6
N	mm	46	28	15	19	25	21	34	41	45	83	96	99	552
rF	%	76	75	75	76	77	77	77	76	77	78	79	78	77
pV	mm	121	126	129	130	128	133	130	135	135	126	118	116	1528
pLV	mm	48	50	52	52	51	53	52	54	54	50	47	47	611
N-pLV	mm	-2	-22	-37	-33	-26	-32	-18	-13	-9	33	49	52	

449 Piarco / Trinidad u. Tobago
10° 37′ N / 61° 21′ W · Höhe ü. NN: 15 m

		J	F	M	A	M	J	J	A	S	O	N	D	Jahr
t	°C	24,8	25,0	25,7	26,5	26,9	26,4	26,2	26,4	26,5	26,4	25,9	25,2	26,0
N	mm	71	43	34	51	117	252	266	250	203	199	228	156	1870
rF	%	81	80	77	77	79	84	84	84	84	85	86	84	82
pV	mm	95	98	113	122	115	87	87	87	88	82	75	82	1132
pLV	mm	76	79	90	98	92	131	130	131	132	66	113	66	1202
N-pLV	mm	-4	-36	-56	-47	25	122	136	119	71	134	115	90	

t Mitteltemperatur
N Niederschlag
rF relative Feuchte
pV potenzielle Verdunstung
pLV potenzielle Landschaftsverdunstung
N-pLV Klimatische Wasserbilanz.
Positive Werte = humide Monate;
negative Werte = aride Monate

450 San José / Costa Rica

9° 56′ N / 84° 5′ W · Höhe ü. NN: 1172 m

		J	F	M	A	M	J	J	A	S	O	N	D	Jahr
t	°C	19,2	19,5	20,2	20,8	21,1	20,9	20,6	20,6	20,6	20,3	19,8	19,4	20,3
N	mm	10	11	12	48	213	295	221	235	349	326	130	40	1890
rF	%	80	80	78	79	84	86	85	85	86	88	84	82	83
pV	mm	72	73	83	82	66	58	61	61	57	49	62	67	793
pLV	mm	58	59	66	66	100	88	92	92	86	74	49	53	882
N-pLV	mm	−48	−48	−54	−18	113	207	129	143	263	252	81	−13	

451 El Carno / Kolumbien

5° 43′ N / 76° 37′ W · Höhe ü. NN: 53 m

		J	F	M	A	M	J	J	A	S	O	N	D	Jahr
t	°C	26,2	26,5	26,7	26,6	26,7	26,5	26,6	26,4	26,2	26,0	26,0	25,9	26,3
N	mm	558	486	513	605	704	754	770	868	688	621	695	648	7909
rF	%	87	85	85	87	86	86	85	86	86	87	87	88	86
pV	mm	75	85	83	76	81	78	82	80	76	73	73	66	929
pLV	mm	112	127	125	114	121	117	123	121	114	110	110	99	1393
N-pLV	mm	446	359	388	491	583	637	647	747	574	511	585	549	

452 Las Gavoitas / Kolumbien

4° 33′ N / 70° 55′ W · Höhe ü. NN: 171 m

		J	F	M	A	M	J	J	A	S	O	N	D	Jahr
t	°C	27,2	28,4	28,0	26,5	25,5	24,6	24,4	24,8	25,3	25,8	26,1	26,2	26,1
N	mm	27	49	125	254	351	449	326	299	291	266	187	72	2696
rF	%	64	58	65	79	86	88	87	86	85	84	82	75	78
pV	mm	174	201	177	112	76	62	65	73	81	87	96	124	1329
pLV	mm	122	141	124	135	92	74	78	88	97	105	115	87	1257
N-pLV	mm	−95	−92	1	119	259	375	248	211	194	161	72	−15	

453 San Luis / Kolumbien

0° 49′ N / 77° 38′ W · Höhe ü. NN: 2961 m

		J	F	M	A	M	J	J	A	S	O	N	D	Jahr
t	°C	10,9	11,1	11,2	11,2	11,0	10,4	9,8	9,9	10,3	11,1	11,3	11,1	10,8
N	mm	83	80	90	108	76	62	48	40	51	107	115	94	954
rF	%	83	82	84	86	86	86	84	83	82	82	83	83	84
pV	mm	37	38	35	32	31	30	31	34	36	38	38	37	418
pLV	mm	29	30	28	26	25	15	16	17	18	30	30	29	295
N-pLV	mm	54	50	62	82	51	47	32	23	33	77	85	65	

454 Vasquez Cobo / Kolumbien

4° 09′ S / 69° 57′ W · Höhe ü. NN: 84 m

		J	F	M	A	M	J	J	A	S	O	N	D	Jahr
t	°C	25,9	26,1	26,1	25,9	25,8	25,1	25,0	25,6	26,0	26,3	26,2	25,9	25,8
N	mm	359	331	343	358	278	201	172	173	226	291	301	307	3340
rF	%	88	87	87	87	87	87	86	84	84	85	86	88	86
pV	mm	69	75	73	70	70	67	74	85	86	85	76	69	899
pLV	mm	103	112	110	106	106	100	59	68	129	127	114	103	1238
N-pLV	mm	256	219	233	252	172	101	113	105	97	164	187	204	

t	Mitteltemperatur
N	Niederschlag
rF	relative Feuchte
pV	potenzielle Verdunstung
pLV	potenzielle Landschaftsverdunstung
N-pLV	Klimatische Wasserbilanz. Positive Werte = humide Monate; negative Werte = aride Monate

455 Barranquilla / Kolumbien
10° 53′ S / 74° 47′ W · Höhe ü. NN: 14 m

		J	F	M	A	M	J	J	A	S	O	N	D	Jahr
t	°C	26,6	26,8	27,0	27,5	28,1	28,1	28,1	27,9	27,7	27,3	27,4	27,0	27,4
N	mm	5	1	0	25	92	104	70	102	146	182	79	24	829
rF	%	78	76	76	78	79	80	79	80	82	83	82	79	79
pV	mm	117	125	125	122	120	115	123	114	105	97	103	113	1380
pLV	mm	82	87	88	86	84	81	86	79	74	68	72	79	966
N-pLV	mm	-77	-86	-88	-61	8	23	-16	23	72	114	7	-55	

456 Maracaibo / Venezuela
10° 34′ N / 71° 44′ W · Höhe ü. NN: 65 m

		J	F	M	A	M	J	J	A	S	O	N	D	Jahr
t	°C	26,5	26,8	27,4	27,9	28,1	28,3	28,5	28,5	28,2	27,5	27,3	26,8	27,7
N	mm	5	3	6	52	67	55	26	60	104	114	71	17	580
rF	%	74	73	73	76	78	75	73	74	77	81	80	77	76
pV	mm	132	138	142	133	125	140	150	146	130	108	111	122	1577
pLV	mm	53	55	57	53	50	56	60	58	91	75	45	49	702
N-pLV	mm	-48	-52	-51	-1	17	-1	-34	2	13	39	26	-32	

457 Barcelona / Venezuela
10° 27′ N / 64° 41′ W · Höhe ü. NN: 7 m

		J	F	M	A	M	J	J	A	S	O	N	D	Jahr
t	°C	25,5	25,9	26,8	27,5	27,7	26,9	26,3	26,5	26,8	27,0	26,7	26,0	26,6
N	mm	7	3	2	8	48	105	119	121	84	59	44	24	624
Nd	Tage	1	1	1	1	5	11	13	13	9	7	6	4	71
pV	mm	125	135	145	151	140	114	101	102	109	114	112	121	1470
pLV	mm	88	95	102	105	98	79	71	72	76	80	79	85	1029
N-pLV	mm	-81	-92	-100	-97	-50	26	48	49	8	-21	-35	-61	

458 Mérida / Venezuela
8° 36′ N / 71° 11′ W · Höhe ü. NN: 1479 m

		J	F	M	A	M	J	J	A	S	O	N	D	Jahr
t	°C	18,1	18,6	19,1	19,3	19,6	19,4	19,3	19,4	19,4	19,1	18,7	18,1	19,0
N	mm	40	48	63	177	236	164	119	152	229	283	195	79	1785
rF	%	77	77	78	81	82	81	79	78	79	82	83	80	80
pV	mm	76	78	78	69	68	70	76	79	76	66	61	68	863
pLV	mm	53	55	54	83	81	84	53	95	91	79	73	47	848
N-pLV	mm	-13	-7	9	94	155	80	66	57	138	204	122	32	

459 Ciudad Bolívar / Venezuela
8° 09′ N / 63° 33′ W · Höhe ü. NN: 43 m

		J	F	M	A	M	J	J	A	S	O	N	D	Jahr
t	°C	26,7	27,2	28,0	28,7	28,3	27,1	26,9	27,4	28,0	28,2	27,9	26,9	27,6
N	mm	22	13	9	27	102	165	183	160	96	97	62	41	977
rF	%	73	71	68	69	73	80	80	79	75	75	76	76	75
pV	mm	137	148	166	168	148	110	109	116	138	139	133	126	1640
pLV	mm	69	74	83	84	74	110	109	116	69	70	66	63	988
N-pLV	mm	-47	-61	-74	-57	28	55	74	44	27	27	-4	-22	

t — Mitteltemperatur
N — Niederschlag
rF — relative Feuchte
pV — potenzielle Verdunstung
pLV — potenzielle Landschaftsverdunstung
N-pLV — Klimatische Wasserbilanz. Positive Werte = humide Monate; negative Werte = aride Monate

460 San Fernando / Venezuela
7° 41' N / 67° 25' W · Höhe ü. NN: 47 m

		J	F	M	A	M	J	J	A	S	O	N	D	Jahr
t	°C	26,5	27,4	28,6	28,7	27,2	25,9	25,7	26,1	26,6	27,1	26,9	26,5	26,9
N	mm	1	4	6	72	167	243	276	255	173	99	44	10	1350
rF	%	75	70	66	69	79	86	88	88	86	85	83	80	79
pV	mm	128	154	178	168	115	76	66	67	79	86	95	107	1320
pLV	mm	90	108	125	117	138	92	79	81	95	60	67	75	1126
N-pLV	mm	-89	-104	-119	-45	29	151	197	174	78	39	-23	-65	

461 Puerto Ayacucho / Venezuela
5° 36' N / 67° 30' W · Höhe ü. NN: 73 m

		J	F	M	A	M	J	J	A	S	O	N	D	Jahr
t	°C	27,7	28,4	28,6	27,4	26,1	25,4	25,1	25,4	25,8	26,2	26,7	27,0	26,7
N	mm	31	36	74	163	311	408	398	298	198	183	127	42	2269
rF	%	67	63	65	74	81	83	82	82	80	81	77	73	76
pV	mm	167	186	182	138	100	88	91	93	103	101	121	139	1509
pLV	mm	117	131	127	166	120	106	109	111	124	121	85	97	1414
N-pLV	mm	-86	-95	-53	-3	191	302	289	187	74	62	42	-55	

462 Santa Elena / Venezuela
4° 36' N / 61° 07' W · Höhe ü. NN: 868 m

		J	F	M	A	M	J	J	A	S	O	N	D	Jahr
t	°C	21,4	21,7	22,1	21,8	21,7	21,0	20,6	20,9	21,2	21,5	21,5	21,0	21,4
N	mm	68	57	87	165	214	254	229	186	113	122	114	85	1692
rF	%	79	76	76	80	85	88	88	87	84	82	83	79	82
pV	mm	85	96	98	83	65	51	50	55	67	75	72	83	881
pLV	mm	68	77	79	67	97	77	75	44	53	60	57	67	821
N-pLV	mm	0	-20	8	98	117	177	154	142	60	62	57	18	

463 Georgetown / Guyana
6° 48' N / 58° 09' W · Höhe ü. NN: 2 m

		J	F	M	A	M	J	J	A	S	O	N	D	Jahr
t	°C	26,1	26,4	26,7	27,0	26,8	26,5	26,6	27,0	27,5	27,6	27,2	26,4	26,8
N	mm	185	89	111	141	286	328	268	201	98	107	186	262	2260
rF	%	82	79	78	80	84	86	85	83	81	81	82	84	82
pV	mm	94	111	116	109	91	79	86	93	110	110	102	89	1191
pLV	mm	75	89	93	87	136	119	129	140	88	88	81	133	1260
N-pLV	mm	110	0	18	53	150	209	139	61	9	19	104	129	

464 Paramaribo / Suriname
5° 49' N / 55° 19' W · Höhe ü. NN: 4 m

		J	F	M	A	M	J	J	A	S	O	N	D	Jahr
t	°C	25,3	25,4	25,6	25,8	25,8	25,6	25,8	26,6	27,2	27,1	26,8	25,7	26,1
N	mm	202	152	128	190	324	314	206	160	90	90	110	166	2132
rF	%	86	83	83	84	86	86	85	82	78	79	81	86	85
pV	mm	74	88	89	85	76	75	81	98	120	115	104	76	1081
pLV	mm	111	71	71	68	114	113	121	79	96	92	83	61	1079
N-pLV	mm	91	81	57	122	210	201	85	81	-6	-2	27	105	

t Mitteltemperatur
N Niederschlag
rF relative Feuchte
pV potenzielle Verdunstung
pLV potenzielle Landschaftsverdunstung
N-pLV Klimatische Wasserbilanz. Positive Werte = humide Monate; negative Werte = aride Monate

465 Quito / Ecuador
0° 12′ S / 78° 30′ W · Höhe ü. NN: 2818 m

		J	F	M	A	M	J	J	A	S	O	N	D	Jahr
t	°C	13,4	13,4	13,6	13,5	13,8	13,5	13,4	13,7	13,7	13,2	13,1	13,5	13,5
N	mm	112	115	134	164	107	46	24	25	80	133	124	95	1159
rF	%	77	79	80	80	77	69	62	58	66	75	76	76	73
pV	mm	56	52	51	50	58	71	82	89	77	59	57	58	761
pLV	mm	45	42	41	40	46	36	41	44	62	47	46	47	536
N-pLV	mm	67	73	93	124	61	10	−17	−19	18	86	78	48	

466 Puyo (El Puyo) / Ecuador
1° 35′ S / 77° 54′ W · Höhe ü. NN: 950 m

		J	F	M	A	M	J	J	A	S	O	N	D	Jahr
t	°C	20,9	20,9	21,0	21,0	20,9	20,3	19,8	20,3	20,8	21,3	21,3	21,0	20,8
N	mm	308	329	406	480	398	437	339	304	330	369	339	321	4360
rF	%	89	89	91	90	90	89	88	87	86	87	88	89	88
pV	mm	47	47	39	43	43	46	48	53	58	56	52	47	581
pLV	mm	71	71	59	65	65	68	72	79	87	84	78	71	871
N-pLV	mm	237	258	347	415	333	369	267	225	243	285	261	250	

467 Iquitos / Peru
3° 45′ S / 73° 12′ W · Höhe ü. NN: 117 m

		J	F	M	A	M	J	J	A	S	O	N	D	Jahr
t	°C	25,9	25,7	25,7	25,4	25,8	25,1	24,9	25,4	26,2	26,5	26,6	26,5	25,8
N	mm	256	276	349	306	271	199	165	157	191	214	244	217	2845
rF	%	80	81	80	83	83	81	81	80	77	78	79	80	80
pV	mm	104	98	103	88	90	95	94	101	118	116	112	107	1226
pLV	mm	124	118	123	106	108	114	113	121	142	139	134	128	1471
N-pLV	mm	132	158	226	200	163	85	52	36	49	75	110	89	

468 Chiclayo / Peru
6° 47′ S / 79° 50′ W · Höhe ü. NN: 34 m

		J	F	M	A	M	J	J	A	S	O	N	D	Jahr
t	°C	23,4	24,3	24,3	22,8	21,1	19,9	18,8	18,4	18,3	18,8	19,7	21,8	21,0
N	mm	6	5	18	8	5	1	0	0	1	3	3	5	55
rF	%	73	74	74	75	76	80	79	77	80	80	79	76	77
pV	mm	116	118	118	106	93	75	73	77	68	70	77	97	1089
pLV	mm	23	24	24	21	19	15	15	15	14	14	15	19	218
N-pLV	mm	−17	−19	−6	−13	−14	−14	−15	−15	−13	−11	−12	−14	

469 Lima / Peru
12° 4′ S / 77° 2′ W · Höhe ü. NN: 137 m

		J	F	M	A	M	J	J	A	S	O	N	D	Jahr
t	°C	21,7	22,4	22,3	20,3	18,0	16,2	15,3	15,1	15,5	16,4	17,9	19,5	18,4
N	mm	1	0	0	0	2	4	6	7	6	3	1	0	30
rF	%	83	84	84	85	86	88	90	89	89	87	84	83	86
pV	mm	72	71	71	60	49	39	31	33	34	42	55	64	622
pLV	mm	14	14	14	12	10	8	6	7	7	8	11	13	124
N-pLV	mm	−13	−14	−14	−12	−8	−4	0	0	−1	−5	−10	−13	

t Mitteltemperatur
N Niederschlag
rF relative Feuchte

pV potenzielle Verdunstung
pLV potenzielle Landschaftsverdunstung
N-pLV Klimatische Wasserbilanz.
Positive Werte = humide Monate;
negative Werte = aride Monate

470 La Paz-El Alto / Bolivien
16° 31′ S / 68° 11′ W · Höhe ü. NN: 4071 m

		J	F	M	A	M	J	J	A	S	O	N	D	Jahr
t	°C	9,4	8,9	9,0	8,9	8,3	7,3	7,2	8,1	8,6	9,8	10,4	9,9	8,8
N	mm	141	110	72	37	15	4	9	18	34	40	54	96	629
rF	%	66	72	67	59	48	42	43	42	48	49	51	60	54
pV	mm	56	46	53	60	65	61	60	66	67	74	76	65	748
pLV	mm	33	28	32	24	26	25	24	27	27	29	45	39	358
N-pLV	mm	108	82	40	13	-11	-21	-16	-8	7	10	8	57	

471 Santa Cruz de la Sierra / Bolivien
17° 47′ S / 63° 10′ W · Höhe ü. NN: 437 m

		J	F	M	A	M	J	J	A	S	O	N	D	Jahr
t	°C	26,8	26,6	26,2	24,7	22,8	20,4	21,1	23,0	25,2	26,4	27,1	27,0	24,8
N	mm	203	134	118	118	84	73	61	37	58	108	143	185	1322
rF	%	66	72	67	59	48	42	43	42	48	49	51	60	54
pV	mm	163	140	155	166	171	158	163	181	193	203	206	183	2085
pLV	mm	163	140	77	83	86	79	82	91	97	102	206	183	1389
N-pLV	mm	40	-6	41	35	-2	-6	-21	-54	-39	6	-63	2	

472 Barcelos / Brasilien
00° 59′ S / 62° 55′ W · Höhe ü. NN: 40 m

		J	F	M	A	M	J	J	A	S	O	N	D	Jahr
t	°C	26,0	26,3	26,2	25,9	25,8	25,5	25,6	25,7	25,8	26,1	26,4	26,2	26,0
N	mm	246	387	507	496	345	205	162	100	28	23	14	129	2643
rF	%	87	86	88	90	91	91	88	88	88	88	87	87	89
pV	mm	72	78	68	57	51	50	66	66	66	67	73	73	787
pLV	mm	108	117	102	85	77	75	53	53	53	54	59	58	893
N-pLV	mm	138	270	405	411	268	130	110	47	-25	-31	-45	71	

473 Belém / Brasilien
1° 27′ S / 48° 28′ W · Höhe ü. NN: 10 m

		J	F	M	A	M	J	J	A	S	O	N	D	Jahr
t	°C	26,6	24,5	25,5	26,7	25,9	25,9	25,8	26,0	26,1	26,4	26,4	26,1	25,9
N	mm	367	418	436	360	304	140	152	131	141	116	112	216	2893
rF	%	86	91	91	91	88	86	85	84	84	83	83	86	84
pV	mm	79	48	50	54	67	76	81	86	87	93	93	77	891
pLV	mm	95	57	60	64	80	54	97	60	61	65	65	93	851
N-pLV	mm	271	360	376	296	224	87	55	71	80	51	47	124	

474 Obidos / Brasilien
1° 55′ S / 55° 31′ W · Höhe ü. NN: 37 m

		J	F	M	A	M	J	J	A	S	O	N	D	Jahr
t	°C	26,2	25,7	25,8	26,0	26,1	26,2	26,2	27,0	27,4	27,8	27,7	26,9	26,6
N	mm	238	272	306	290	288	107	70	36	50	71	78	179	1906
rF	%	86	88	89	88	88	86	84	81	78	78	78	82	84
pV	mm	78	66	61	67	67	78	87	105	121	123	123	100	1076
pLV	mm	116	99	92	101	101	62	70	84	97	99	98	80	1099
N-pLV	mm	122	173	214	189	187	45	0	-48	-47	-27	-20	99	

t Mitteltemperatur
N Niederschlag
rF relative Feuchte
pV potenzielle Verdunstung
pLV potenzielle Landschaftsverdunstung
N-pLV Klimatische Wasserbilanz. Positive Werte = humide Monate; negative Werte = aride Monate

475 São Luis / Brasilien

2° 32′ S / 44° 18′ W · Höhe ü. NN: 51 m

		J	F	M	A	M	J	J	A	S	O	N	D	Jahr
t	°C	26,1	25,7	25,8	25,8	25,9	25,9	25,7	26,0	26,4	26,6	27,0	26,8	26,1
N	mm	256	382	422	473	320	171	138	32	20	11	11	92	2325
rF	%	85	88	89	90	89	86	86	84	81	81	79	81	85
pV	mm	82	66	61	56	62	76	76	86	102	103	114	104	989
pLV	mm	98	79	74	68	74	92	53	60	71	72	80	73	894
N-pLV	mm	157	303	348	405	246	79	85	-28	-51	-61	-69	19	

476 Fortaleza / Brasilien

3° 46′ S / 38° 36′ W · Höhe ü. NN: 27 m

		J	F	M	A	M	J	J	A	S	O	N	D	Jahr
t	°C	27,3	26,7	26,3	26,5	26,3	25,9	25,7	26,1	26,6	27,0	27,2	27,3	26,6
N	mm	130	216	339	348	226	160	91	31	23	16	13	50	1642
rF	%	78	79	84	85	82	80	80	75	74	73	74	76	78
pV	mm	120	112	88	84	97	104	103	125	133	139	137	129	1370
pLV	mm	84	135	105	100	116	124	72	88	93	97	96	90	1201
N-pLV	mm	45	81	233	248	110	36	20	-57	-70	-82	-82	-40	

477 Quixeramobim / Brasilien

5° 12′ S / 39° 18′ W · Höhe ü. NN: 212 m

		J	F	M	A	M	J	J	A	S	O	N	D	Jahr
t	°C	27,7	27,1	26,2	26,3	25,6	25,6	25,3	27,0	27,4	27,8	26,8	26,9	26,6
N	mm	78	100	176	196	138	75	46	11	5	2	7	25	859
rF	%	59	68	76	80	79	75	65	58	56	58	55	57	66
pV	mm	192	159	122	106	106	122	154	189	198	196	194	190	1928
pLV	mm	77	63	85	74	74	49	62	75	79	78	78	76	872
N-pLV	mm	1	36	91	122	64	26	-16	-65	-74	-76	-70	-52	

478 Imperatriz / Brasilien

5° 32′ S / 47° 30′ W · Höhe ü. NN: 123 m

		J	F	M	A	M	J	J	A	S	O	N	D	Jahr
t	°C	26,0	25,9	26,0	26,2	26,6	26,2	26,4	27,0	27,0	27,3	26,9	26,4	26,4
N	mm	227	228	279	197	55	16	6	10	38	86	123	199	1464
rF	%	83	84	84	83	78	72	64	61	65	70	75	80	74
pV	mm	91	86	86	92	116	138	166	180	168	153	131	106	1513
pLV	mm	109	103	104	110	81	96	116	126	118	107	91	128	1290
N-pLV	mm	117	125	175	87	-26	-80	-110	-116	-80	-22	32	71	

479 Iguatu / Brasilien

6° 22′ S / 39° 18′ W · Höhe ü. NN: 218 m

		J	F	M	A	M	J	J	A	S	O	N	D	Jahr
t	°C	26,4	26,7	24,3	24,2	24,6	23,6	25,5	25,5	26,4	27,3	26,5	26,7	25,6
N	mm	145	170	248	215	102	386	248	115	213	268	114	56	2279
rF	%	66	70	75	78	77	69	60	53	48	50	46	49	62
pV	mm	160	148	114	103	109	130	170	187	205	210	210	206	1951
pLV	mm	112	104	80	72	76	91	119	131	144	147	147	82	1304
N-pLV	mm	33	66	168	143	26	295	129	-16	69	121	-33	-27	

t Mitteltemperatur
N Niederschlag
rF relative Feuchte
pV potenzielle Verdunstung
pLV potenzielle Landschaftsverdunstung
N-pLV Klimatische Wasserbilanz.
Positive Werte = humide Monate;
negative Werte = aride Monate

480 Campina Grande / Brasilien

7° 13′ S / 35° 53′ W · Höhe ü. NN: 548 m

		J	F	M	A	M	J	J	A	S	O	N	D	Jahr
t	°C	23,9	25,0	24,7	24,5	23,3	22,3	20,1	21,7	21,7	23,6	24,2	24,6	23,3
N	mm	41	55	100	129	95	107	124	58	38	17	19	21	803
rF	%	79	72	86	86	88	91	90	86	84	79	72	79	83
pV	mm	97	129	72	71	58	42	41	61	69	96	124	101	962
pLV	mm	68	91	50	50	41	30	29	43	48	67	87	71	674
N-pLV	mm	–27	–36	50	79	54	77	95	15	–10	–50	–68	–49	

481 Carolina / Brasilien

7° 20′ S / 47° 28′ W · Höhe ü. NN: 193 m

		J	F	M	A	M	J	J	A	S	O	N	D	Jahr
t	°C	25,2	25,3	25,4	25,9	26,2	26,1	26,4	27,5	27,8	26,6	25,9	25,4	26,1
N	mm	283	271	279	189	52	13	9	17	50	157	167	234	1719
rF	%	84	85	85	81	73	61	55	50	57	74	80	83	72
pV	mm	83	79	79	99	134	172	191	212	199	133	104	88	1572
pLV	mm	99	94	95	119	94	121	133	149	139	159	124	106	1433
N-pLV	mm	184	176	184	69	–42	–108	–124	–132	–89	–2	42	129	

482 Recife / Brasilien

8° 03′ S / 34° 55′ W · Höhe ü. NN: 7 m

		J	F	M	A	M	J	J	A	S	O	N	D	Jahr
t	°C	26,6	26,6	26,5	25,9	25,2	24,5	24,0	23,9	24,6	25,5	25,9	26,3	25,5
N	mm	103	144	265	326	329	390	386	214	123	66	48	65	2458
rF	%	73	77	80	84	85	85	85	85	78	76	74	75	80
pV	mm	136	120	107	86	78	76	74	73	105	118	128	127	1227
pLV	mm	96	84	128	103	94	91	88	88	73	82	90	89	1106
N-pLV	mm	8	60	137	223	235	299	297	126	49	–16	–42	–24	

483 Tarauaca / Brasilien

8° 10′ S / 70° 46′ W · Höhe ü. NN: 190 m

		J	F	M	A	M	J	J	A	S	O	N	D	Jahr
t	°C	25,3	25,0	25,2	25,1	24,8	23,7	24,0	24,4	24,9	25,4	25,5	25,4	24,8
N	mm	282	271	304	208	130	56	67	75	112	200	207	276	2187
rF	%	89	89	89	89	87	87	85	85	85	86	86	89	87
pV	mm	60	59	59	59	68	64	74	75	77	74	75	60	804
pLV	mm	90	88	89	89	54	51	59	60	62	112	112	90	956
N-pLV	mm	192	183	215	120	76	5	8	15	50	88	95	185	

484 Remansão / Brasilien

9° 38′ S / 42° 06′ W · Höhe ü. NN: 401 m

		J	F	M	A	M	J	J	A	S	O	N	D	Jahr
t	°C	26,6	26,8	26,5	26,4	25,8	25,0	24,8	25,6	26,9	28,0	27,5	26,9	26,4
N	mm	104	97	153	93	13	11	0	1	2	27	80	114	696
rF	%	65	66	69	68	63	60	57	52	50	51	59	61	60
pV	mm	164	163	150	153	163	165	172	190	206	215	191	178	2112
pLV	mm	66	65	60	61	65	66	69	76	83	86	76	71	845
N-pLV	mm	39	32	92	32	–52	–55	–68	–75	–80	–59	4	43	

t Mitteltemperatur
N Niederschlag
rF relative Feuchte
pV potenzielle Verdunstung
pLV potenzielle Landschaftsverdunstung
N-pLV Klimatische Wasserbilanz. Positive Werte = humide Monate; negative Werte = aride Monate

485 Maceió / Brasilien
9° 40' S / 35° 42' W · Höhe ü. NN: 65 m

		J	F	M	A	M	J	J	A	S	O	N	D	Jahr
t	°C	26,2	26,3	25,3	25,9	25,1	24,3	23,7	23,5	23,9	24,1	24,4	24,8	24,8
N	mm	75	111	191	313	341	298	325	179	148	73	52	62	2168
rF	%	75	77	78	82	83	80	82	80	77	76	75	76	78
pV	mm	124	120	108	97	89	97	84	93	104	110	116	114	1257
pLV	mm	87	84	129	117	106	116	101	112	73	77	81	80	1164
N-pLV	mm	−12	27	62	196	234	182	224	67	76	−4	−29	−18	

486 Rio Branco / Brasilien
9° 58' S / 67° 48' W · Höhe ü. NN: 160 m

		J	F	M	A	M	J	J	A	S	O	N	D	Jahr
t	°C	25,5	25,4	25,5	25,3	24,5	23,2	23,4	24,3	25,2	25,7	25,7	25,6	24,9
N	mm	288	286	228	174	102	46	42	40	96	172	206	264	1943
rF	%	87	87	87	87	86	83	79	77	78	82	85	87	84
pV	mm	70	70	70	69	71	79	95	107	108	94	80	71	984
pLV	mm	105	105	105	56	57	63	76	86	87	141	121	106	1040
N-pLV	mm	182	181	123	118	45	−17	−34	−45	10	31	86	158	

487 Porto Nacional / Brasilien
10° 43' S / 48° 25' W · Höhe ü. NN: 239 m

		J	F	M	A	M	J	J	A	S	O	N	D	Jahr
t	°C	25,5	25,5	25,6	26,0	26,2	25,5	25,4	27,0	28,0	26,8	26,2	25,8	26,1
N	mm	240	267	272	148	38	7	5	7	52	183	219	230	1668
rF	%	83	84	84	80	72	64	56	50	56	74	79	80	72
pV	mm	89	84	85	104	138	159	179	207	203	134	110	103	1594
pLV	mm	106	101	101	73	96	111	125	145	142	161	132	124	1418
N-pLV	mm	134	166	170	75	−59	−104	−120	−138	−90	22	87	106	

488 Barra / Brasilien
11° 05' S / 43° 10' W · Höhe ü. NN: 402 m

		J	F	M	A	M	J	J	A	S	O	N	D	Jahr
t	°C	26,1	27,2	27,0	26,4	25,9	26,4	25,5	25,2	24,4	23,3	23,6	24,6	25,5
N	mm	12	40	82	141	106	98	106	64	7	3	1	1	661
rF	%	48	52	61	64	71	70	71	69	62	58	53	47	61
pV	mm	202	205	180	165	138	148	135	141	156	157	169	189	1986
pLV	mm	81	82	72	116	97	59	95	56	62	63	68	76	926
N-pLV	mm	−69	−42	10	25	9	39	11	8	−55	−59	−67	−75	

489 Paraná / Brasilien
12° 33' S / 47° 50' W · Höhe ü. NN: 275 m

		J	F	M	A	M	J	J	A	S	O	N	D	Jahr
t	°C	25,4	25,1	25,4	25,6	24,4	23,1	23,1	24,4	26,4	26,1	25,7	25,2	25,0
N	mm	242	215	186	101	15	2	0	3	24	116	204	221	1330
rF	%	78	76	77	75	72	68	65	57	57	67	75	77	70
pV	mm	109	115	113	122	125	129	138	168	186	154	123	112	1596
pLV	mm	131	138	136	86	88	91	96	118	130	108	147	135	1403
N-pLV	mm	111	77	50	15	−73	−89	−96	−115	−106	8	57	87	

t Mitteltemperatur
N Niederschlag
rF relative Feuchte

pV potenzielle Verdunstung
pLV potenzielle Landschaftsverdunstung
N-pLV Klimatische Wasserbilanz.
Positive Werte = humide Monate;
negative Werte = aride Monate

490 Caetité / Brasilien
14° 03′ S / 42° 37′ W · Höhe ü. NN: 883 m

		J	F	M	A	M	J	J	A	S	O	N	D	Jahr
t	°C	22,0	22,1	22,6	21,6	20,7	19,7	19,3	20,1	21,1	22,3	22,2	22,2	21,3
N	mm	156	88	97	67	17	15	11	6	12	77	165	181	891
rF	%	73	72	71	73	69	68	66	60	58	64	73	73	68
pV	mm	107	110	117	106	110	107	109	129	139	134	109	110	1386
pLV	mm	107	55	58	53	55	54	54	64	70	67	109	110	855
N-pLV	mm	49	33	38	14	−38	−39	−44	−58	−58	10	56	71	

491 Cuiabá / Brasilien
15° 33′ S / 56° 07′ W · Höhe ü. NN: 151 m

		J	F	M	A	M	J	J	A	S	O	N	D	Jahr
t	°C	26,7	25,3	26,5	26,1	24,6	23,5	22,0	24,7	26,6	27,4	27,2	26,6	25,6
N	mm	210	199	171	123	54	16	10	11	58	115	154	194	1315
rF	%	81	82	81	80	74	74	65	57	62	70	74	79	73
pV	mm	105	94	102	107	119	114	129	170	174	155	136	114	1519
pLV	mm	126	113	123	75	83	80	90	119	122	109	163	137	1339
N-pLV	mm	84	86	48	48	−29	−64	−81	−108	−64	6	−9	57	

492 Goiânia / Brasilien
16° 40′ S / 49° 15′ W · Höhe ü. NN: 742 m

		J	F	M	A	M	J	J	A	S	O	N	D	Jahr
t	°C	23,8	23,8	23,9	23,6	22,1	20,8	20,8	22,9	24,6	24,6	24,0	23,5	23,2
N	mm	270	213	210	121	36	10	6	13	48	171	220	259	1576
rF	%	75	76	74	71	65	60	53	47	53	65	73	76	66
pV	mm	111	108	115	124	131	133	146	174	179	149	119	106	1595
pLV	mm	78	75	81	86	91	93	102	122	125	104	84	74	1117
N-pLV	mm	192	138	129	34	−55	−84	−96	−109	−77	67	136	184	

493 Aracuai / Brasilien
16° 52′ S / 42° 04′ W · Höhe ü. NN: 284 m

		J	F	M	A	M	J	J	A	S	O	N	D	Jahr
t	°C	25,7	26,5	26,1	25,0	23,4	22,0	21,2	23,1	24,7	25,4	25,1	25,1	24,4
N	mm	139	84	102	39	11	3	6	5	19	106	167	161	841
rF	%	76	73	72	69	72	72	70	66	62	72	76	78	72
pV	mm	119	137	135	138	118	111	111	134	157	133	116	110	1520
pLV	mm	83	55	95	55	47	45	45	54	63	93	81	77	792
N-pLV	mm	56	29	7	−16	−37	−42	−39	−49	−44	12	86	84	

494 Diamantina / Brasilien
18° 15′ S / 43° 36′ W · Höhe ü. NN: 1296 m

		J	F	M	A	M	J	J	A	S	O	N	D	Jahr
t	°C	19,8	20,0	19,9	18,5	17,1	16,0	15,3	16,5	17,4	18,7	19,1	19,3	18,1
N	mm	307	122	167	79	31	8	8	17	48	133	222	264	1405
rF	%	80	76	79	80	78	76	73	70	72	75	80	82	77
pV	mm	76	87	79	71	68	70	72	85	84	83	73	67	915
pLV	mm	91	61	95	49	47	49	51	60	59	58	87	80	788
N-pLV	mm	216	60	72	29	−17	−41	−43	−43	−11	75	135	184	

t Mitteltemperatur
N Niederschlag
rF relative Feuchte
pV potenzielle Verdunstung
pLV potenzielle Landschaftsverdunstung
N-pLV Klimatische Wasserbilanz. Positive Werte = humide Monate; negative Werte = aride Monate

495 Franca / Brasilien
20° 33′ S / 47° 26′ W · Höhe ü. NN: 1026 m

		J	F	M	A	M	J	J	A	S	O	N	D	Jahr
t	°C	19,0	18,3	18,5	17,5	16,6	15,4	15,3	17,8	18,9	19,7	18,8	18,7	17,9
N	mm	297	228	180	80	57	27	22	23	72	161	201	276	1623
rF	%	81	75	73	70	69	66	61	55	59	67	73	79	69
pV	mm	68	82	88	90	87	86	94	120	121	110	90	73	1111
pLV	mm	82	98	106	63	61	61	66	84	85	132	108	88	1033
N-pLV	mm	215	129	75	17	-4	-34	-44	-61	-13	29	94	188	

496 Três Lagoas / Brasilien
20° 47′ S / 51° 42′ W · Höhe ü. NN: 313 m

		J	F	M	A	M	J	J	A	S	O	N	D	Jahr
t	°C	25,9	26,4	26,1	23,9	21,5	19,7	19,4	21,8	23,5	25,2	25,8	25,9	23,7
N	mm	216	166	142	83	70	32	30	36	65	128	135	201	1304
rF	%	76	73	74	73	71	71	66	61	62	65	69	75	70
pV	mm	121	134	129	119	110	101	110	139	148	155	146	126	1537
pLV	mm	145	160	91	83	77	71	77	97	103	108	102	151	1266
N-pLV	mm	70	6	51	0	-7	-38	-48	-61	-38	19	33	49	

497 Lavras / Brasilien
21° 14′ S / 45° 00′ W · Höhe ü. NN: 919 m

		J	F	M	A	M	J	J	A	S	O	N	D	Jahr
t	°C	21,7	22,1	20,9	19,8	17,5	16,3	15,8	17,7	19,0	20,4	20,9	21,1	19,4
N	mm	272	192	174	67	41	28	23	25	73	126	213	296	1530
rF	%	81	80	77	80	77	76	72	67	69	74	78	82	76
pV	mm	78	86	88	74	72	70	76	97	100	95	85	75	999
pLV	mm	94	103	106	52	50	49	54	68	70	67	102	90	906
N-pLV	mm	178	89	68	15	-10	-21	-30	-43	2	59	111	206	

498 Pôrto Alegre / Brasilien
30° 01′ S / 51° 13′ W · Höhe ü. NN: 47 m

		J	F	M	A	M	J	J	A	S	O	N	D	Jahr
t	°C	24,6	24,7	23,1	20,1	16,8	14,3	14,5	15,3	16,8	19,2	21,3	23,2	19,5
N	mm	100	109	104	86	95	133	122	140	140	114	104	101	1347
rF	%	71	74	75	77	81	82	81	79	78	74	71	69	76
pV	mm	130	120	107	85	60	49	52	59	68	89	109	127	1055
pLV	mm	156	144	129	102	72	58	62	71	81	107	131	152	1266
N-pLV	mm	-56	-36	-24	-16	23	74	60	69	58	7	-27	-51	

499 Santa Vitória do Palmas / Brasilien
33° 31′ S / 53° 21′ W · Höhe ü. NN: 24 m

		J	F	M	A	M	J	J	A	S	O	N	D	Jahr
t	°C	22,2	22,1	20,5	17,3	14,4	11,5	11,3	12,0	13,5	15,7	18,2	20,5	16,6
N	mm	105	120	96	74	93	102	121	108	106	87	96	83	1191
rF	%	75	78	80	81	83	84	85	84	82	80	77	75	80
pV	mm	102	92	78	62	47	36	34	37	46	58	76	93	761
pLV	mm	102	92	78	62	47	36	34	37	46	58	76	93	761
N-pLV	mm	3	29	18	12	47	66	87	70	60	29	20	-10	

t Mitteltemperatur
N Niederschlag
rF relative Feuchte
pV potenzielle Verdunstung
pLV potenzielle Landschaftsverdunstung
N-pLV Klimatische Wasserbilanz. Positive Werte = humide Monate; negative Werte = aride Monate

500 La Serena / Chile
29° 55′ S / 71° 12′ W · Höhe ü. NN: 146 m

		J	F	M	A	M	J	J	A	S	O	N	D	Jahr
t	°C	17,1	16,9	15,6	13,7	12,3	10,9	10,7	10,9	11,6	12,9	14,3	16,1	13,6
N	mm	0	0	0	1	6	15	31	17	6	3	0	0	79
rF	%	80	82	85	86	85	84	84	85	84	82	81	80	83
pV	mm	64	57	45	38	36	35	34	33	36	44	51	60	532
pLV	mm	25	23	18	15	14	24	24	13	15	18	20	24	233
N-pLV	mm	-25	-23	-18	-14	-8	-9	7	4	-9	-15	-20	-24	

501 Valparaíso-Punta Angeles / Chile
33° 01′ S / 71° 38′ W · Höhe ü. NN: 41 m

		J	F	M	A	M	J	J	A	S	O	N	D	Jahr
t	°C	17,0	16,8	15,6	14,2	13,3	12,0	11,4	11,7	12,1	13,2	14,7	16,2	14,0
N	mm	0	0	4	13	55	83	111	60	27	10	8	1	373
rF	%	78	80	81	83	83	84	84	84	83	82	79	78	82
pV	mm	69	62	56	46	43	37	36	37	40	45	57	65	592
pLV	mm	27	25	22	18	35	30	14	29	16	18	23	26	284
N-pLV	mm	-27	-25	-19	-5	20	53	97	31	11	-8	-15	-25	

502 Santiago / Chile
33° 27′ S / 70° 42′ W · Höhe ü. NN: 520 m

		J	F	M	A	M	J	J	A	S	O	N	D	Jahr
t	°C	20,2	19,1	16,7	13,1	10,0	7,7	7,3	8,6	10,6	13,6	16,6	19,2	13,6
N	mm	0	1	3	7	41	56	81	38	16	10	8	1	262
rF	%	57	62	67	73	80	84	84	82	79	72	63	58	72
pV	mm	134	117	92	62	39	26	25	32	42	66	99	125	860
pLV	mm	54	47	37	25	27	18	18	22	17	27	40	50	381
N-pLV	mm	-53	-46	-33	-18	14	38	63	16	-1	-17	-32	-49	

503 Concepción / Chile
36° 46′ S / 73° 03′ W · Höhe ü. NN: 16 m

		J	F	M	A	M	J	J	A	S	O	N	D	Jahr
t	°C	16,3	15,7	13,9	12,0	10,8	9,2	8,8	9,1	9,7	11,5	13,5	15,5	12,2
N	mm	21	15	25	56	178	218	222	153	88	65	41	28	1110
rF	%	75	78	81	84	88	88	87	86	84	81	76	74	82
pV	mm	73	63	50	37	27	23	24	27	31	42	59	71	526
pLV	mm	29	25	35	26	19	9	10	11	22	29	41	28	284
N-pLV	mm	-8	-11	-10	30	160	209	212	143	66	36	0	0	

504 Valdivia / Chile
39° 37′ S / 73° 04′ W · Höhe ü. NN: 14 m

		J	F	M	A	M	J	J	A	S	O	N	D	Jahr
t	°C	15,8	15,2	13,2	10,5	9,3	7,4	7,0	7,4	8,6	10,4	12,7	14,9	11,0
N	mm	54	55	71	133	295	297	312	247	162	109	73	63	1871
rF	%	75	77	82	87	90	91	90	88	84	81	77	74	83
pV	mm	70	63	45	28	20	15	16	20	29	38	53	68	467
pLV	mm	91	82	59	17	12	9	10	12	17	50	69	89	517
N-pLV	mm	-37	-28	12	116	283	288	303	235	145	59	4	-26	

t	Mitteltemperatur
N	Niederschlag
rF	relative Feuchte
pV	potenzielle Verdunstung
pLV	potenzielle Landschaftsverdunstung
N-pLV	Klimatische Wasserbilanz. Positive Werte = humide Monate; negative Werte = aride Monate

Amerika

505 Puerto Montt / Chile
41° 25′ S / 73° 05′ W · Höhe ü. NN: 86 m

		J	F	M	A	M	J	J	A	S	O	N	D	Jahr
t	°C	14,3	13,6	12,1	10,1	8,8	6,7	6,6	6,8	7,8	9,6	11,6	13,4	10,1
N	mm	90	93	99	143	234	224	229	209	146	121	12	103	1703
rF	%	80	83	85	88	89	90	90	88	86	84	81	79	85
pV	mm	53	44	36	25	21	16	16	19	24	31	42	52	378
pLV	mm	69	57	46	33	8	10	9	11	14	40	55	68	421
N-pLV	mm	21	36	53	111	226	214	219	197	132	81	−43	36	

506 Coyhaique / Chile
45° 35′ S / 72° 02′ W · Höhe ü. NN: 311 m

		J	F	M	A	M	J	J	A	S	O	N	D	Jahr
t	°C	13,6	13,2	11,2	8,2	5,2	2,6	2,0	3,8	5,9	8,4	11,0	12,6	8,2
N	mm	65	57	74	114	184	151	161	124	89	55	57	76	1206
rF	%	65	67	71	77	82	84	83	80	75	70	66	65	74
pV	mm	78	73	57	37	23	15	14	21	32	47	64	73	534
pLV	mm	78	73	57	37	5	3	3	4	6	47	64	73	450
N-pLV	mm	−13	−16	16	77	179	148	158	120	83	8	−7	3	

507 Punta Arenas / Chile
53° 00′ S / 70° 51′ W · Höhe ü. NN: 37 m

		J	F	M	A	M	J	J	A	S	O	N	D	Jahr
t	°C	10,5	10,1	8,2	6,0	3,4	1,5	1,1	2,0	4,0	6,4	8,2	9,7	5,9
N	mm	39	28	30	36	42	28	30	30	24	29	32	29	376
rF	%	69	71	75	80	84	84	84	82	78	72	69	68	76
pV	mm	57	53	40	27	17	13	12	15	23	37	47	55	394
pLV	mm	28	26	20	5	3	3	2	3	5	18	23	27	165
N-pLV	mm	11	1	10	31	38	26	28	27	20	10	8	1	

508 Mariscal Estigarribia / Paraguay
22° 01′ S / 60° 36′ W · Höhe ü. NN: 165 m

		J	F	M	A	M	J	J	A	S	O	N	D	Jahr
t	°C	28,7	28,0	26,9	24,0	21,3	18,9	19,3	21,3	23,6	26,6	27,7	28,4	24,5
N	mm	117	98	120	78	38	19	14	22	17	53	84	119	776
rF	%	63	65	67	70	70	69	62	56	52	53	58	62	62
pV	mm	183	171	156	127	112	100	116	141	167	190	187	183	1834
pLV	mm	128	68	109	51	45	40	47	56	67	76	75	128	890
N-pLV	mm	−11	30	11	27	−7	−21	−32	−35	−50	−23	9	−9	

509 Ciudad del Este / Paraguay
25° 27′ S / 54° 36′ W · Höhe ü. NN: 190 m

		J	F	M	A	M	J	J	A	S	O	N	D	Jahr
t	°C	26,1	25,8	24,7	21,5	18,4	16,3	16,4	17,6	19,3	22,1	24,1	25,6	21,5
N	mm	184	154	136	141	132	132	91	115	130	176	164	140	1694
rF	%	75	77	77	80	83	84	79	77	75	74	72	72	77
pV	mm	123	114	108	82	60	50	64	73	86	103	121	131	1116
pLV	mm	148	137	130	98	72	60	76	88	103	124	145	157	1339
N-pLV	mm	36	17	6	43	61	72	14	27	27	52	18	−18	

t Mitteltemperatur
N Niederschlag
rF relative Feuchte
pV potenzielle Verdunstung
pLV potenzielle Landschaftsverdunstung
N-pLV Klimatische Wasserbilanz. Positive Werte = humide Monate; negative Werte = aride Monate

510 Encarnación / Paraguay
27° 19′ S / 55° 52′ W · Höhe ü. NN: 85 m

		J	F	M	A	M	J	J	A	S	O	N	D	Jahr
t	°C	25,5	24,9	23,4	20,0	17,3	15,2	15,5	16,6	18,1	20,6	22,7	24,8	20,4
N	mm	152	161	142	162	144	136	103	117	150	182	162	150	1760
rF	%	69	74	75	77	79	78	76	74	72	70	69	67	73
pV	mm	145	123	111	87	68	63	68	77	90	110	126	147	1215
pLV	mm	174	147	133	104	82	75	82	93	108	132	151	176	1458
N-pLV	mm	-22	13	9	58	62	60	21	24	41	50	11	-26	

511 Paso de los Toros / Uruguay
32° 48′ S / 56° 31′ W · Höhe ü. NN: 76 m

		J	F	M	A	M	J	J	A	S	O	N	D	Jahr
t	°C	24,6	23,7	21,6	17,7	14,6	11,5	11,4	12,5	14,3	17,3	20,0	23,0	17,7
N	mm	121	124	125	102	104	98	113	90	97	111	108	97	1287
rF	%	65	69	73	77	80	82	82	78	76	73	70	65	74
pV	mm	149	129	106	74	54	41	39	51	62	83	105	137	1030
pLV	mm	149	129	106	74	54	41	39	51	62	83	105	137	1030
N-pLV	mm	-28	-5	19	28	50	57	74	39	35	28	3	-40	

512 Corrientes / Argentinien
27° 27′ S / 58° 46′ W · Höhe ü. NN: 62 m

		J	F	M	A	M	J	J	A	S	O	N	D	Jahr
t	°C	26,8	25,9	24,3	21,0	18,3	15,5	15,6	16,5	18,4	21,4	23,6	25,9	21,8
N	mm	176	147	164	174	98	62	50	57	75	121	146	121	1391
rF	%	70	74	77	79	80	80	78	74	72	70	70	68	78
pV	mm	147	127	106	84	69	59	63	76	90	112	126	147	1206
pLV	mm	103	89	74	59	48	41	44	54	63	79	88	103	844
N-pLV	mm	73	58	89	116	50	21	6	3	12	42	58	18	

513 La Rioja / Argentinien
29° 23′ S / 66° 49′ W · Höhe ü. NN: 429 m

		J	F	M	A	M	J	J	A	S	O	N	D	Jahr
t	°C	27,4	25,9	23,4	19,8	15,5	11,1	10,9	14,0	17,8	22,5	25,4	27,2	20,8
N	mm	80	72	54	18	7	3	3	5	7	13	43	57	362
rF	%	60	65	69	69	69	68	64	53	49	48	51	55	68
pV	mm	182	156	127	105	82	61	65	96	127	167	186	194	1548
pLV	mm	91	78	63	21	16	12	13	19	25	33	37	97	507
N-pLV	mm	-11	-6	-9	-3	-9	-10	-10	-14	-19	-21	6	-40	

514 Concordia / Argentinien
31° 18′ S / 58° 01′ W · Höhe ü. NN: 38 m

		J	F	M	A	M	J	J	A	S	O	N	D	Jahr
t	°C	25,8	24,6	22,4	18,8	15,5	12,5	12,8	13,7	15,6	18,7	21,4	24,1	18,8
N	mm	122	140	155	132	101	79	74	73	100	122	140	116	1356
rF	%	63	69	72	77	79	80	80	76	72	70	67	63	78
pV	mm	162	135	113	79	61	48	49	60	77	97	121	150	1152
pLV	mm	162	135	113	79	61	48	49	60	77	97	121	150	1152
N-pLV	mm	-40	6	42	53	40	31	25	13	24	25	20	-35	

t Mitteltemperatur
N Niederschlag
rF relative Feuchte
pV potenzielle Verdunstung
pLV potenzielle Landschaftsverdunstung
N-pLV Klimatische Wasserbilanz. Positive Werte = humide Monate; negative Werte = aride Monate

Amerika

515 San Luis / Argentinien

33° 16′ S / 66° 21′ W · Höhe ü. NN: 713 m

		J	F	M	A	M	J	J	A	S	O	N	D	Jahr
t	°C	24,4	23,1	20,2	16,7	13,2	9,6	9,4	11,6	14,5	18,4	21,4	23,6	17,8
N	mm	110	87	91	42	12	9	11	8	19	36	77	101	604
rF	%	53	56	63	65	64	62	60	51	48	49	48	51	58
pV	mm	173	157	122	95	77	61	62	82	104	131	155	169	1389
pLV	mm	86	79	61	19	15	12	12	16	21	66	78	85	550
N-pLV	mm	23	8	30	23	-4	-3	-2	-8	-2	-30	0	17	

516 Junin / Argentinien

34° 33′ S / 60° 55′ W · Höhe ü. NN: 81 m

		J	F	M	A	M	J	J	A	S	O	N	D	Jahr
t	°C	23,1	21,8	19,3	15,7	12,3	9,0	8,9	10,2	12,7	15,7	19,0	21,8	15,8
N	mm	130	105	161	83	45	29	36	35	55	106	110	100	994
rF	%	68	72	76	79	80	82	81	76	72	73	69	66	78
pV	mm	127	108	84	61	47	34	35	46	62	74	100	124	902
pLV	mm	89	75	59	43	33	23	14	32	44	52	70	87	621
N-pLV	mm	41	29	102	40	12	5	22	2	11	54	40	13	

517 Santa Rosa / Argentinien

36° 34′ S / 64° 16′ W · Höhe ü. NN: 191 m

		J	F	M	A	M	J	J	A	S	O	N	D	Jahr
t	°C	23,7	22,4	19,1	15,1	11,2	7,8	7,6	9,3	12,2	15,6	19,3	22,4	15,8
N	mm	74	75	92	53	28	16	19	23	42	70	101	94	686
rF	%	58	62	71	74	77	79	77	69	65	66	62	58	68
pV	mm	156	138	95	69	48	34	36	51	70	87	116	147	1047
pLV	mm	109	97	67	49	34	13	14	20	49	61	82	103	697
N-pLV	mm	-35	-22	25	4	-6	3	4	3	-7	9	19	-10	

518 Mar del Plata / Argentinien

37° 56′ S / 57° 35′ W · Höhe ü. NN: 21 m

		J	F	M	A	M	J	J	A	S	O	N	D	Jahr
t	°C	20,3	19,9	18,0	14,6	11,3	8,5	8,1	8,9	10,5	13,1	15,9	18,5	14,8
N	mm	100	73	107	73	74	55	59	64	56	83	75	104	924
rF	%	76	77	79	81	83	84	84	81	80	80	77	76	88
pV	mm	88	84	70	52	38	29	28	34	41	49	66	80	659
pLV	mm	88	84	70	52	38	14	14	17	20	49	66	80	593
N-pLV	mm	12	-11	37	21	36	41	45	47	36	35	9	24	

519 Bahía Blanca / Argentinien

38° 44′ S / 62° 10′ W · Höhe ü. NN: 83 m

		J	F	M	A	M	J	J	A	S	O	N	D	Jahr
t	°C	23,0	21,9	18,7	14,6	11,0	7,9	7,6	9,1	11,4	14,4	18,4	21,4	15,8
N	mm	62	67	90	63	33	26	30	28	45	70	62	71	646
rF	%	52	56	65	70	73	74	74	67	64	65	58	53	68
pV	mm	89	147	107	74	54	40	39	53	67	81	118	148	1018
pLV	mm	62	103	75	52	38	16	16	21	27	57	118	148	733
N-pLV	mm	-1	-36	15	11	-5	9	14	7	18	13	-56	-77	

t Mitteltemperatur
N Niederschlag
rF relative Feuchte
pV potenzielle Verdunstung
pLV potenzielle Landschaftsverdunstung
N-pLV Klimatische Wasserbilanz. Positive Werte = humide Monate; negative Werte = aride Monate

Amerika

Amerika

520 San Carlos de Bariloche / Argentinien
41° 09′ S / 71° 10′ W · Höhe ü. NN: 840 m

		J	F	M	A	M	J	J	A	S	O	N	D	Jahr
t	°C	14,3	14,0	11,3	7,7	5,0	2,6	2,1	3,0	4,7	7,5	10,6	12,9	8,8
N	mm	22	22	29	54	134	141	129	116	58	39	25	32	800
rF	%	60	62	67	74	81	84	84	81	75	68	63	61	78
pV	mm	88	83	62	39	24	15	14	18	28	44	64	79	560
pLV	mm	115	108	81	24	14	9	9	11	17	27	84	102	600
N-pLV	mm	-93	-86	-52	30	120	132	120	105	41	12	-59	-70	

521 Esquel / Argentinien
42° 56′ S / 71° 09′ W · Höhe ü. NN: 785 m

		J	F	M	A	M	J	J	A	S	O	N	D	Jahr
t	°C	14,3	14,3	12,0	8,3	5,1	2,0	1,6	3,1	5,2	8,2	11,2	13,2	8,8
N	mm	22	18	21	38	79	86	74	58	38	26	20	26	505
rF	%	49	52	56	63	72	77	77	72	63	56	51	50	68
pV	mm	101	97	80	53	32	18	17	24	39	58	79	93	691
pLV	mm	131	126	103	32	19	11	10	15	23	35	103	121	729
N-pLV	mm	-109	-108	-83	6	60	75	63	43	15	-9	-83	-95	

522 Trelew / Argentinien
43° 12′ S / 65° 16′ W · Höhe ü. NN: 43 m

		J	F	M	A	M	J	J	A	S	O	N	D	Jahr
t	°C	20,9	20,0	17,2	13,4	9,5	6,1	6,0	7,8	10,6	13,7	17,2	19,5	13,8
N	mm	12	17	19	17	20	14	19	14	11	17	14	14	187
rF	%	38	43	49	52	60	66	65	57	50	46	42	39	58
pV	mm	162	150	121	92	61	40	41	55	75	99	126	149	1171
pLV	mm	32	30	24	18	12	8	8	11	15	20	25	30	234
N-pLV	mm	-20	-13	-6	-2	7	6	11	3	-4	-3	-11	-16	

523 Río Gallegos / Argentinien
51° 37′ S / 69° 17′ W · Höhe ü. NN: 19 m

		J	F	M	A	M	J	J	A	S	O	N	D	Jahr
t	°C	13,4	13,0	10,7	7,5	3,9	1,4	0,9	3,0	5,6	8,5	11,1	12,7	7,8
N	mm	33	21	19	22	24	18	19	12	12	17	22	25	243
rF	%	55	57	61	69	78	81	81	76	68	60	54	53	68
pV	mm	90	85	68	44	23	14	13	22	36	56	76	88	615
pLV	mm	18	17	14	9	5	3	3	4	7	11	15	18	123
N-pLV	mm	15	4	5	13	19	16	17	7	4	6	6	7	

t Mitteltemperatur
N Niederschlag
rF relative Feuchte
pV potenzielle Verdunstung
pLV potenzielle Landschaftsverdunstung
N-pLV Klimatische Wasserbilanz.
Positive Werte = humide Monate;
negative Werte = aride Monate

Antarktis

524 Mc Murdo

77° 51' S / 166° 40' E · Höhe ü. NN: 24 m

		J	F	M	A	M	J	J	A	S	O	N	D	Jahr
t	°C	-2,9	-9,3	-17,6	-20,6	-21,4	-22,0	-25,7	-26,7	-24,8	-18,9	-9,9	-3,9	-17,0
tmax	°C	-0,6	-7,3	-16,2	-17,3	-21,0	-20,4	-21,7	-22,7	-20,8	-14,3	-6,5	-0,4	-14,1
tmin	°C	-4,6	-11,4	-21,3	-23,4	-26,5	-26,8	-28,4	-29,5	-27,5	-19,8	-10,9	-4,4	-19,5
N	mm	16	30	11	13	19	29	18	12	16	10	10	14	198
Nd	Tage	4	5	4	4	7	8	6	6	7	5	4	2	62
So	h	– Werte liegen nicht vor –												
rF	%	68	66	61	65	59	57	49	41	48	53	63	71	58
pV	mm	5	–	–	–	–	–	–	–	–	–	–	2	7
pLV	mm	12	3	1	1	1	1	1	1	1	1	3	10	36
N-pLV	mm	4	27	10	12	18	28	17	11	15	9	7	4	

525 Wostok

78° 27' S / 106° 52' E · Höhe ü. NN: 3420 m

		J	F	M	A	M	J	J	A	S	O	N	D	Jahr
t	°C	-32,1	-43,9	-57,8	-65,0	-65,6	-65,8	-67,0	-69,0	-66,2	-57,0	-43,7	-32,1	-55,4
tmax	°C	-27,2	-37,9	-53,3	-61,8	-63,6	-61,5	-63,7	-66,7	-63,4	-51,1	-36,7	-27,4	-51,2
tmin	°C	-37,0	-47,8	-60,5	-67,0	-69,2	-68,6	-69,1	-70,4	-70,9	-62,7	-48,2	-37,0	-59,0
N	mm	1	1	3	2	3	2	3	3	3	1	1	1	24
Nd	Tage	<1	<1	<1	<1	<1	<1	<1	<1	1	<1	<1	<1	5
So	h	– Werte liegen nicht vor –												
rF	%	73	71	70	69	68	68	69	69	69	70	72	73	70
pV	mm	–	–	–	–	–	–	–	–	–	–	–	–	–
pLV	mm	1	1	1	1	1	1	1	1	1	1	1	1	36
N-pLV	mm	-11	-2	2	1	2	1	2	2	2	0	-2	-9	

t	Mitteltemperatur
tmax	mittleres Maximum der Temperatur
tmin	mittleres Minimum der Temperatur
N	mittlerer Niederschlag
Nd	Tage mit Niederschlag > 0,1 mm
So	Monatssummen der tatsächlichen Sonnenscheindauer
rF	relative Feuchte
pV	potenzielle Verdunstung
pLV	potenzielle Landschaftsverdunstung
N-pLV	Klimatische Wasserbilanz. Positive Werte = humide Monate; negative Werte = aride Monate

Internetadressen

www.dkrz.de
www.donnerwetter.de
www.dwd.de
www.klimadiagramme.de
www.wetterzentrale.de
www.wetteronline.de

Literatur

Alissow B. P. (1950): Die Klimagebiete außersowjetischer Länder, Moskau (russisch, deutsche Übersetzung 1954).

Blüthgen, J., Weischet, W. ([3]1980): Allgemeine Klimageographie, Lehrbuch der Allgemeinen Geographie, Bd. 2, Berlin, New York.

Flohn, H. (1950): Neue Anschauungen über die allgemeine Zirkulation der Atmosphäre und ihre klimatische Bedeutung. In: Erdkunde, Bd. 4, S. 141-162.

Frankenberg, P. (1991): Moderne Klimakunde, Grundwissen von Advektion bis Treibhausklima, Braunschweig.

Ivanov, N. (1959): Belts of continentality on the globe. In: Izwest. Wsesoj. Geogr. Obschtsch., Bd. 91, S. 410-423 (russisch).

Köppen, W., Geiger, R. (1928): Erläuterungen zur Ergänzungskarte der Erde. In: Haack, H. (Hrsg.): Physikalischer Wandatlas, Eine Sammlung von Karten und Tafeln zur allgemeinen Erdkunde für den Unterricht, Gotha.

Lauer, W., Frankenberg, P. (1981a): Untersuchungen zur Humidität und Aridität in Afrika, das Konzept einer potentiellen Landschaftsverdunstung, Bonner Geographische Abhandlungen, Bd. 66, Bonn.

Lauer, W., Frankenberg, P. (1981b): Eine Karte der hygrothermischen Klimatypen Afrikas. In: Erdkunde, Bd. 35, H. 4, S. 245-248.

Lauer, W., Frankenberg, P. (1988): Klimaklassifikation der Erde, Erläuterungen zur Klimakarte im Diercke-Atlas, Neubearbeitung 1988. In: Geographische Rundschau, H. 6, S. 55-59.

Leser, H. et al (Hrsg.) (2005): Diercke Wörterbuch Allgemeine Geographie, Deutscher Taschenbuch Verlag, Westermann Schulbuchverlag, München / Braunschweig.

Neef, E. (1954): Erläuterungen zur Wandkarte „Die Erde, Klimazonen“, Gotha.

Pfeiffer, G. (1966): Karte der Bodennutzung Europas. In: Troll, C. (Hrsg.): Der neue Herder Handatlas, Freiburg, S. 17.

Poncelet (1955): Eléments de météorologie. In: Contributions, Inst. Royal Météorolgique de Belgique, Nr. 22, Brüssel, S. 309-311.

Schultze, A. (1988): Klimakarten der Erde. In: Geographie heute, H. 61, S. 2-10.

Schultze, A. (1991) (Hrsg.): Terra Geographie 7. Schuljahr für Hauptschulen in Niedersachsen, Neubearbeitung, Stuttgart.

Siegmund, A. (1995): Die Klimatypen der Erde – ein computergestützter Klassifikationsentwurf unter besonderer Berücksichtigung didaktischer Aspekte, Materialien zur Geographie, H. 28, Mannheim.

Siegmund, A., Frankenberg, P. (1999): Die Klimatypen der Erde – ein didaktisch begründeter Klassifikationsversuch. In: Geographische Rundschau, 51. Jg., H. 9, S. 494-499.

Siegmund, A. (1999): Die Bedeutung von Klimaklassifikationen für den Geographieunterricht – bisherige Konzepte und neue Ansätze. In: Geographie und ihre Didaktik, 27. Jg., H. 3, S. 113-156.

Troll, C., Paffen, K.-H. (1963): Jahreszeitenklimate der Erde – der jahreszeitliche Ablauf des Naturgeschehens in den verschiedenen Klimagürteln der Erde. In: Rodenwaldt, G., Jusatz, H., J. (Hrsg.): Weltkarten zur Klimakunde, Landsberg, H., E., Lippmann, H., Paffen, K.-H., Troll, C., Berlin, Göttingen, Heidelberg.

Troll, C. (1964): Karte der Jahreszeitenklimate der Erde. In: Erdkunde, Bd. 18, H. 1, S. 5-28.

Walter, H., Lieth, H. (1960): Klimadiagramm-Weltatlas, Jena.

Register